“ 수능1등급 을 결정짓는
고난도 유형 대비서 ”

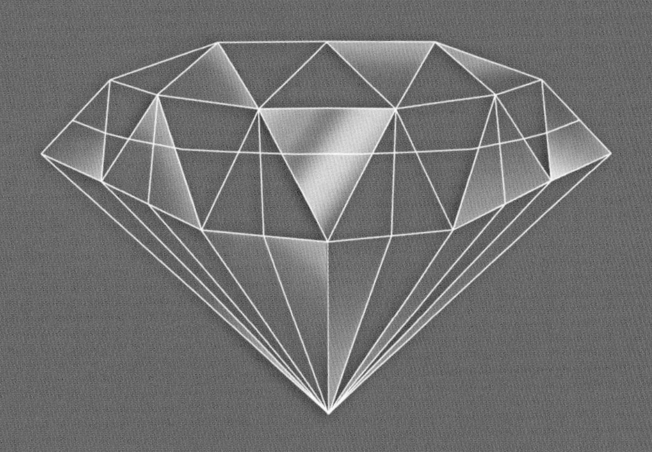

HIGH-END
수능 하이엔드

지은이

NE능률 수학교육연구소

NE능률 수학교육연구소는 혁신적이며 효율적인 수학 교재를 개발하고
수학 학습의 질을 한 단계 높이고자 노력하는 NE능률의 연구 조직입니다.

권백일 양정고등학교 교사

김용환 오금고등학교 교사

최종민 중동고등학교 교사

이경진 중동고등학교 교사

박현수 현대고등학교 교사

검토진

강민정 (에이플러스) 곽민수 (청라현수학) 김봉수 (범어신사고학원) 김진미 (1교시수학학원) 김환철 (한수위수학)
설상원 (인천정석학원) 설홍진 (현수학학원본원) 성웅경 (더빡센수학학원) 신성준 (엠코드학원) 오성진(오성진선생의수학스케치)
우정림 (크누KNU입시학원) 우주안(수미사방매) 유성규 (현수학학원본원) 이재호 (사인수학학원) 이진섭 (이진섭수학학원)
이진호 (과수원수학학원) 이철호 (파스칼수학학원) 임명진 (서연고학원) 임신옥 (KS수학학원) 임지영 (HQ영수)
장수진 (플래너수학) 장재영(이자경수학학원본원) 정　석 (정석수학) 정한샘 (편수학학원) 조범희(엠코드학원)

수능 고난도 상위 5문항 정복

HIGH-END

수능 하이엔드

확률과 통계

구성과 특징

Structure

문제 PART

기출에서 뽑은 실전 개념

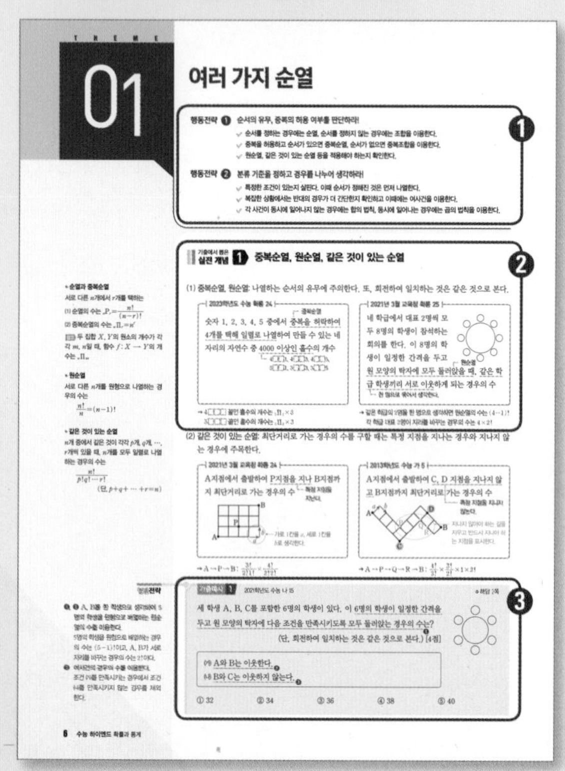

1등급 완성 3단계 문제 연습

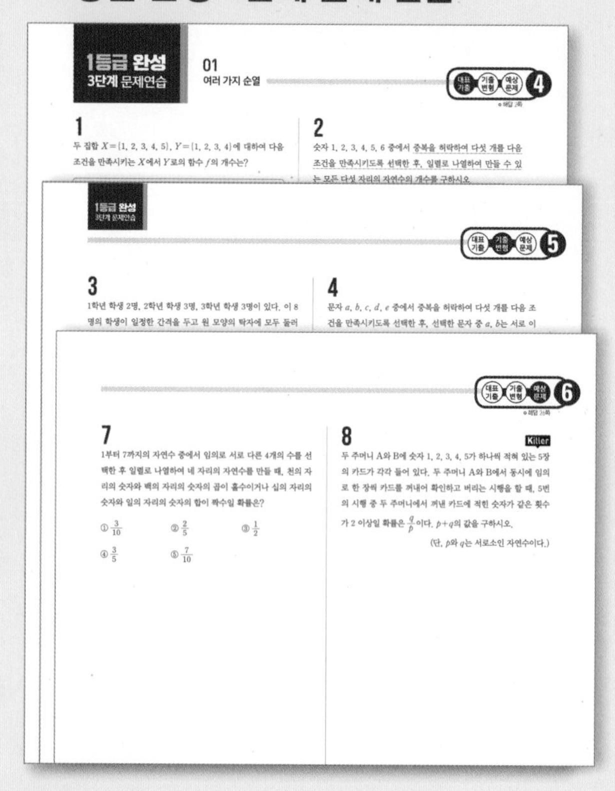

❶ 주제별 해결 전략

오답률에 근거하여 빈출 고난도 주제를 선별하였고, 해당 주제의 문제를 풀 때 반드시 기억하고 있어야 할 문제 해결 전략을 제시하였습니다.

❷ 기출에서 뽑은 실전 개념

개념이나 공식의 단순 나열이 아니라 문제 풀이에서 실제적으로 자주 이용되는 실전 개념을 뽑아 정리하였습니다. 또한, 해당 개념이 적용된 기출을 발췌하여 제시함으로써 이해를 도왔습니다.

❸ 기출 예시

실전 개념을 적용할 수 있는 기출 문제를 제시하였습니다.

❹ 대표 기출

해당 주제의 수능, 모평, 학평 기출 문제 중에서 반드시 풀어야 할 고난도 문제를 엄선하여 실었습니다.

❺ 기출 변형

오답률이 높은 기출 문항 중 우수 문항을 변형하여 수록하였습니다. 개념의 확장, 조건의 변형 등을 통해 기출 문제를 좀 더 철저히 이해하고 비슷한 유형이 출제되는 경우에 대비할 수 있습니다.

❻ 예상 문제

신경향 문제나 출제가 기대되는 문제는 예상 문제로 수록하였습니다. 각 주제에서 1등급을 결정짓는 최고난도 문제는 KILLER로 제시하였습니다.

✓ 최근 10개년 ***오답률 상위 5순위 문항***을 분석, 자주 출제되는 ***고난도 유형 선별!***

✓ 주제별 최적화된 전략 및 기출에 기반한 ***실전 개념 제시!***

✓ 대표 기출 – 기출 변형 – 예상 문제의 ***3단계 문제 훈련***을 통한 고난도 유형 완전 정복!

해설 PART

고난도 미니 모의고사

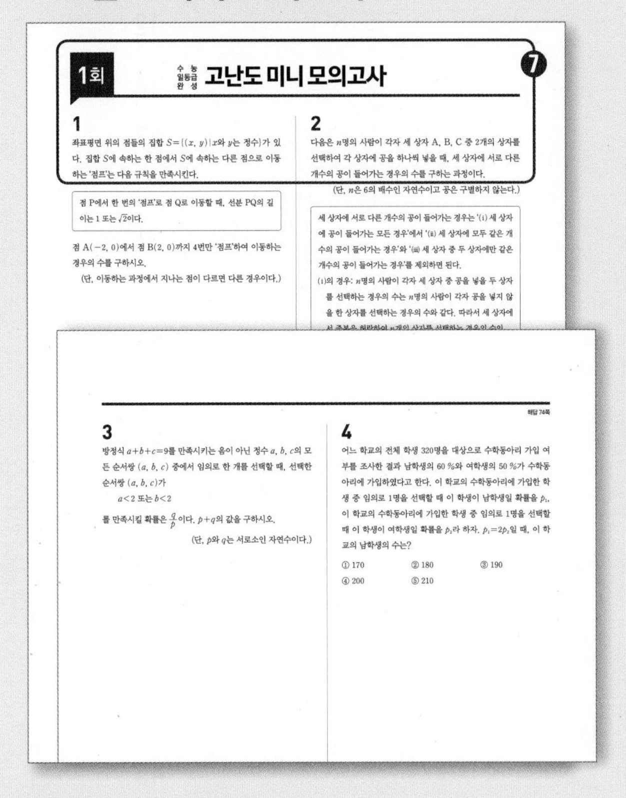

❼ 고난도 미니 모의고사

수능, 모평, 학평 기출 및 그 변형 문제와 예상 문제로 구성된 미니 모의고사 4회를 제공하였습니다. 미니 실전 테스트로 수능 실전 감각을 유지할 수 있습니다.

전략이 있는 명쾌한 해설

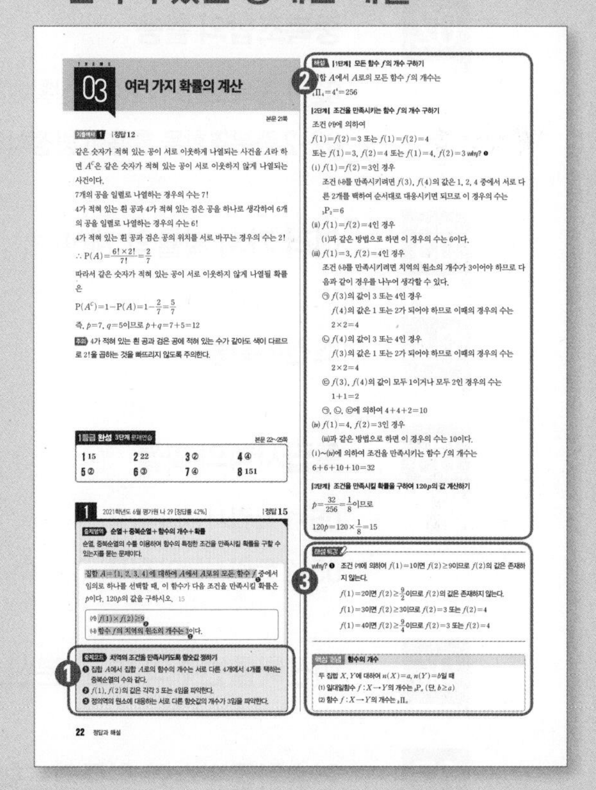

❶ 출제 코드

문제에서 해결의 핵심 조건을 찾아 풀이에 어떻게 적용되는지 제시하였습니다.

❷ 단계별 풀이

풀이 과정을 의미있는 개념의 적용을 기준으로 단계별로 제시함으로써 문제 해결의 흐름을 파악할 수 있도록 하였습니다.

❸ 풍부한 부가 요소와 첨삭

해설 특강, 다른 풀이, 핵심 개념 등의 부가 요소와 첨삭을 최대한 자세하고 친절하게 제공하였습니다. 특히 원리를 이해하는 why, 해결 과정을 보여주는 how를 제시하여 이해를 도왔습니다.

차례

Contents

학습 계획표

Study Plan

※ 1차 학습 때 틀렸거나 확실하게 알고 풀지 못한 문제는 2차 학습을 하도록 합니다.

	주제	행동 전략	성취도 1차	성취도 2차
01	여러 가지 순열(10문항)	· 순서의 유무, 중복의 허용 여부를 판단하라. · 분류 기준을 정하고 경우를 나누어 생각하라.	월 일 성취도 ○ △ ×	월 일 성취도 ○ △ ×
02	중복조합의 활용(14문항)	· 선택되는 대상과 그 개수를 정확히 파악하라. · 방정식의 해의 개수는 해의 범위에 주의하고 중복조합을 이용하라.	월 일 성취도 ○ △ ×	월 일 성취도 ○ △ ×
03	여러 가지 확률의 계산(8문항)	· 사건이 일어나는 전체 경우의 수를 파악하라. · 여사건의 확률을 이용할지를 판단하라.	월 일 성취도 ○ △ ×	월 일 성취도 ○ △ ×
04	조건부확률(8문항)	· 새로운 표본공간을 정확히 파악하라. · 구하는 확률을 정확히 이해하라.	월 일 성취도 ○ △ ×	월 일 성취도 ○ △ ×
05	독립시행의 확률(12문항)	· 시행 횟수, 사건이 일어날 확률, 사건이 일어난 횟수를 파악하라.	월 일 성취도 ○ △ ×	월 일 성취도 ○ △ ×
06	이산확률변수의 평균, 분산, 표준편차(8문항)	· 확률분포를 표로 나타내라. · 확률변수 사이의 관계를 이용하라.	월 일 성취도 ○ △ ×	월 일 성취도 ○ △ ×
07	연속확률변수와 확률밀도함수(8문항)	· 대응 구간을 확인하라. · 도형의 넓이를 이용하라.	월 일 성취도 ○ △ ×	월 일 성취도 ○ △ ×
08	정규분포와 표준정규분포(6문항)	· 표준화와 정규분포 곡선의 대칭성을 이용하라.	월 일 성취도 ○ △ ×	월 일 성취도 ○ △ ×
09	모평균의 추정(8문항)	· 신뢰구간을 결정짓는 요소를 정확히 파악하라.	월 일 성취도 ○ △ ×	월 일 성취도 ○ △ ×
	고난도 미니 모의고사 1회(6문항)		월 일 성취도 ○ △ ×	월 일 성취도 ○ △ ×
	고난도 미니 모의고사 2회(6문항)		월 일 성취도 ○ △ ×	월 일 성취도 ○ △ ×
	고난도 미니 모의고사 3회(6문항)		월 일 성취도 ○ △ ×	월 일 성취도 ○ △ ×
	고난도 미니 모의고사 4회(6문항)		월 일 성취도 ○ △ ×	월 일 성취도 ○ △ ×

T H E M E

01 여러 가지 순열

행동전략 ❶ 순서의 유무, 중복의 허용 여부를 판단하라!

- 순서를 정하는 경우에는 순열, 순서를 정하지 않는 경우에는 조합을 이용한다.
- 중복을 허용하고 순서가 있으면 중복순열, 순서가 없으면 중복조합을 이용한다.
- 원순열, 같은 것이 있는 순열 등을 적용해야 하는지 확인한다.

행동전략 ❷ 분류 기준을 정하고 경우를 나누어 생각하라!

- 특정한 조건이 있는지 살핀다. 이때 순서가 정해진 것은 먼저 나열한다.
- 복잡한 상황에서는 반대의 경우가 더 간단한지 확인하고 이때에는 여사건을 이용한다.
- 각 사건이 동시에 일어나지 않는 경우에는 합의 법칙, 동시에 일어나는 경우에는 곱의 법칙을 이용한다.

기출에서 뽑은 실전 개념 1 중복순열, 원순열, 같은 것이 있는 순열

• 순열과 중복순열
서로 다른 n개에서 r개를 택하는
(1) 순열의 수는 ${}_n\mathrm{P}_r=\dfrac{n!}{(n-r)!}$
(2) 중복순열의 수는 ${}_n\Pi_r=n^r$

참고 두 집합 X, Y의 원소의 개수가 각각 m, n일 때, 함수 $f: X \to Y$의 개수는 ${}_n\Pi_m$

• 원순열
서로 다른 n개를 원형으로 나열하는 경우의 수는
$\dfrac{n!}{n}=(n-1)!$

• 같은 것이 있는 순열
n개 중에서 같은 것이 각각 p개, q개, $\cdots$, r개씩 있을 때, n개를 모두 일렬로 나열하는 경우의 수는
$\dfrac{n!}{p!q!\cdots r!}$
(단, $p+q+\cdots+r=n$)

(1) 중복순열, 원순열: 나열하는 순서의 유무에 주의한다. 또, 회전하여 일치하는 것은 같은 것으로 본다.

2023학년도 수능 확통 24

숫자 1, 2, 3, 4, 5 중에서 중복을 허락하여 4개를 택해 일렬로 나열하여 만들 수 있는 네 자리의 자연수 중 4000 이상인 홀수의 개수

(중복순열)
(4□□1, 4□□3, 4□□5, 5□□1, 5□□3, 5□□5)

→ 4□□□ 꼴인 홀수의 개수는 ${}_5\Pi_2\times3$
5□□□ 꼴인 홀수의 개수는 ${}_5\Pi_2\times3$

2021년 3월 교육청 확통 25

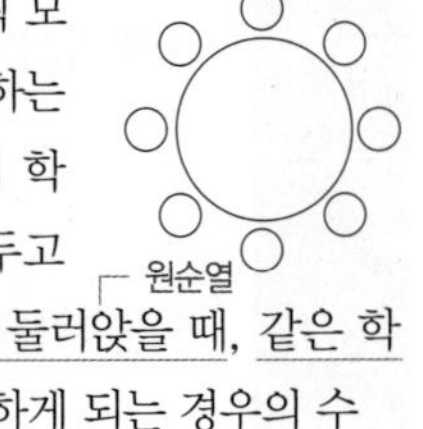

네 학급에서 대표 2명씩 모두 8명의 학생이 참석하는 회의를 한다. 이 8명의 학생이 일정한 간격을 두고 원 모양의 탁자에 모두 둘러앉을 때, 같은 학급 학생끼리 서로 이웃하게 되는 경우의 수

(원순열)
(한 명으로 묶어서 생각한다.)

→ 같은 학급의 2명을 한 명으로 생각하면 원순열의 수는 $(4-1)!$
각 학급 대표 2명이 자리를 바꾸는 경우의 수는 $4\times2!$

(2) 같은 것이 있는 순열: 최단거리로 가는 경우의 수를 구할 때는 특정 지점을 지나는 경우와 지나지 않는 경우에 주목한다.

2021년 3월 교육청 확통 24

A지점에서 출발하여 P지점을 지나 B지점까지 최단거리로 가는 경우의 수

(특정 지점을 지난다.)

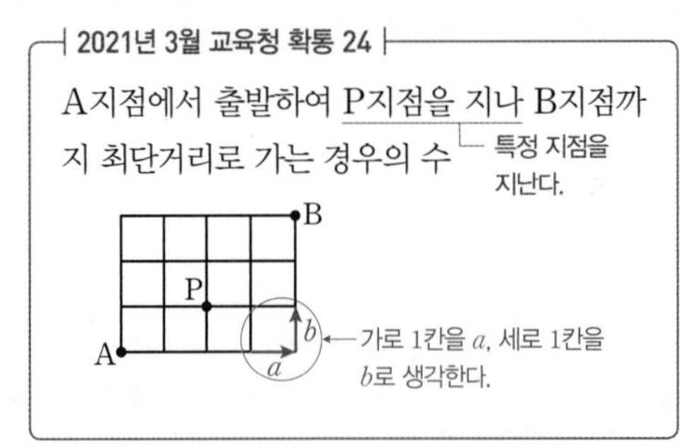

→ A → P → B : $\dfrac{3!}{2!1!}\times\dfrac{4!}{2!2!}$

2013학년도 수능 가 5

A지점에서 출발하여 C, D 지점을 지나지 않고 B지점까지 최단거리로 가는 경우의 수

(특정 지점을 지나지 않는다.)

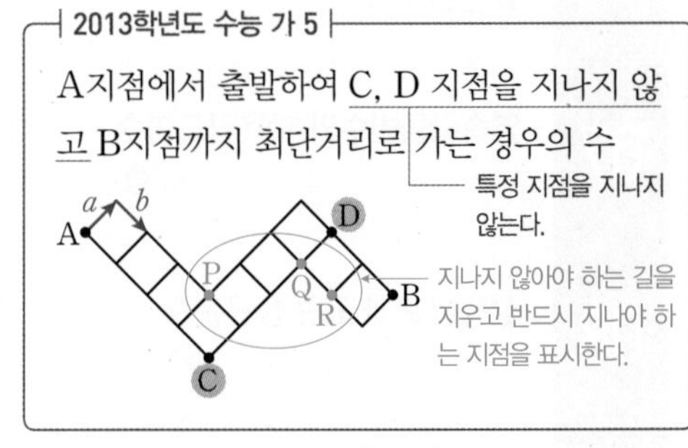

→ A → P → Q → R → B : $\dfrac{4!}{3!}\times\dfrac{3!}{2!}\times1\times2!$

기출예시 1 2021학년도 수능 나 15 ∘ 해답 2쪽

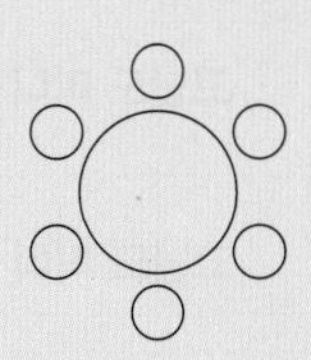

세 학생 A, B, C를 포함한 6명의 학생이 있다. 이 6명의 학생이 일정한 간격을 두고 원 모양의 탁자에 다음 조건을 만족시키도록 모두 둘러앉는 경우의 수는?❶
(단, 회전하여 일치하는 것은 같은 것으로 본다.) [4점]

(가) A와 B는 이웃한다.❷
(나) B와 C는 이웃하지 않는다.❸

① 32 ② 34 ③ 36 ④ 38 ⑤ 40

행동전략

❶, ❷ A, B를 한 학생으로 생각하여 5명의 학생을 원형으로 배열하는 원순열의 수를 이용한다.
5명의 학생을 원형으로 배열하는 경우의 수는 $(5-1)!$이고, A, B가 서로 자리를 바꾸는 경우의 수는 $2!$이다.

❸ 여사건의 경우의 수를 이용한다.
조건 (가)를 만족시키는 경우에서 조건 (나)를 만족시키지 않는 경우를 제외한다.

01
여러 가지 순열

해답 2쪽

1

두 집합 $X=\{1,\ 2,\ 3,\ 4,\ 5\}$, $Y=\{1,\ 2,\ 3,\ 4\}$에 대하여 다음 조건을 만족시키는 X에서 Y로의 함수 f의 개수는?

(가) 집합 X의 모든 원소 x에 대하여 $f(x) \geq \sqrt{x}$이다. ❶
(나) 함수 f의 치역의 원소의 개수는 3이다. ❷

① 128 ② 138 ③ 148
④ 158 ⑤ 168

행동전략

❶ 정의역 X의 각 원소에 대한 함숫값을 구한다.
❷ 정의역의 각 원소에 대응하는 서로 다른 함숫값의 개수가 3임을 파악한다.

2

숫자 1, 2, 3, 4, 5, 6 중에서 중복을 허락하여 다섯 개를 다음 조건을 만족시키도록 선택한 후, 일렬로 나열하여 만들 수 있는 모든 다섯 자리의 자연수의 개수를 구하시오. ❶

(가) 각각의 홀수는 선택하지 않거나 한 번만 선택한다. ❷
(나) 각각의 짝수는 선택하지 않거나 두 번만 선택한다. ❸

행동전략

❶ 중복을 허락하여 5개의 숫자를 선택하므로 같은 것이 있는 순열의 수를 이용한다.
❷ 홀수를 선택한다면 선택한 수를 한 번만 사용할 수 있다.
❸ 짝수를 선택한다면 선택한 수를 두 번만 사용할 수 있다.

3

1학년 학생 2명, 2학년 학생 3명, 3학년 학생 3명이 있다. 이 8명의 학생이 일정한 간격을 두고 원 모양의 탁자에 모두 둘러앉을 때, 1학년 학생끼리 서로 이웃하지 않고 2학년 학생끼리도 서로 이웃하지 않는 경우의 수를 N이라 하자. $\frac{N}{4!}$의 값을 구하시오. (단, 회전하여 일치하는 것은 같은 것으로 본다.)

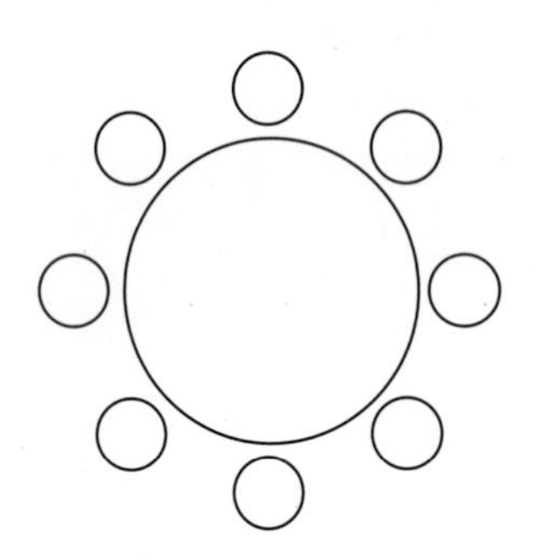

NOTE 1st ○ △ × 2nd ○ △ ×

☐
☐
☐

4

문자 a, b, c, d, e 중에서 중복을 허락하여 다섯 개를 다음 조건을 만족시키도록 선택한 후, 선택한 문자 중 a, b는 서로 이웃하도록 일렬로 나열하여 만들 수 있는 문자열의 개수를 구하시오.

(가) 문자 a, b는 각각 한 번만 선택한다.
(나) 문자 c는 선택하지 않거나 두 번만 선택한다.

NOTE 1st ○ △ × 2nd ○ △ ×

☐
☐
☐

해답 3쪽

5

집합 $X=\{1, 2, 3, 4, 5, 6\}$에 대하여 다음 조건을 만족시키는 함수 $f: X \longrightarrow X$의 개수를 구하시오.

> (가) $f(6) \geq 5$
> (나) 함수 f의 치역의 모든 원소의 합은 10이다.
> (다) $f(1)+f(2)+f(3)+f(4)+f(5)+f(6)$은 홀수이다.

NOTE 1st ○ △ × 2nd ○ △ ×

□
□
□

6

숫자 1, 2, 3, 4, 5 중에서 중복을 허락하여 네 개를 선택한 후 일렬로 나열할 때, 다음 조건을 만족시키도록 숫자를 나열하는 경우의 수를 구하시오.

> (가) 이웃한 두 수의 곱은 모두 짝수이다.
> (나) 홀수는 한 번 이상 나온다.

NOTE 1st ○ △ × 2nd ○ △ ×

□
□
□

7

2개의 문자 A, B에서 중복을 허락하여 7개를 택하여 일렬로 나열하려고 한다. AABB가 이 순서대로 연속으로 나오는 경우의 수를 a, 문자 A가 3개 이상 연속으로 나오는 경우의 수를 b라 할 때, $a+b$의 값은?

① 71 ② 73 ③ 75
④ 77 ⑤ 79

NOTE 1st ○ △ × 2nd ○ △ ×
□
□
□

8

그림과 같이 정사각형의 네 변에 각각 두 개의 정사각형을 이어 붙여 만든 도형의 아홉 개의 영역에 1부터 9까지의 자연수를 하나씩 적으려고 한다. 가운데 정사각형의 각 변에 이어 붙인 두 정사각형에 적힌 두 수의 합이 모두 홀수가 되도록 자연수를 적는 경우의 수를 N이라 하자. $\frac{1}{60}N$의 값을 구하시오.
(단, 모든 정사각형은 합동이고, 회전하여 숫자의 배열이 일치하는 것은 같은 경우로 본다.)

NOTE 1st ○ △ × 2nd ○ △ ×
□
□
□

해답 7쪽

9

네 개의 수 1, 2, 3, 4가 각 면에 하나씩 적혀 있는 정사면체 모양의 상자가 있다. 이 정사면체 모양의 상자를 네 번 던져 바닥에 닿은 면에 적혀 있는 수를 차례로 a, b, c, d라 할 때, $a+b+c+d$의 값이 4의 배수가 되는 경우의 수를 구하시오.

NOTE 1st ○ △ × 2nd ○ △ ×

□
□
□

10

집합 $X=\{1, 2, 3, 4, 5\}$에 대하여 다음 조건을 만족시키는 함수 $f: X \longrightarrow X$의 개수를 구하시오.

> (가) 치역의 모든 원소의 합은 9이고 치역의 모든 원소의 곱은 짝수이다.
> (나) 함수 f의 치역과 합성함수 $f \circ f$의 치역은 서로 같다.

NOTE 1st ○ △ × 2nd ○ △ ×

□
□
□

THEME 02

중복조합의 활용

행동전략 ❶ 선택되는 대상과 그 개수를 정확히 파악하라!

- ✔ 주어진 상황이 '중복'을 허락하여 '선택'하는 상황인지 확인한다.
- ✔ 선택되는 전체 대상의 개수와 선택하는 개수를 확인한다.
- ✔ 사건의 원소를 수나 문자로 바꾸어 생각한다.

행동전략 ❷ 방정식의 해의 개수는 해의 범위에 주의하고 중복조합을 이용하라!

- ✔ 음이 아닌 정수해의 개수는 중복조합을 이용한다.
- ✔ 해의 범위가 제한된 경우에는 해의 범위가 음이 아닌 정수가 되도록 다른 문자로 치환하여 생각한다.

기출에서 뽑은 실전 개념 1 중복순열과 중복조합의 구분

• 중복조합의 수
서로 다른 n개에서 r개를 택하는 중복조합의 수는
$_{n}H_{r} = {}_{n+r-1}C_{r}$

중복순열
서로 다른 것을
서로 다른 것에 담을 때

VS.

중복조합
서로 같은 것을
서로 다른 것에 담을 때

2016학년도 6월 평가원 B 9
서로 다른 종류의 연필 5자루를 4명의 학생 A, B, C, D에게 남김없이 나누어 준다.

→ 서로 다른 4개에서 5개를 택하는 중복순열의 수이므로
$_{4}\Pi_{5}$

2013학년도 수능 나 12
같은 종류의 주스 4병, 같은 종류의 생수 2병, 우유 1병을 3명에게 남김없이 나누어 준다.

→ 서로 다른 3개에서 각각 4개, 2개, 1개를 택하는 중복조합의 수이므로 $_{3}H_{4} \times {}_{3}H_{2} \times {}_{3}H_{1}$

기출예시 1 2021년 3월 교육청 확통 26 ○ 해답 9쪽

(서로 같은 것을 서로 다른 것에 담는 경우이다.)
같은 종류의 연필 6자루와 같은 종류의 지우개 5개를 세 명의 학생에게 남김없이 나누어 주려고 한다.❶ 각 학생이 적어도 한 자루의 연필을 받도록❷ 나누어 주는 경우의 수는? [3점]
(단, 지우개를 받지 못하는 학생이 있을 수 있다.)

① 210 ② 220 ③ 230 ④ 240 ⑤ 250

행동전략

❶ 선택되는 대상과 그 개수를 파악한다.
세 명의 학생에서 중복을 허락하여 연필과 지우개의 개수만큼 선택하는 중복조합이다.

❷ 일정 개수 이상 나누어 주어야 한다면 먼저 그 개수만큼 나누어 준 후, 남은 것에서 남김없이 나누어 주는 경우를 생각한다.
연필을 먼저 세 명의 학생에게 한 자루씩 나누어 주고, 나머지 연필 3자루를 세 명의 학생에게 나누어 주면 된다.

기출에서 뽑은 실전 개념 2 중복조합의 활용(1) – 부등식의 해의 개수, 함수의 개수

(1) 부등식을 만족시키는 순서쌍의 개수

2014학년도 9월 평가원 A 10
$3 \le a \le b \le c \le d \le 10$을 만족시키는 자연수 a, b, c, d의 모든 순서쌍 (a, b, c, d)의 개수 (뽑은 후에는 순서가 하나로 정해진다.)

→ 3 이상 10 이하의 자연수 중에서 4개를 택하는 중복조합의 수이다.
→ $_{8}H_{4}$

(2) 함숫값의 대소가 정해진 함수의 개수

• 함수 $f: X \longrightarrow Y$에서 $n(X)=m$, $n(Y)=n$일 때, 정의역 X의 임의의 두 원소 x_1, x_2에 대하여
$x_1 < x_2$이면 $f(x_1) \le f(x_2)$
인 함수 f의 개수는
$_{n}H_{m}$

2021학년도 수능 나 13
집합 $X=\{1, 2, 3, 4\}$에 대하여 $f(2) \le f(3) \le f(4)$를 만족시키는 함수 $f: X \longrightarrow X$의 개수 (뽑은 후에는 순서가 하나로 정해진다.)

→ $f(1)$의 값을 정하는 경우의 수는 4이고, $f(2)$, $f(3)$, $f(4)$의 값을 정하는 경우의 수는 공역의 원소 4개 중에서 3개를 택하는 중복조합의 수이다.
→ $4 \times {}_{4}H_{3}$

기출에서 뽑은 실전 개념 3 중복조합의 활용(2) – 방정식의 해의 개수

(1) '방정식+특정 조건'이 주어진 경우

2018학년도 9월 평가원 나 16

음이 아닌 정수 x, y, z의 모든 순서쌍 (x, y, z)의 개수

(가) $x+y+z=10$　　(나) $0<y+z<10$

$y+z=0$이면 $x=10$, $y+z=10$이면 $x=0$
즉, $x=10$인 경우와 $x=0$인 경우는 조건을 만족시키지 않는다.

→ 전체 경우에서 $x=10$ 또는 $x=0$인 경우를 제외한다.
→ $x+y+z=10$ → ${}_3H_{10}$개
→ $x=10$ → $y+z=0$ → 1개
　 $x=0$ → $y+z=10$ → ${}_2H_{10}$개

2016학년도 6월 평가원 B 27

음이 아닌 정수 x, y, z, u의 모든 순서쌍 (x, y, z, u)의 개수

(가) $x+y+z+u=6$　　(나) $x\neq u$

$x=u$인 경우를 따지는게 더 간단하다.

→ 전체 경우에서 $x=u$인 경우를 제외한다.
→ $x=u$인 경우의 방정식을 만들면
　 $x=u=0$ → $y+z=6$ → ${}_2H_6$개
　 $x=u=1$ → $y+z=4$ → ${}_2H_4$개
　 $x=u=2$ → $y+z=2$ → ${}_2H_2$개
　 $x=u=3$ → $y+z=0$ → 1개

2015학년도 6월 평가원 B 20

음이 아닌 정수 a, b, c의 모든 순서쌍 (a, b, c)의 개수

(가) $a+b+c=6$
(나) 좌표평면에서 세 점 $(1, a)$, $(2, b)$, $(3, c)$가 한 직선 위에 있지 않다.

(기울기)$\neq$(기울기)
$b-a\neq c-b$, 즉 $2b\neq a+c$

→ 전체 경우에서 $2b=a+c$인 경우를 제외한다.
→ $2b=a+c$이면 $b=2$, $a+c=4$
→ ${}_2H_4$개

* **음이 아닌 정수해의 개수**
방정식 $x+y+z=n$ (n은 자연수)을 만족시키는 음이 아닌 정수해의 개수는
$${}_3H_n={}_{n+2}C_n={}_nC_2$$

(2) 방정식에서 계수가 1이 아닌 문자가 있는 경우

2017학년도 6월 평가원 나 14

방정식 $x+y+z+5w=14$를 만족시키는 양의 정수 x, y, z, w의 모든 순서쌍 (x, y, z, w)의 개수

└ 음이 아닌 정수해를 갖는 방정식으로 변형한다.
→ $x'+y'+z'+5w'=6$ (x', y', z', w'은 음이 아닌 정수)

→ 계수가 1이 아닌 문자 w' 대신 수를 대입하여 방정식을 만든다.
→ $w'=0$ → $x'+y'+z'=6$ → ${}_3H_6$개
　 $w'=1$ → $x'+y'+z'=1$ → ${}_3H_1$개

* **자연수해(양의 정수해)의 개수**
방정식 $x+y+z=n$ (n은 자연수)을 만족시키는 자연수해의 개수는
$${}_3H_{n-3}={}_{n-1}C_{n-3}={}_{n-1}C_2$$

수능적 발상

방정식 $x+y+z=n$ (n은 자연수)에서 x, y, z가 $x\geq a$, $y\geq b$, $z\geq c$인 정수이면
$x=x'+a$, $y=y'+b$, $z=z'+c$ (x', y', z'은 음이 아닌 정수)
로 놓고 음이 아닌 정수해를 갖는 방정식으로 변형하라!

$x+y+z=n$에 $x=x'+a$, $y=y'+b$, $z=z'+c$를 대입하면
$(x'+a)+(y'+b)+(z'+c)=n$, 즉 $x'+y'+z'=n-(a+b+c)$
$n-(a+b+c)=m$이라 하면 주어진 방정식의 해의 개수는 $x'+y'+z'=m$의 음이 아닌 정수해의 개수와 같다.

기출예시 2 2020학년도 수능 가 16　　해답 9쪽

다음 조건을 만족시키는 음이 아닌 정수 a, b, c, d의 모든 순서쌍 (a, b, c, d)의 개수는? [4점]

중복조합을 이용하려면 음이 아닌 정수의 합의 꼴이어야 한다.
(가) $a+b+c-d=9$ ❶
(나) $d\leq 4$이고 $c\geq d$이다. ❷

① 265　② 270　③ 275　④ 280　⑤ 285

행동전략

❶ 방정식을 만족시키는 음이 아닌 정수해의 개수는 중복조합을 이용한다.
음이 아닌 정수의 합의 꼴이 되도록 $-d$를 변형한다.

❷ 특정 조건으로 주어진 해의 범위를 확인한다.
d에 0, 1, 2, 3, 4를 대입하여 조건 (가)의 방정식을 변형하면 중복조합의 수를 이용할 수 있는 꼴이 된다.

02-1 중복조합의 다양한 상황에의 활용

1

네 명의 학생 A, B, C, D에게 검은색 모자 6개와 흰색 모자 6개를 다음 규칙에 따라 남김없이 나누어 주는 경우의 수를 구하시오. (단, 같은 색 모자끼리는 서로 구별하지 않는다.) ❶

> (가) 각 학생은 1개 이상의 모자를 받는다.
>
> (나) 학생 A가 받는 검은색 모자의 개수는 4 이상이다. ❷
>
> (다) 흰색 모자보다 검은색 모자를 더 많이 받는 학생은 A를 포함하여 2명뿐이다. ❷

행동전략

❶ 같은 색 모자끼리는 서로 구별하지 않으므로 모자를 받은 개수에 주목하여 경우를 나눈다.

❷ 학생 A는 검은색 모자를 4개 또는 5개 받아야 함을 파악한다.

2

다음 조건을 만족시키는 음이 아닌 정수 x_1, x_2, x_3, x_4의 모든 순서쌍 (x_1, x_2, x_3, x_4)의 개수는? ❷

> (가) $n=1, 2, 3$일 때, $x_{n+1}-x_n \geq 2$이다. ❶
>
> (나) $x_4 \leq 12$ ❶

① 210　② 220　③ 230　④ 240　⑤ 250

행동전략

❶ $n=1, 2, 3$을 주어진 부등식에 대입하여 네 수 x_1, x_2, x_3, x_4 사이의 관계를 파악한다.

❷ 네 수 x_1, x_2, x_3, x_4의 대소 관계가 정해지면 x_1, x_2, x_3, x_4의 값은 자동으로 결정된다. 이때 네 수 중 같은 수가 있으면 중복조합의 수를 이용한다.

해답 10쪽

3

두 집합 $X=\{1, 2, 3, 4, 5, 6\}$, $Y=\{2, 4, 6, 8, 10\}$에 대하여 다음 조건을 만족시키는 함수 $f : X \longrightarrow Y$의 개수를 구하시오.

> (가) $f(3) \times f(4)=16$
> (나) $f(1) \leq f(2) \leq f(3)$, $f(4) \leq f(5) \leq f(6)$

NOTE 1st ○ △ × 2nd ○ △ ×

□
□
□

4

빵 13개와 과자 13개를 다음 조건을 만족시키도록 여학생 4명과 남학생 3명에게 남김없이 나누어 주는 경우의 수를 구하시오. (단, 빵끼리는 서로 구별하지 않고, 과자끼리도 서로 구별하지 않는다.)

> (가) 여학생이 각각 받는 빵의 개수는 서로 같고, 남학생이 각각 받는 과자의 개수는 모두 다르다.
> (나) 여학생은 빵을 2개 이상 받고, 과자를 받지 못하는 여학생이 있을 수 있다.
> (다) 남학생은 과자를 3개 이상 받고, 빵을 받지 못하는 남학생이 있을 수 있다.

NOTE 1st ○ △ × 2nd ○ △ ×

□
□
□

해답 14쪽

5

집합 $X=\{0, 1, 2, 3, 4, 5\}$에 대하여 다음 조건을 만족시키는 함수 $f : X \longrightarrow X$의 개수는?

(가) $f(0) \le f(1) \le f(2) \le f(3) \le f(4) \le f(5)$이고
$f(0) < f(5)$이다.
(나) 함수 f의 치역의 모든 원소의 합은 4이다.

① 20 ② 24 ③ 28
④ 32 ⑤ 36

NOTE 1st ○ △ × 2nd ○ △ ×
□
□
□

6

파란색 공 3개와 흰색 공 7개를 다음 조건을 만족시키도록 서로 다른 네 주머니 A, B, C, D에 남김없이 넣는 경우의 수를 구하시오. (단, 같은 색 공끼리는 서로 구별하지 않는다.)

(가) 주머니 A에는 파란색 공과 흰색 공이 모두 들어 있고, 주머니 A에 들어 있는 파란색 공의 개수는 홀수이다.
(나) 세 주머니 B, C, D에는 각각 파란색 공을 넣지 않거나 1개만 넣는다.
(다) 세 주머니 B, C, D에는 각각 적어도 1개의 공을 넣는다.

NOTE 1st ○ △ × 2nd ○ △ ×
□
□
□

02-2
중복조합을 활용한 방정식의 해의 개수

해답 15쪽

1

다음 조건을 만족시키는 2 이상의 자연수 a, b, c, d의 모든 순서쌍 (a, b, c, d)의 개수를 구하시오. ❶

(가) $a+b+c+d=20$ ❷
(나) a, b, c는 모두 d의 배수이다. ❸

행동전략

❶, ❷ 음이 아닌 정수해를 갖도록 방정식을 변형하여 중복조합을 이용한다.
❷, ❸ a, b, c를 모두 d에 대한 식으로 나타내어 문자의 개수를 줄인다.

2

자연수 n에 대하여 $abc=2^n$을 만족시키는 1보다 큰 자연수 a, b, c의 순서쌍 (a, b, c)의 개수가 28일 때, n의 값을 구하시오. ❶ ❷

행동전략

❶ a, b, c를 2의 거듭제곱 꼴로 나타내어 식을 변형한다.
❶, ❷ 음이 아닌 정수해를 갖도록 식을 변형하여 중복조합을 이용한다.

3

다음 조건을 만족시키는 자연수 a, b, c, d, e의 모든 순서쌍 (a, b, c, d, e)의 개수를 구하시오.

> (가) $a+b+c+d+e=9$
> (나) $a+b+c$는 홀수이고 $d+e$는 짝수이다.

NOTE 1st ○ △ × 2nd ○ △ ×

□
□
□

4

방정식 $2a+b+c+d=20$을 만족시키는 자연수 a, b, c, d의 모든 순서쌍 (a, b, c, d)의 개수는?

① 440 ② 444 ③ 448 ④ 452 ⑤ 456

NOTE 1st ○ △ × 2nd ○ △ ×

□
□
□

해답 16쪽

5

다음 조건을 만족시키는 자연수 x, y, z의 모든 순서쌍 (x, y, z)의 개수는?

> (가) $xyz=720$
> (나) x는 2의 배수이다.

① 160 ② 165 ③ 170 ④ 175 ⑤ 180

NOTE 1st ○ △ × 2nd ○ △ ×

□
□
□

6

다음 조건을 만족시키는 자연수 a, b, c, d, e의 모든 순서쌍 (a, b, c, d, e)의 개수를 구하시오.

> (가) $a+b+c+d+e=12$
> (나) 두 직선 $(a+b)x+y+a=0$, $2x-(a+b+4)y-1=0$은 서로 수직이 아니거나 두 직선 $(c-d)x+ey+1=0$, $x-y-1=0$은 서로 평행하지 않다.

NOTE 1st ○ △ × 2nd ○ △ ×

□
□
□

해답 20쪽

7

다음 조건을 만족시키는 정수 a, b, c, d, e의 모든 순서쌍 (a, b, c, d, e)의 개수를 구하시오.

(가) abc는 홀수인 정수이다.
(나) $(|a|+|b|+|c|)(|d|+|e|)=9$

NOTE 1st ○ △ × 2nd ○ △ ×
□
□
□

8

다음 조건을 만족시키는 음이 아닌 정수 a, b, c, d, e의 모든 순서쌍 (a, b, c, d, e)의 개수를 구하시오.

(가) $a+b+c+d+e\geq 5$
(나) $a+b+c+4d+4e\leq 11$

NOTE 1st ○ △ × 2nd ○ △ ×
□
□
□

여러 가지 확률의 계산

행동전략 ❶ 사건이 일어나는 전체 경우의 수를 파악하라!

- 사건이 일어나는 경우를 서로 배반사건인 경우로 분류하여 전체 경우의 수를 구한다.
- 각 사건이 동시에 일어나지 않으면 확률의 덧셈정리를 이용한다.

행동전략 ❷ 여사건의 확률을 이용할지를 판단하라!

- '적어도 ~인', '~ 이상(이하)인', '~가 아닌' 등의 표현이 있는 경우 여사건의 확률을 이용한다.
- 사건의 분류가 복잡한 경우 여사건의 확률을 이용한다.

기출에서 뽑은 실전 개념 1 확률의 덧셈정리를 이용한 확률의 계산

두 사건 A, B에 대한 확률이 일부 주어진 경우 확률의 덧셈정리를 이용하여 원하는 사건의 확률을 구할 수 있다.

2020학년도 수능 나 5

두 사건 A, B에 대하여

$$\mathrm{P}(A^C)=\frac{2}{3},\ \mathrm{P}(A^C\cap B)=\frac{1}{4}$$

└ $\mathrm{P}(A)=1-\mathrm{P}(A^C)=\frac{1}{3}$

일 때, $\mathrm{P}(A\cup B)$의 값 ┌ $A\cup B=A\cup(A^C\cap B)$

→ $\mathrm{P}(A\cup B)=\mathrm{P}(A)+\mathrm{P}(A^C\cap B)=\frac{1}{3}+\frac{1}{4}=\frac{7}{12}$

2021년 7월 교육청 확통 23

두 사건 A와 B는 서로 배반사건이고

└ $\mathrm{P}(A\cap B)=0$

$$\mathrm{P}(A)=\frac{1}{12},\ \mathrm{P}(A\cup B)=\frac{11}{12}$$

└ $\mathrm{P}(A\cup B)=\mathrm{P}(A)+\mathrm{P}(B)$

일 때, $\mathrm{P}(B)$의 값

→ $\mathrm{P}(B)=\mathrm{P}(A\cup B)-\mathrm{P}(A)=\frac{11}{12}-\frac{1}{12}=\frac{5}{6}$

- **확률의 덧셈정리**
  - (1) 두 사건 A, B에 대하여 $\mathrm{P}(A\cup B)=\mathrm{P}(A)+\mathrm{P}(B)-\mathrm{P}(A\cap B)$
  - (2) 두 사건 A, B가 서로 배반사건이면 $\mathrm{P}(A\cap B)=0$이므로 $\mathrm{P}(A\cup B)=\mathrm{P}(A)+\mathrm{P}(B)$
- **서로 배반사건인 두 사건의 예**
  - (1) 두 사건 A, $A^C\cap B$ └ $A\cap(A^C\cap B)=\varnothing$
  - (2) 두 사건 $A\cap B$, $A\cap B^C$ └ $(A\cap B)\cap(A\cap B^C)=\varnothing$

기출에서 뽑은 실전 개념 2 여사건의 확률을 이용하는 경우

(1) 적어도 ~인 경우: 흰 공 5개, 검은 공 3개가 들어 있는 주머니에서 임의로 2개의 공을 꺼낼 때, 적어도 한 개가 흰 공일 확률

→ $1-$(2개 모두 검은 공일 확률)

(2) ~ 이상(이하)인 경우: 서로 다른 2개의 주사위를 동시에 던질 때, 나오는 눈의 수의 합이 3 이상일 확률

→ $1-$(나오는 눈의 수의 합이 3 미만일 확률) $=1-$(나오는 눈의 수의 합이 2일 확률)

(3) 곱이 짝수인 경우: 1부터 10까지의 자연수가 하나씩 적힌 카드 10장이 들어 있는 주머니에서 임의로 2장의 카드를 꺼낼 때, 2장의 카드에 적힌 수의 곱이 짝수일 확률

└ 두 수 중 적어도 한 수가 짝수이어야 한다.

→ $1-$(곱이 홀수일 확률) ┌ 두 수 모두 홀수이어야 한다.

(4) 사건의 분류가 복잡한 경우: 여학생 4명과 남학생 2명이 6일 동안 봉사활동 순번을 임의로 정할 때, 첫째 날 또는 여섯째 날에 남학생이 봉사활동을 하게 될 확률

→ $1-$(첫째 날과 여섯째 날에 모두 여학생이 봉사활동을 하게 될 확률)

- **여사건의 확률**
  - (1) 사건 A와 그 여사건 A^C에 대하여 $\mathrm{P}(A^C)=1-\mathrm{P}(A)$
  - (2) 두 사건 A, B와 각각의 여사건 A^C, B^C에 대하여
    - ① $\mathrm{P}(A^C\cap B^C)=1-\mathrm{P}(A\cup B)$ └ 사건 A가 일어나지 않고 사건 B도 일어나지 않을 확률
    - ② $\mathrm{P}(A^C\cup B^C)=1-\mathrm{P}(A\cap B)$ └ 사건 A가 일어나지 않거나 사건 B가 일어나지 않을 확률

기출예시 1 2019학년도 수능 나 28 ○해답 22쪽

숫자 1, 2, 3, 4가 하나씩 적혀 있는 흰 공 4개와 숫자 4, 5, 6이 하나씩 적혀 있는 검은 공 3개가 있다. 이 7개의 공을 임의로 일렬로 나열할 때❶, 같은 숫자가 적혀 있는 공이 서로 이웃하지 않게 나열될 확률은❷ $\frac{q}{p}$이다. $p+q$의 값을 구하시오. (단, p와 q는 서로소인 자연수이다.) [4점]

행동전략

❶ 전체 경우의 수를 파악한다.

❷ '~가 아닌 사건'의 확률은 여사건의 확률을 이용한다.
같은 숫자가 적혀 있는 공은 숫자 4가 적혀 있는 흰 공과 검은 공뿐이므로 이웃하게 나열하는 경우의 수를 구하는 것이 더 간단하다.

1

집합 $A=\{1, 2, 3, 4\}$에 대하여 A에서 A로의 모든 함수 f 중❶ 에서 임의로 하나를 선택할 때, 이 함수가 다음 조건을 만족시킬 확률은 p이다. $120p$의 값을 구하시오.

> (가) $f(1)\times f(2)\geq 9$❷
> (나) 함수 f의 치역의 원소의 개수는 3이다.❸

행동전략

❶ 집합 A에서 집합 A로의 함수의 개수는 서로 다른 4개에서 4개를 택하는 중복순열의 수와 같다.

❷ $f(1)$, $f(2)$의 값은 각각 3 또는 4임을 파악한다.

❸ 정의역의 원소에 대응하는 서로 다른 함숫값의 개수가 3임을 파악한다.

2

숫자 1, 1, 2, 2, 3, 3이 하나씩 적혀 있는 6개의 공이 들어 있는 주머니가 있다. 이 주머니에서 한 개의 공을 임의로 꺼내어 공에 적힌 수를 확인한 후 다시 넣지 않는다.❶ 이와 같은 시행을 6번 반복할 때, k $(1\leq k\leq 6)$번째 꺼낸 공에 적힌 수를 a_k라 하자. 두 자연수 m, n을

$$m=a_1\times 100+a_2\times 10+a_3,$$
$$n=a_4\times 100+a_5\times 10+a_6$$
❷

이라 할 때, $m>n$❷일 확률은 $\frac{q}{p}$이다. $p+q$의 값을 구하시오.

(단, p와 q는 서로소인 자연수이다.)

행동전략

❶ 주머니에서 꺼낸 공을 다시 넣지 않고 6개의 공을 모두 꺼내므로 a_k $(1\leq k\leq 6)$를 정하는 경우의 수는 1, 1, 2, 2, 3, 3을 일렬로 나열하는 경우의 수와 같다.

❷ $m>n$이 되기 위한 각 자리의 숫자를 비교한다.

해답 22쪽

3

한 개의 주사위를 두 번 던질 때, 나오는 눈의 수를 차례로 a, b라 하자. $0\leq x\leq 2\pi$에서 함수 $f(x)=a\sin\frac{ax}{2}$의 그래프와 직선 $y=b$가 만나는 서로 다른 점의 개수가 1 이상 4 이하일 확률은?

① $\frac{1}{4}$　② $\frac{1}{3}$　③ $\frac{5}{12}$

④ $\frac{1}{2}$　⑤ $\frac{7}{12}$

NOTE　1st ○ △ ×　2nd ○ △ ×

□

□

□

4

주머니에 1, 1, 1, 2, 2, 3의 숫자가 하나씩 적혀 있는 6개의 공이 들어 있다. 이 주머니에서 임의로 4개의 공을 동시에 꺼내어 일렬로 나열할 때, 첫 번째 공에 적힌 숫자가 두 번째 공에 적힌 숫자보다 작거나 같을 확률은?

① $\frac{7}{12}$　② $\frac{3}{5}$　③ $\frac{37}{60}$

④ $\frac{19}{30}$　⑤ $\frac{13}{20}$

NOTE　1st ○ △ ×　2nd ○ △ ×

□

□

□

5

A, B, C, C, D, D, D의 문자가 하나씩 적혀 있는 7장의 카드가 있다. 이 카드를 모두 한 번씩 사용하여 왼쪽부터 일렬로 나열한 것 중 하나를 선택할 때, 다음 조건을 만족시키도록 나열될 확률은?

> (가) A가 적혀 있는 카드의 양옆에는 B 또는 C가 적혀 있는 카드만 놓일 수 있다.
> (나) B가 적혀 있는 카드의 양옆에는 A 또는 D가 적혀 있는 카드만 놓일 수 있다.
> (다) 양 끝에는 같은 문자가 적혀 있는 카드가 놓여 있다.

① $\frac{1}{70}$ ② $\frac{1}{35}$ ③ $\frac{3}{70}$
④ $\frac{2}{35}$ ⑤ $\frac{1}{14}$

NOTE 1st ○ △ × 2nd ○ △ ×
□
□
□

6

집합 $A=\{1, 2, 3, 4, 5\}$에서 집합 $B=\{1, 2, 3, 4\}$로의 함수 f 중에서 임의로 선택한 한 함수가 다음 조건을 만족시킬 확률은?

> (가) $1 \leq f(1)+f(3) \leq 3$
> (나) 함수 f의 치역의 원소의 개수는 3이다.

① $\frac{3}{32}$ ② $\frac{13}{128}$ ③ $\frac{7}{64}$
④ $\frac{15}{128}$ ⑤ $\frac{1}{8}$

NOTE 1st ○ △ × 2nd ○ △ ×
□
□
□

해답 26쪽

7

1부터 7까지의 자연수 중에서 임의로 서로 다른 4개의 수를 선택한 후 일렬로 나열하여 네 자리의 자연수를 만들 때, 천의 자리의 숫자와 백의 자리의 숫자의 곱이 홀수이거나 십의 자리의 숫자와 일의 자리의 숫자의 합이 짝수일 확률은?

① $\frac{3}{10}$ ② $\frac{2}{5}$ ③ $\frac{1}{2}$

④ $\frac{3}{5}$ ⑤ $\frac{7}{10}$

NOTE 1st ○ △ × 2nd ○ △ ×

□
□
□

8

Killer

두 주머니 A와 B에 숫자 1, 2, 3, 4, 5가 하나씩 적혀 있는 5장의 카드가 각각 들어 있다. 두 주머니 A와 B에서 동시에 임의로 한 장씩 카드를 꺼내어 확인하고 버리는 시행을 할 때, 5번의 시행 중 두 주머니에서 꺼낸 카드에 적힌 숫자가 같은 횟수가 2 이상일 확률은 $\frac{q}{p}$이다. $p+q$의 값을 구하시오.

(단, p와 q는 서로소인 자연수이다.)

NOTE 1st ○ △ × 2nd ○ △ ×

□
□
□

T H E M E

04

조건부확률

행동전략 ❶ 새로운 표본공간을 정확히 파악하라!

- $\mathrm{P}(B|A)$는 새로운 표본공간 A에서 사건 $A\cap B$가 일어날 확률이고, $\mathrm{P}(A|B)$는 새로운 표본공간 B에서 사건 $A\cap B$가 일어날 확률이다.
- 실생활 속에서 확률을 구하는 문제는 먼저 조건부확률을 묻는 문제인지를 파악하고 두 사건 A, B를 정한다.

행동전략 ❷ 구하는 확률을 정확히 이해하라!

- 구하는 확률이 $\mathrm{P}(A\cap B)$, $\mathrm{P}(A|B)$ 또는 $\mathrm{P}(B|A)$인지를 파악한다.
- 집합의 연산 법칙, 여사건의 확률 등을 적절히 이용한다.
- 주어진 문제의 상황을 표로 정리하여 간단히 나타내어 본다.

기출에서 뽑은 실전 개념 1 조건부확률

(1) 조건부확률: 사건 A가 일어났을 때, 사건 B의 조건부확률은

$$\mathrm{P}(B|A)=\frac{\mathrm{P}(A\cap B)}{\mathrm{P}(A)}\ (\text{단, } \mathrm{P}(A)>0)$$

(2) 확률의 곱셈정리: 두 사건 A, B에 대하여 두 사건이 동시에 일어날 확률은

$$\mathrm{P}(A\cap B)=\mathrm{P}(A)\mathrm{P}(B|A)=\mathrm{P}(B)\mathrm{P}(A|B)\ (\text{단, } \mathrm{P}(A)>0,\ \mathrm{P}(B)>0)$$

(3) $\mathrm{P}(A\cap B)$와 $\mathrm{P}(B|A)$의 구분: $\mathrm{P}(A\cap B)$와 $\mathrm{P}(B|A)$는 표본공간이 다르므로 확률도 다르다.

① $\mathrm{P}(A\cap B)$ vs. ② $\mathrm{P}(B|A)$

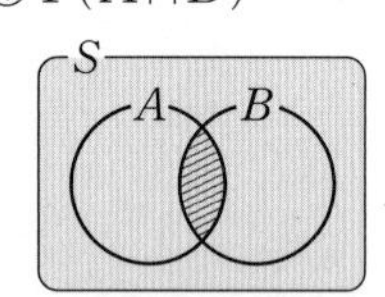

표본공간 S에서 사건 $A\cap B$가 일어날 확률

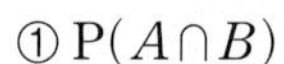

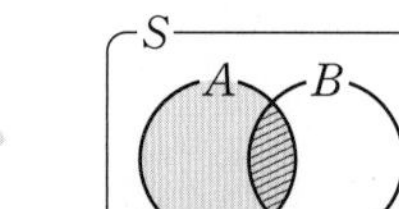

A를 표본공간으로 생각할 때 사건 $A\cap B$가 일어날 확률

- 표본공간 S의 두 사건 A, B에 대하여 $n(A)=a\ (a\neq 0)$, $n(B)=b\ (b\neq 0)$, $n(A\cap B)=c$ 일 때,
$\mathrm{P}(B|A)=\frac{n(A\cap B)}{n(A)}=\frac{c}{a}$,
$\mathrm{P}(A|B)=\frac{n(A\cap B)}{n(B)}=\frac{c}{b}$

수능적 발상

확률의 계산 문제는 벤다이어그램과 집합의 연산 법칙을 적절하게 이용하라!

표본공간 S의 두 사건 A, B에 대하여

(1) $\mathrm{P}(A\cap B)=\mathrm{P}(A)+\mathrm{P}(B)-\mathrm{P}(A\cup B)$ ← $n(A\cap B)=n(A)+n(B)-n(A\cup B)$

(2) $\mathrm{P}(A^C)=1-\mathrm{P}(A)$ ← $n(A^C)=n(U)-n(A)$

(3) $\mathrm{P}(A\cap B^C)=\mathrm{P}(A)-\mathrm{P}(A\cap B)$ ← $n(A\cap B^C)=n(A)-n(A\cap B)$

(4) $\mathrm{P}(A^C\cap B^C)=\mathrm{P}((A\cup B)^C)=1-\mathrm{P}(A\cup B)$ ← $n(A^C\cap B^C)=n((A\cup B)^C)=n(U)-n(A\cup B)$

(5) $\mathrm{P}(B|A)=\frac{\mathrm{P}(A\cap B)}{\mathrm{P}(A)}=\frac{\mathrm{P}(A\cap B)}{\mathrm{P}(A\cap B)+\mathrm{P}(A\cap B^C)}$

(6) $\mathrm{P}(A|B)=\frac{\mathrm{P}(A\cap B)}{\mathrm{P}(B)}=\frac{\mathrm{P}(B)-\mathrm{P}(A^C\cap B)}{\mathrm{P}(B)}=1-\mathrm{P}(A^C|B)$

(7) $\mathrm{P}(B|A^C)=\frac{\mathrm{P}(B\cap A^C)}{\mathrm{P}(A^C)}=\frac{\mathrm{P}(B\cap A^C)}{1-\mathrm{P}(A)}$

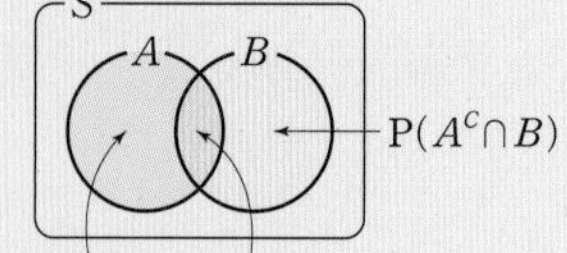

- **집합의 연산 법칙**
전체집합 U의 두 부분집합 A, B에 대하여 다음이 성립한다.
(1) 교환법칙
$A\cup B=B\cup A$,
$A\cap B=B\cap A$
(2) 드모르간의 법칙
$(A\cup B)^C=A^C\cap B^C$,
$(A\cap B)^C=A^C\cup B^C$
(3) 차집합과 여집합의 성질
$A-B=A\cap B^C$,
$A^C=U-A$

기출예시 1 2020학년도 9월 평가원 가 5 ∘ 해답 30쪽

$\frac{\mathrm{P}(A^C\cap B^C)}{\mathrm{P}(B^C)}=\frac{\mathrm{P}((A\cup B)^C)}{\mathrm{P}(B^C)}$

두 사건 A, B에 대하여 $\mathrm{P}(A)=\frac{2}{5}$, $\mathrm{P}(B^C)=\frac{3}{10}$, $\mathrm{P}(A\cap B)=\frac{1}{5}$일 때, $\mathrm{P}(A^C|B^C)$의 값은? (단, A^C은 A의 여사건이다.) [3점]

① $\frac{1}{6}$ ② $\frac{1}{5}$ ③ $\frac{1}{4}$ ④ $\frac{1}{3}$ ⑤ $\frac{1}{2}$

행동전략

❶ 구하는 확률을 파악한다. 조건부확률을 구하려면 $\mathrm{P}(B)$, $\mathrm{P}(A\cup B)$의 값을 알아야 한다.

❷ 확률의 덧셈정리와 여사건의 확률을 이용한다. $\mathrm{P}((A\cup B)^C)=1-\mathrm{P}(A\cup B)$임을 이용한다.

기출에서 뽑은 실전 개념 2 조건부확률과 확률의 곱셈정리

(1) 조건부확률의 적용: '~인 사건이 일어났을 때, …인 사건이 일어날 확률'을 구할 때 이용한다.

① 표로 주어진 경우

2020학년도 수능 나 9

어느 학교 학생 200명을 대상으로 체험활동에 대한 선호도를 조사하였다. 이 조사에 참여한 학생 200명 중에서 임의로 선택한 1명이 생태연구를 선택한 학생일 때, 이 학생이 여학생일 확률

└ 사건 A: 새로운 표본공간

└ 사건 B

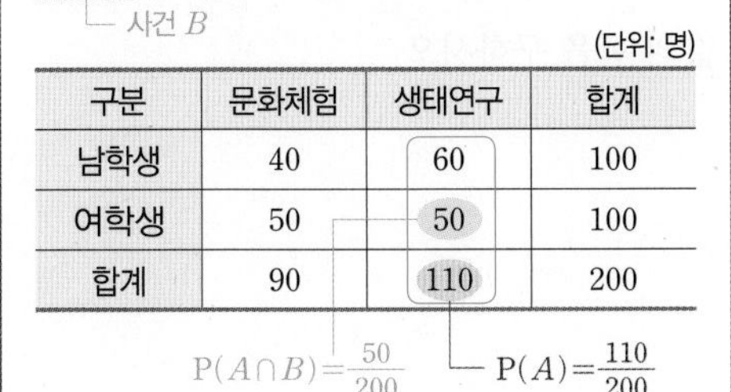

(단위: 명)

구분	문화체험	생태연구	합계
남학생	40	60	100
여학생	50	50	100
합계	90	110	200

$\mathrm{P}(A\cap B)=\frac{50}{200}$ $\mathrm{P}(A)=\frac{110}{200}$

$\rightarrow \mathrm{P}(B|A)=\frac{\mathrm{P}(A\cap B)}{\mathrm{P}(A)}=\frac{n(A\cap B)}{n(A)}=\frac{50}{110}=\frac{5}{11}$

② 글로 주어진 경우

2017학년도 수능 나 13

어느 학교의 전체 학생 360명 중 체험 학습 A를 선택한 학생은 남학생 90명과 여학생 70명이다. 이 학교의 학생 중 임의로 뽑은 1명의 학생이 체험 학습 B를 선택한 학생일 때, 이 학생이 남학생일 확률은 $\frac{2}{5}$이다. 이때 이 학교의 여학생 수

└ 사건 A: 새로운 표본공간

└ 사건 B

└ $(70+x)$명

(단위: 명)

	남학생	여학생	합계
체험 학습 A	90	70	160
체험 학습 B	$200-x$	x	200
합계	$290-x$	$70+x$	360

$\mathrm{P}(A\cap B)=\frac{200-x}{360}$ $\mathrm{P}(A)=\frac{200}{360}$

$\rightarrow \mathrm{P}(B|A)=\frac{\mathrm{P}(A\cap B)}{\mathrm{P}(A)}=\frac{n(A\cap B)}{n(A)}=\frac{200-x}{200}=\frac{2}{5}$

기출예시 2

2019학년도 9월 평가원 나 12 ∘ 해답 30쪽

여학생이 40명이고 남학생이 60명인 어느 학교 전체 학생을 대상으로 축구와 야구에 대한 선호도를 조사하였다.❷ 이 학교 학생의 70 %가 축구를 선택하였으며, 나머지 30 %는 야구를 선택하였다.

└ $100\times0.7=70$(명) └ $100\times0.3=30$(명)

이 학교의 학생 중 임의로 뽑은 1명이 축구를 선택한 남학생일 확률은 $\frac{2}{5}$이다. 이 학교의 학생 중 임의로 뽑은 1명이 야구를 선택한 학생일 때, 이 학생이 여학생일 확률은?❶

(단, 조사에서 모든 학생들은 축구와 야구 중 한 가지만 선택하였다.) [3점]

① $\frac{1}{4}$ ② $\frac{1}{3}$ ③ $\frac{5}{12}$ ④ $\frac{1}{2}$ ⑤ $\frac{7}{12}$

행동전략

❶ 구하는 확률을 파악한다.
'~일 때, …일 확률'이므로 조건부확률을 구하는 문제이다.

❷ 주어진 상황을 표로 나타낸다.

(단위: 명)

	여학생	남학생	합계
축구		40	70
야구	●		30
합계	40	60	100

(2) 확률의 곱셈정리의 적용: 서로 종속인 두 사건 A, B가 동시에 일어날 확률을 구할 때 이용한다.

└ 서로 영향을 미치는 두 사건

① 꺼낸 공을 다시 넣지 않을 때

② 꺼낸 공의 색깔에 따라 다음 시행의 결과가 달라질 때

③ 한 사건이 일어날 때와 일어나지 않을 때에 대하여 나머지 사건이 일어날 확률이 변할 때

• 두 사건 A, B에 대하여
$\mathrm{P}(A)=\mathrm{P}(A\cap B)+\mathrm{P}(A\cap B^{C})$
$=\mathrm{P}(B)\mathrm{P}(A|B)+\mathrm{P}(B^{C})\mathrm{P}(A|B^{C})$

기출예시 3

2012학년도 수능 나 13 ∘ 해답 30쪽

주머니 A에는 1, 2, 3, 4, 5의 숫자가 하나씩 적혀 있는 5장의 카드가 들어 있고, 주머니 B에는 1, 2, 3, 4, 5, 6의 숫자가 하나씩 적혀 있는 6장의 카드가 들어 있다. 한 개의 주사위를 한 번 던져서 나온 눈의 수가 3의 배수이면 주머니 A에서 임의로 카드를 한 장 꺼내고, 3의 배수가 아니면 주머니 B에서 임의로 카드를 한 장 꺼낸다.❷ 주머니에서 꺼낸 카드에 적힌 수가 짝수일 때, 그 카드가 주머니 A에서 꺼낸 카드일 확률은?❶ [3점]

① $\frac{1}{5}$ ② $\frac{2}{9}$ ③ $\frac{1}{4}$ ④ $\frac{2}{7}$ ⑤ $\frac{1}{3}$

행동전략

❶ 구하는 확률을 파악한다.
주사위에서 3의 배수의 눈이 나와서 주머니 A에서 카드를 꺼내는 사건을 E, 꺼낸 카드에 적힌 수가 짝수인 사건을 F라 하면 구하는 확률은 $\mathrm{P}(E|F)$이다.

❷ 두 사건은 서로 종속이므로 확률의 곱셈정리를 이용한다.
$\mathrm{P}(E\cap F)=\mathrm{P}(E)\mathrm{P}(F|E)$
$\mathrm{P}(E^{C}\cap F)=\mathrm{P}(E^{C})\mathrm{P}(F|E^{C})$
$\rightarrow \mathrm{P}(F)=\mathrm{P}(E\cap F)+\mathrm{P}(E^{C}\cap F)$

1

주머니에 숫자 1, 2, 3, 4가 하나씩 적혀 있는 흰 공 4개와 숫자 3, 4, 5, 6이 하나씩 적혀 있는 검은 공 4개가 들어 있다. 이 주머니에서 임의로 4개의 공을 동시에 꺼내는 시행을 한다. 이 시행에서 꺼낸 공에 적혀 있는 수가 같은 것이 있을 때, 꺼낸 공 중 검은 공이 2개일 확률은❶ $\frac{q}{p}$이다. $p+q$의 값을 구하시오.

(단, p와 q는 서로소인 자연수이다.)

2

자연수 n $(n \geq 3)$에 대하여 집합 A를

$$A=\{(x,\ y)\,|\,1 \leq x \leq y \leq n,\ x\text{와 } y\text{는 자연수}\}$$❷

라 하자. 집합 A에서 임의로 선택된 한 개의 원소 $(a,\ b)$에 대하여 b가 3의 배수일 때, $a=b$일 확률이❶ $\frac{1}{9}$이 되도록 하는 모든 자연수 n의 값의 합을 구하시오.

행동전략

❶ '사건 A일 때, 사건 B일 확률'이므로 두 사건 A, B를 정하여 조건부확률을 이용한다.

행동전략

❶ '사건 X일 때, 사건 Y일 확률'이므로 두 사건 X, Y를 정하여 조건부확률을 이용한다.

❷ $n=3k$ 또는 $n=3k+1$ 또는 $n=3k+2$ (k는 자연수)인 경우로 나누어 생각한다.

해답 31쪽

3

어느 상점 고객 500명을 대상으로 각 연령대별, 성별 이용 현황을 조사한 결과는 다음과 같다.

(단위: 명)

구분	19세 이하	20대	30대	40세 이상	계
남성	20	a	30	$100-a$	150
여성	b	$90-b$	100	160	350

이 상점 고객 500명의 16 %가 20대이다. 이 상점 고객 500명 중에서 임의로 선택한 1명이 남성일 때 이 고객이 40세 이상일 확률은 이 상점 고객 500명 중에서 임의로 선택한 1명이 여성일 때 이 고객이 19세 이하일 확률의 5배이다. $a+b$의 값을 구하시오.

NOTE 1st ○ △ × 2nd ○ △ ×

□
□
□

4

상자 A에는 1, 3, 5, 7, 9가 하나씩 적혀 있는 5개의 공이 들어 있고, 상자 B에는 6, 8, 10, 12, 14가 하나씩 적혀 있는 5개의 공이 들어 있다. 두 상자 A, B 중에서 임의로 선택한 하나의 상자에서 임의로 3개의 공을 동시에 꺼낼 때, 꺼낸 공에 적혀 있는 수를 각각 a, b, c $(a<b<c)$라 하자. $\frac{bc}{a}$가 자연수일 때, 택한 상자에 남은 있는 공에 적혀 있는 수의 곱이 홀수일 확률은?

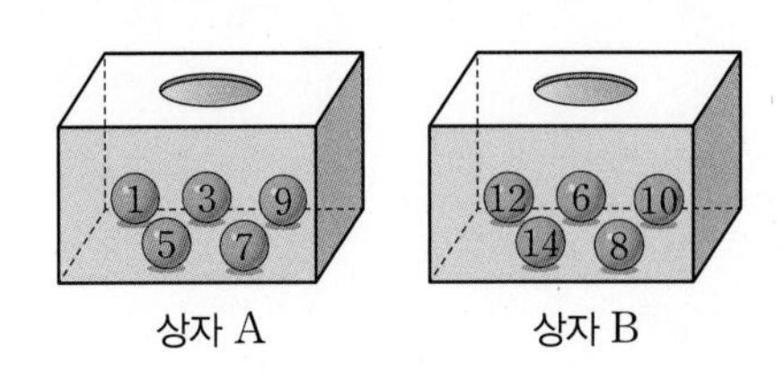

상자 A 상자 B

① $\frac{6}{13}$ ② $\frac{7}{13}$ ③ $\frac{8}{13}$

④ $\frac{9}{13}$ ⑤ $\frac{10}{13}$

NOTE 1st ○ △ × 2nd ○ △ ×

□
□
□

5

주머니 안에 1, 2, 3, 4의 숫자가 하나씩 적힌 카드가 각각 1장, 2장, 3장, 4장이 들어 있다. 이 주머니에서 임의로 3장의 카드를 동시에 꺼내어 일렬로 나열하고, 나열된 순서대로 카드에 적혀 있는 수를 a_1, a_2, a_3이라 하자. $a_1 \le a_2 \le a_3$일 때, $a_1 \ne a_2$이고 $a_2 \ne a_3$일 확률은 $\frac{q}{p}$이다. $p+q$의 값을 구하시오.

(단, p와 q는 서로소인 자연수이다.)

NOTE 1st ○ △ × 2nd ○ △ ×

□

□

□

6

흰 구슬 3개와 검은 구슬 2개가 들어 있는 주머니에서 임의로 2개의 구슬을 동시에 꺼낸 후, 다음 규칙에 따른 시행을 한다.

> (가) 꺼낸 2개의 구슬이 같은 색이면 꺼낸 구슬 2개와 흰 구슬 2개를 주머니에 넣는다.
>
> (나) 꺼낸 2개의 구슬이 다른 색이면 꺼낸 구슬 2개와 검은 구슬 2개를 주머니에 넣는다.

이 시행 후 주머니에 들어 있는 7개의 구슬 중에서 임의로 동시에 꺼낸 2개의 구슬이 모두 흰 구슬이었을 때, 처음 주머니에서 꺼낸 2개의 구슬이 같은 색 구슬이었을 확률은 $\frac{q}{p}$이다. $p+q$의 값을 구하시오. (단, p와 q는 서로소인 자연수이다.)

NOTE 1st ○ △ × 2nd ○ △ ×

□

□

□

해답 34쪽

7

두 상자 A와 B에는 1부터 9까지의 자연수가 하나씩 적혀 있는 9개의 공이 각각 들어 있다. 두 상자 A와 B에서 각각 공을 임의로 한 개씩 꺼낼 때, 상자 A에서 꺼낸 공에 적힌 숫자를 a, 상자 B에서 꺼낸 공에 적힌 숫자를 b라 하자. 3^a+4^b의 일의 자리의 숫자가 7일 때, $3^a\times4^b$의 일의 자리의 숫자가 2일 확률은?

① $\frac{13}{23}$ ② $\frac{14}{23}$ ③ $\frac{15}{23}$

④ $\frac{16}{23}$ ⑤ $\frac{17}{23}$

NOTE 1st ○ △ × 2nd ○ △ ×

□
□
□

8

Killer

갑과 을 두 사람이 각각 30개의 공을 가지고 다음과 같은 규칙으로 가위바위보 게임을 한다.

> (가) 한 번의 가위바위보에서 이긴 사람은 상대의 공 4개를 가져 온다.
> (나) 한 번의 가위바위보에서 비긴 경우에는 두 사람 모두 2개의 공을 버린다.

가위바위보를 다섯 번 한 후에 갑이 가진 공의 개수가 20일 때, 을이 갑보다 많이 이겼을 확률은 $\frac{q}{p}$이다. $p+q$의 값을 구하시오. (단, p와 q는 서로소인 자연수이다.)

NOTE 1st ○ △ × 2nd ○ △ ×

□
□
□

THEME

독립시행의 확률

행동전략 ❶ 시행 횟수, 사건이 일어날 확률, 사건이 일어난 횟수를 파악하라!

- ✔ 독립시행의 확률은 시행 횟수 n, 사건이 일어날 확률 p, 사건이 일어난 횟수 r가 결정한다.
- ✔ 한 번의 시행에서 사건이 일어날 확률을 파악한다.
- ✔ 사건이 일어난 횟수가 주어지지 않은 경우에는 문제의 조건을 이용하여 식을 세운다.

기출에서 뽑은 실전 개념 1 독립시행의 확률

(1) 독립시행의 확률: 1회의 시행에서 사건 A가 일어날 확률이 p일 때, n회의 독립시행에서 사건 A가 r회 일어날 확률은

$${}_{n}\mathrm{C}_{r}\,p^{r}(1-p)^{n-r} \text{ (단, } r=0,\ 1,\ 2,\ \cdots,\ n)$$

(2) 독립시행의 다양한 출제 예시: 시행 횟수 n, 사건이 일어날 확률 p, 사건이 일어난 횟수 r를 파악한다.

① 주사위나 동전을 던지는 시행을 반복할 때

2020년 10월 교육청 나 9
한 개의 동전을 6번 던져서 앞면이 2번 이상 나올 확률 ($n=6$, $p=\frac{1}{2}$, $r\neq0,\ r\neq1$)

→ $1-{}_{6}\mathrm{C}_{0}\left(\frac{1}{2}\right)^{0}\left(\frac{1}{2}\right)^{6}-{}_{6}\mathrm{C}_{1}\left(\frac{1}{2}\right)^{1}\left(\frac{1}{2}\right)^{5}$

② 시행 결과에 따라 특정 조건을 만족시키는 경우

2016학년도 수능 B 8
한 개의 동전을 5번 던질 때, 앞면이 나오는 횟수와 뒷면이 나오는 횟수의 곱이 6일 확률 ($n=5$, 횟수 r, 확률 $p=\frac{1}{2}$, $5-r$, $r(5-r)=6$)

→ ${}_{5}\mathrm{C}_{2}\left(\frac{1}{2}\right)^{2}\left(\frac{1}{2}\right)^{3}+{}_{5}\mathrm{C}_{3}\left(\frac{1}{2}\right)^{3}\left(\frac{1}{2}\right)^{2}$

2018학년도 수능 나 28
한 개의 동전을 6번 던질 때, 앞면이 나오는 횟수가 뒷면이 나오는 횟수보다 클 확률 ($n=6$, 횟수 r, 확률 $p=\frac{1}{2}$, $6-r$, $r>6-r$)

→ ${}_{6}\mathrm{C}_{4}\left(\frac{1}{2}\right)^{4}\left(\frac{1}{2}\right)^{2}+{}_{6}\mathrm{C}_{5}\left(\frac{1}{2}\right)^{5}\left(\frac{1}{2}\right)^{1}+{}_{6}\mathrm{C}_{6}\left(\frac{1}{2}\right)^{6}\left(\frac{1}{2}\right)^{0}$

2019학년도 수능 나 18
좌표평면의 원점에 점 A가 있다. 한 개의 동전을 한 번 던져 앞면이 나오면 점 A를 x축의 양의 방향으로 1만큼 (횟수 r, 확률 $p=\frac{1}{2}$), 뒷면이 나오면 (횟수 $4-r$) 점 A를 y축의 양의 방향으로 1만큼 움직일 때, 4번의 시행 ($n=4$)에서 점 A가 $(2,\ 2)$에 ($r=2$) 있을 확률

→ ${}_{4}\mathrm{C}_{2}\left(\frac{1}{2}\right)^{2}\left(\frac{1}{2}\right)^{2}$

- **독립사건**
다음을 만족시키는 두 사건 A, B는 서로 독립이다.
└ 어느 한 사건이 일어나거나 일어나지 않는 것이 다른 사건이 일어날 확률에 아무런 영향을 주지 않는다.
$\mathrm{P}(B|A)=\mathrm{P}(B|A^{C})=\mathrm{P}(B)$,
$\mathrm{P}(A|B)=\mathrm{P}(A|B^{C})=\mathrm{P}(A)$

- **두 사건이 서로 독립일 조건**
두 사건 A, B가 서로 독립일 필요충분조건은 다음과 같다.
두 사건 A, B가 서로 독립
$\Longleftrightarrow \mathrm{P}(A\cap B)=\mathrm{P}(A)\mathrm{P}(B)$
(단, $\mathrm{P}(A)>0$, $\mathrm{P}(B)>0$)

기출예시 1 2020학년도 수능 가 25

○ 해답 39쪽

(같은 시행을 반복하므로 독립시행이다.)

한 개의 주사위를 5번 던질 때 홀수의 눈이 나오는 횟수를 a라 하고, 한 개의 동전을 4번 던질 때 앞면이 나오는 횟수를 b라 하자.(❶, ❷) $a-b$의 값이 3일 확률을(❸) $\frac{q}{p}$라 할 때, $p+q$의 값을 구하시오.

(단, p와 q는 서로소인 자연수이다.) [3점]

행동전략

❶, ❷ 한 번의 시행에서 사건이 일어날 확률 p, 시행 횟수 n을 파악한다.
❸ 사건이 일어난 횟수 r를 파악한다. $0\le a\le5$, $0\le b\le4$, $a-b=3$을 만족시키는 a, b의 값을 찾는다.

05-1
독립사건의 확률

해답 39쪽

1

숫자 3, 3, 4, 4, 4가 하나씩 적힌 5개의 공이 들어 있는 주머니가 있다. 이 주머니와 한 개의 주사위를 사용하여 다음 규칙에 따라 점수를 얻는 시행을 한다.

> 주머니에서 임의로 한 개의 공을 꺼내어 꺼낸 공에 적힌 수가 3이면 주사위를 3번 던져서 나오는 세 눈의 수의 합을 ❶ 점수로 하고, 꺼낸 공에 적힌 수가 4이면 주사위를 4번 던져서 나오는 네 눈의 수의 합을 ❷ 점수로 한다.

이 시행을 한 번 하여 얻은 점수가 10점일 ❶, ❷ 확률은 $\frac{q}{p}$이다. $p+q$의 값을 구하시오. (단, p와 q는 서로소인 자연수이다.)

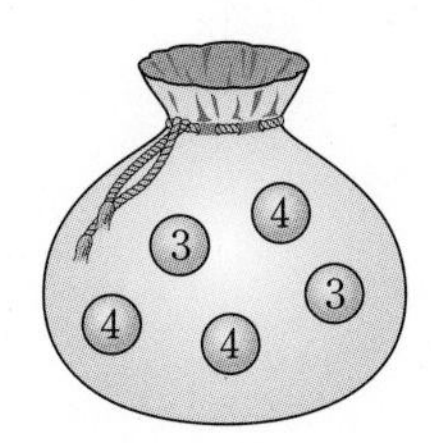

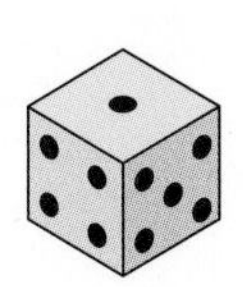

행동전략

❶ 주사위를 3번 던져서 나오는 세 눈의 수의 합이 10인 경우를 생각한다.
❷ 주사위를 4번 던져서 나오는 네 눈의 수의 합이 10인 경우를 생각한다.

2

한 개의 주사위를 한 번 던진다. 홀수의 눈이 나오는 사건을 A, 6 이하의 자연수 m에 대하여 m의 약수의 눈이 나오는 사건을 B라 ❶ 하자. 두 사건 A와 B가 서로 독립이 ❷ 되도록 하는 모든 m의 값의 합을 구하시오.

행동전략

❶ 가능한 m의 값에 따라 경우를 나누어 사건 B가 일어날 확률을 구한다.
❷ 두 사건이 서로 독립일 조건 $\mathrm{P}(A\cap B)=\mathrm{P}(A)\mathrm{P}(B)$가 성립하는지 확인한다.

3

1부터 10까지의 자연수가 하나씩 적혀 있는 10장의 카드가 있다. 이 카드를 모두 한 번씩 사용하여 그림과 같은 10개의 자리에 각각 한 장씩 임의로 놓을 때, 10 이하의 자연수 k에 대하여 k번째 이하의 자리에 놓인 카드에 적힌 수들이 모두 k 이하인 사건을 A_k라 하자.

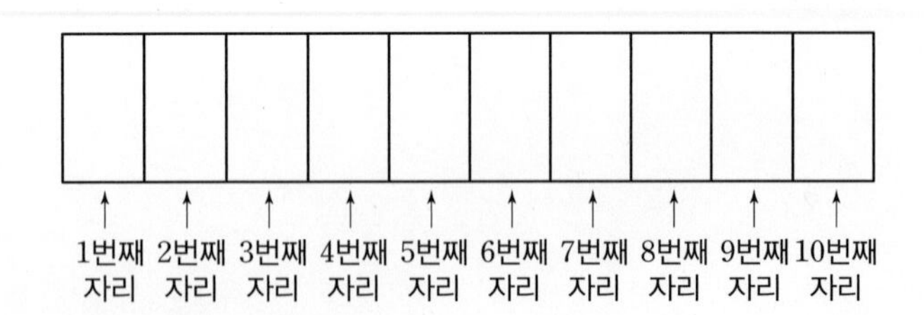

두 자연수 m, n $(1\le m<n\le 10)$에 대하여 두 사건 A_m과 A_n이 서로 독립이 되도록 하는 m, n의 모든 순서쌍 $(m,\ n)$의 개수는?

① 6　② 7　③ 8　④ 9　⑤ 10

NOTE　1st ○ △ ×　2nd ○ △ ×

□
□
□

4

1부터 10까지의 자연수가 하나씩 적혀 있는 10장의 카드가 있다. 이 10장의 카드 중에서 1장의 카드를 임의로 택할 때, m 이상 $2m$ 이하의 자연수가 적혀 있는 카드가 나오는 사건을 A_m, 2 이상 n 이하의 자연수가 적혀 있는 카드가 나오는 사건을 B_n이라 하자. $m<n\le 2m$일 때, 두 사건 A_m과 B_n이 서로 독립이 되도록 하는 자연수 m, n에 대하여 $10m+n$의 값을 구하시오. (단, $2\le m\le 5$, $2\le n\le 10$)

NOTE　1st ○ △ ×　2nd ○ △ ×

□
□
□

○ 해답 41쪽

5

주머니 A에는 1이 하나씩 적힌 공 4개, 2가 하나씩 적힌 공 4개가 들어 있고, 주머니 B에는 1이 하나씩 적힌 공 5개, 2가 하나씩 적힌 공 3개가 들어 있다. 두 주머니 A, B에서 각각 임의로 3개의 공을 동시에 꺼낼 때, 주머니 A에 남아 있는 홀수가 적힌 공의 개수가 주머니 B에 남아 있는 홀수가 적힌 공의 개수보다 클 확률은 $\frac{q}{p}$이다. $p+q$의 값을 구하시오.

(단, p와 q는 서로소인 자연수이다.)

NOTE 1st ○ △ × 2nd ○ △ ×

□

□

□

6

주머니 A에는 흰 공 2개, 나머지 검은 공을 포함하여 모두 m개의 공이 들어 있고, 주머니 B에는 흰 공이 n개, 검은 공 m개가 들어 있다. 두 주머니 A, B에서 각각 임의로 1개의 공을 꺼낼 때, 꺼낸 공이 모두 검은 공일 확률이 $\frac{2}{n}$가 되도록 하는 10 이하의 자연수 m, n의 모든 순서쌍 (m, n)의 개수는?

① 3 ② 4 ③ 5 ④ 6 ⑤ 7

NOTE 1st ○ △ × 2nd ○ △ ×

□

□

□

05-2
독립시행의 확률

1

한 개의 동전을 7번 던질 때, 다음 조건을 만족시킬 확률은? ❶

> (가) 앞면이 3번 이상 나온다. ❷
> (나) 앞면이 연속해서 나오는 경우가 있다. ❷

① $\frac{11}{16}$ ② $\frac{23}{32}$ ③ $\frac{3}{4}$
④ $\frac{25}{32}$ ⑤ $\frac{13}{16}$

행동전략

❶ 한 개의 동전을 여러 번 던지므로 독립시행임을 파악한다.
❷ 앞면이 연속하여 나오는 경우의 수를 구하는 것보다 앞면이 연속하여 나오지 않는 경우의 수를 구하는 것이 더 간단하다.

2

흰 공과 검은 공이 각각 10개 이상 들어 있는 바구니와 비어 있는 주머니가 있다. 한 개의 주사위를 사용하여 다음 시행을 한다.

> 주사위를 한 번 던져 나온 눈의 수가 5 이상이면 바구니에 있는 흰 공 2개를 주머니에 넣고, 나온 눈의 수가 4 이하이면 바구니에 있는 검은 공 1개를 주머니에 넣는다.

위의 시행을 5번 반복할 때, ❶ n $(1\le n\le 5)$번째 시행 후 주머니에 들어 있는 흰 공과 검은 공의 개수를 각각 a_n, b_n이라 하자. $a_5+b_5\ge 7$일 때, $a_k=b_k$인 자연수 k $(1\le k\le 5)$가 존재할 확률 ❷ 은 $\frac{q}{p}$이다. $p+q$의 값을 구하시오.

(단, p와 q는 서로소인 자연수이다.)

행동전략

❶ 주어진 시행을 5번 반복했을 때, 주머니에 들어 있는 공은 최소 5개, 최대 10개임을 파악한다.
❷ '~일 때, ~일 확률'이므로 조건부확률이다. 조건부확률에서의 두 사건을 정한다.

해답 44쪽

3

좌표평면의 원점에 점 A가 있다. 한 개의 주사위를 사용하여 다음 시행을 한다.

> 주사위를 한 번 던져 3의 배수의 눈의 수가 나오면 점 A를 x축의 양의 방향으로 1만큼, 3의 배수가 아닌 눈의 수가 나오면 점 A를 y축의 양의 방향으로 1만큼 이동시킨다.

위의 시행을 반복하여 점 A가 처음으로 원 $(x-2)^2+(y-3)^2=1$ 위에 있으면 이 시행을 멈춘다. 이 시행을 멈추었을 때, 점 A의 x좌표가 2일 확률은?

① $\frac{7}{23}$　② $\frac{1}{3}$　③ $\frac{25}{69}$

④ $\frac{9}{23}$　⑤ $\frac{29}{69}$

NOTE　1st ○ △ ×　2nd ○ △ ×

□

□

□

4

동전 A의 앞면과 뒷면에는 각각 1과 3이 적혀 있고 동전 B의 앞면과 뒷면에는 각각 5와 7이 적혀 있다. 동전 A를 세 번, 동전 B를 다섯 번 던져 나온 8개의 수의 합이 40 이상일 확률은?

① $\frac{17}{128}$　② $\frac{35}{256}$　③ $\frac{9}{64}$

④ $\frac{37}{256}$　⑤ $\frac{19}{128}$

NOTE　1st ○ △ ×　2nd ○ △ ×

□

□

□

대표 기출 · 기출 변형 · 예상 문제

해답 47쪽

5

동전 6개와 주사위 1개를 동시에 던질 때, 앞면이 나오는 동전의 개수를 a, 주사위에서 나오는 눈의 수를 b라 하자.
$|a-b|\leq 1$일 확률이 $\frac{q}{p}$일 때, $p+q$의 값을 구하시오.

(단, p와 q는 서로소인 자연수이다.)

NOTE 1st ○ △ × 2nd ○ △ ×
□
□
□

6

숫자 1, 1, 2, 3이 하나씩 적힌 4개의 공이 들어 있는 주머니가 있다. 이 주머니와 한 개의 주사위를 사용하여 다음 규칙에 따라 점수를 얻는 시행을 한다.

> 주머니에서 임의로 두 개의 공을 동시에 꺼내어 꺼낸 두 개의 공에 적힌 수의 합만큼 주사위를 던져서 나오는 눈의 수의 합을 점수로 한다.
> 예를 들어, 주머니에서 꺼낸 두 개의 공에 적힌 수가 각각 1, 3일 때, 주사위를 4번 던져서 나오는 네 눈의 수의 합을 점수로 한다.

이 시행을 한 번 하여 얻은 점수가 10점일 때, 3이 적힌 공을 꺼냈을 확률은?

① $\frac{171}{613}$ ② $\frac{181}{613}$ ③ $\frac{191}{613}$
④ $\frac{201}{613}$ ⑤ $\frac{211}{613}$

NOTE 1st ○ △ × 2nd ○ △ ×
□
□
□

이산확률변수의 평균, 분산, 표준편차

행동전략 ❶ 확률분포를 표로 나타내라!

- 주어진 확률변수를 파악하고 조건을 살펴서 확률변수가 가질 수 있는 값을 확인한다.
- 미지수를 포함한 확률분포가 주어지면 확률의 총합은 1임을 이용한다.

행동전략 ❷ 확률변수 사이의 관계를 이용하라!

- 이산확률변수 X의 평균, 분산, 표준편차를 이용하면 이산확률변수 $aX+b$ (a, b는 상수)의 평균, 분산, 표준편차를 구할 수 있다. 그 반대의 경우도 마찬가지이다.

기출에서 뽑은 실전 개념 1 이산확률변수 X의 평균, 분산, 표준편차

(1) 확률질량함수의 성질: 이산확률변수 X의 확률질량함수가 $P(X=x_i)=p_i$ $(i=1, 2, 3, \cdots, n)$일 때

① $0\le p_i\le 1$ ← $0\le P(X=x_i)\le 1$ ← $0\le$(확률)≤ 1

② $\sum_{i=1}^{n} p_i=1$ ← $\sum_{i=1}^{n} P(X=x_i)=1$ ← 확률의 총합은 1이다.

③ $P(x_i\le X\le x_j)=\sum_{k=i}^{j} p_k$ (단, i, $j=1, 2, 3, \cdots, n$, $i\le j$)

2009학년도 9월 평가원 가 27

이산확률변수 X가 취할 수 있는 값이 -2, -1, 0, 1, 2이고 X의 확률질량함수가 (└ X가 취할 수 있는 값을 파악한다.)

$$P(X=x)=\begin{cases} k-\frac{x}{9} & (x=-2,\ -1,\ 0) \\ k+\frac{x}{9} & (x=1,\ 2) \end{cases}$$

일 때, 상수 k의 값은?

└ 확률의 총합은 1이므로 $P(X=-2)+P(X=-1)+P(X=0)+P(X=1)+P(X=2)=1$

→ $\left(k-\frac{-2}{9}\right)+\left(k-\frac{-1}{9}\right)+\left(k-\frac{0}{9}\right)+\left(k+\frac{1}{9}\right)+\left(k+\frac{2}{9}\right)=1$ $\quad\therefore k=\frac{1}{15}$

- **확률질량함수**

확률변수 X가 가지는 값 x_i와 X가 x_i를 가질 확률 p_i의 대응 관계를 확률변수 X의 확률분포라 하고, 이 대응 관계를 나타내는 함수

$P(X=x_i)=p_i$ $(i=1, 2, 3, \cdots, n)$

를 이산확률변수 X의 확률질량함수라 한다.

(2) 이산확률변수의 평균, 분산, 표준편차

이산확률변수 X의 확률질량함수가 $P(X=x_i)=p_i$ $(i=1, 2, 3, \cdots, n)$일 때

① 평균: $E(X)=\sum_{i=1}^{n} x_i p_i=x_1p_1+x_2p_2+\cdots+x_np_n$

② 분산: $V(X)=E((X-m)^2)=E(X^2)-\{E(X)\}^2$ (단, $E(X)=m$) └ $(X-m)^2$의 평균

③ 표준편차: $\sigma(X)=\sqrt{V(X)}$

기출예시 1 2021년 7월 교육청 확통 25 ○해답 50쪽

확률변수 X의 확률분포를 표로 나타내면 다음과 같다. ❶

X	-1	0	1	합계
$P(X=x)$	a	$\frac{1}{2}a$	$\frac{3}{2}a$	1

$E(X)$의 값은? [3점] ❷

① $\frac{1}{12}$ ② $\frac{1}{6}$ ③ $\frac{1}{4}$ ④ $\frac{1}{3}$ ⑤ $\frac{5}{12}$

행동전략

❶ 확률의 총합은 1임을 이용한다.
$a+\frac{1}{2}a+\frac{3}{2}a=1$이므로 a의 값을 구할 수 있다.

❷ 확률변수를 확인하고 평균을 구하는 식에 대입한다.
$(-1)\times a+0\times\frac{1}{2}a+1\times\frac{3}{2}a$
$=\frac{1}{2}a$

기출에서 뽑은 실전 개념 2 이산확률변수 $aX+b$ (a, b는 상수)의 평균, 분산, 표준편차

• 이산확률변수 $aX+b$의 평균, 분산, 표준편차 구하기

(i) 확률변수 X가 가질 수 있는 모든 값을 구한다.
(ii) 확률변수 X의 각 값에 대한 확률분포를 표로 나타낸다.
(iii) 확률변수 X의 평균 또는 분산을 구한다.
(iv) 두 상수 a $(a\neq0)$, b에 대하여
$E(aX+b)=aE(X)+b$,
$V(aX+b)=a^2V(X)$
임을 이용하여 확률변수 $aX+b$의 평균 또는 분산을 구한다.

(1) 이산확률변수 $aX+b$ (a, b는 상수, $a\neq0$)의 평균, 분산 및 표준편차는 다음과 같다.

① $E(aX+b)=aE(X)+b$ ② $V(aX+b)=a^2V(X)$ ③ $\sigma(aX+b)=|a|\sigma(X)$

(2) 확률분포를 나타낸 표에서 평균, 분산, 표준편차 구하기

2016학년도 수능 A 25

이산확률변수 X의 확률분포를 표로 나타내면 다음과 같을 때, $E(4X+3)$의 값

X	-5	0	5	합계
$P(X=x)$	$\frac{1}{5}$	$\frac{1}{5}$	$\frac{3}{5}$	1

→ $E(X)=(-5)\times\frac{1}{5}+0\times\frac{1}{5}+5\times\frac{3}{5}=2$
→ $E(4X+3)=4E(X)+3=11$

2010학년도 수능 나 8

확률변수 X의 확률분포표가 다음과 같을 때, 확률변수 $7X$의 분산 $V(7X)$의 값

X	0	1	2	합계
$P(X=x)$	$\frac{2}{7}$	$\frac{3}{7}$	$\frac{2}{7}$	1

→ ① $E(X)=0\times\frac{2}{7}+1\times\frac{3}{7}+2\times\frac{2}{7}=1$
② $V(X)=0^2\times\frac{2}{7}+1^2\times\frac{3}{7}+2^2\times\frac{2}{7}-1^2=\frac{4}{7}$
→ $V(7X)=7^2V(X)=28$

(3) 확률분포를 표로 나타내고 평균, 분산, 표준편차 구하기

2010학년도 9월 평가원 가 27

이산확률변수 X의 확률질량함수가

$$P(X=x)=\frac{|x-4|}{7}\ (x=1,\ 2,\ 3,\ 4,\ 5)$$

일 때, $E(14X+5)$의 값 (확률변수 X가 가질 수 있는 값이다.)

→ (i) 확률변수 X가 가질 수 있는 값을 확인한다.
(ii) 확률분포를 표로 나타낸다.

X	1	2	3	4	5	합계
$P(X=x)$	$\frac{3}{7}$	$\frac{2}{7}$	$\frac{1}{7}$	0	$\frac{1}{7}$	1

(iii) $E(X)=1\times\frac{3}{7}+2\times\frac{2}{7}+3\times\frac{1}{7}+4\times0+5\times\frac{1}{7}=\frac{15}{7}$
→ $E(14X+5)=14E(X)+5=35$

2006학년도 9월 평가원 가 22 / 나 22

각 면에 1, 1, 2, 2, 2, 4의 숫자가 하나씩 적혀 있는 정육면체 모양의 상자가 있다. 이 상자를 던져서 윗면에 적힌 수를 확률변수 X라 할 때, 확률변수 $5X+3$의 평균 (확률변수 X가 가질 수 있는 값은 1, 2, 4이다.)

→ (i) 확률변수 X가 가질 수 있는 값을 확인한다.
(ii) 확률분포를 표로 나타낸다.

X	1	2	4	합계
$P(X=x)$	$\frac{1}{3}$	$\frac{1}{2}$	$\frac{1}{6}$	1

(iii) $E(X)=1\times\frac{1}{3}+2\times\frac{1}{2}+4\times\frac{1}{6}=2$
→ $E(5X+3)=5E(X)+3=13$

행동전략

❶ 확률변수 X가 가질 수 있는 값을 확인한다.
확률변수 X가 가질 수 있는 값은 -3, -2, -1, 0, 1, 2, 3이다.
❷ 확률변수 사이의 관계를 이용한다.
먼저 확률변수 X의 분산 $V(X)$를 구한 후 확률변수 사이의 관계로부터 $V(2X+1)=2^2V(X)$임을 이용한다.

기출예시 2 2020년 7월 교육청 나 26 ○ 해답 50쪽

주머니 속에 숫자 1, 2, 3, 4가 각각 하나씩 적혀 있는 4개의 공이 들어 있다. 이 주머니에서 임의로 1개의 공을 꺼내어 공에 적혀 있는 수를 확인한 후 다시 넣는다. 이 과정을 2번 반복할 때, 꺼낸 공에 적혀 있는 수를 차례로 a, b라 하자. $a-b$의 값을 확률변수 X라 할 때❶, 확률변수 $Y=2X+1$의 분산 $V(Y)$의❷ 값을 구하시오. [4점]

기출에서 뽑은 실전 개념 3 이항분포의 평균, 분산, 표준편차

• 이항분포

1번의 시행에서 어떤 사건 A가 일어날 확률이 p일 때
(1) n번의 독립시행에서 사건 A가 일어나는 횟수는 이항분포 $B(n,\ p)$를 따른다.
(2) 확률질량함수는
$P(X=r)={}_nC_r p^r q^{n-r}$
(단, $q=1-p$, $r=0, 1, 2, \cdots, n$)

확률변수 X가 이항분포 $B(n,\ p)$를 따를 때, $(q=1-p)$

① 평균: $E(X)=np$ ② 분산: $V(X)=npq$ ③ 표준편차: $\sigma(X)=\sqrt{npq}$

2022학년도 수능 확통 24

확률변수 X가 이항분포 $B\left(n,\ \frac{1}{3}\right)$을 따르고 $V(2X)=40$일 때, n의 값

(시행 횟수: n, 1회의 시행에서 사건이 일어날 확률: $\frac{1}{3}$)

$E(X)=n\times\frac{1}{3}=\frac{1}{3}n$

$V(X)=n\times\frac{1}{3}\times\frac{2}{3}=\frac{2}{9}n$이므로 $V(2X)=2^2V(X)=\frac{8}{9}n$

→ $\frac{8}{9}n=40$에서 $n=45$

06
이산확률변수의 평균, 분산, 표준편차

해답 50쪽

1

두 이산확률변수 X, Y의 확률분포를 표로 나타내면 각각 다음과 같다.❶

X	1	3	5	7	9	합계
$\mathrm{P}(X=x)$	a	b	c	b	a	1

Y	1	3	5	7	9	합계
$\mathrm{P}(Y=y)$	$a+\frac{1}{20}$	b	$c-\frac{1}{10}$	b	$a+\frac{1}{20}$	1

$\mathrm{V}(X)=\frac{31}{5}$일 때,❷ $10\times\mathrm{V}(Y)$의 값을 구하시오.

행동전략

❶ $\mathrm{P}(X)$의 값이 $X=5$에 대하여 대칭이고, $\mathrm{P}(Y)$의 값이 $Y=5$에 대하여 대칭임을 이용한다.

❷ $\mathrm{V}(X)=\mathrm{E}(X^2)-\{\mathrm{E}(X)\}^2$임을 이용한다.

2

두 이산확률변수 X와 Y가 가지는 값이 각각 1부터 5까지의 자연수이고

$$\mathrm{P}(Y=k)=\frac{1}{2}\mathrm{P}(X=k)+\frac{1}{10}\ (k=1,\ 2,\ 3,\ 4,\ 5)$$ ❶

이다. $\mathrm{E}(X)=4$일 때, $\mathrm{E}(Y)$❷의 값은?

① $\frac{5}{2}$　② $\frac{7}{2}$　③ $\frac{9}{2}$　④ $\frac{11}{2}$　⑤ $\frac{13}{2}$

행동전략

❶ 두 확률변수 X, Y의 확률질량함수 사이의 관계를 이해한다.

❷ $\mathrm{E}(Y)=\sum_{k=1}^{5}k\mathrm{P}(Y=k)$임을 이용한다.

대표 기출 / 기출 변형 / 예상 문제

3

무게가 1인 추 6개, 무게가 2인 추 3개와 비어 있는 주머니 1개가 있다. 주사위 한 개를 사용하여 다음의 시행을 한다.

> 주사위를 한 번 던져 나온 눈의 수가 2 이하이면 무게가 1인 추 1개를 주머니에 넣고, 눈의 수가 3 이상이면 무게가 2인 추 1개를 주머니에 넣는다.

위의 시행을 반복하여 주머니에 들어 있는 추의 총무게가 처음으로 5보다 크거나 같을 때, 주머니에 들어 있는 추의 개수를 확률변수 X라 하자. $\mathrm{E}(81X)$의 값을 구하시오.

(단, 무게의 단위는 g이다.)

NOTE 1st ○ △ × 2nd ○ △ ×
□
□
□

4

이산확률변수 X의 확률분포를 표로 나타내면 다음과 같다.

X	1	2	3	4	5	합계
$\mathrm{P}(X=x)$	$\frac{2}{5}$	a	$\frac{11}{40}$	a	b	1

이산확률변수 Y가 다음 조건을 만족시킬 때, $\mathrm{E}(X)$의 값은?

(단, k는 상수이다.)

> (가) 이산확률변수 Y가 가지는 값이 1부터 5까지의 자연수이고
> $$\mathrm{P}(Y=i)=\frac{2}{3}\mathrm{P}(X=i)+k\ (i=1,\ 2,\ 3,\ 4,\ 5)$$
> 이다.
> (나) Y가 짝수인 사건을 A, Y가 소수인 사건을 B라 할 때, 두 사건 A와 B는 서로 독립이다.

① $\frac{3}{2}$ ② $\frac{7}{4}$ ③ 2 ④ $\frac{9}{4}$ ⑤ $\frac{5}{2}$

NOTE 1st ○ △ × 2nd ○ △ ×
□
□
□

해답 51쪽

5

좌표평면 위의 한 점 (x, y)에서 세 점 $(x+1, y)$, $(x, y+1)$, $(x+1, y+1)$ 중 한 점으로 이동하는 것을 점프라 하자. 점프를 반복하여 점 $(0, 0)$에서 점 $(3, 3)$까지 이동하는 모든 경우 중에서 임의로 한 경우를 선택할 때 나오는 점프의 횟수를 확률변수 X라 하자. $E(21X-3)$의 값을 구하시오.

(단, 각 경우가 선택되는 확률은 동일하다.)

NOTE 1st ○ △ × 2nd ○ △ ×

□

□

□

6

그림과 같이 중심이 O, 반지름의 길이가 1이고 중심각의 크기가 90°인 부채꼴 OAB가 있다. 호 AB를 8등분한 각 분점(양 끝 점도 포함)을 차례로 $P_0(=A)$, P_1, P_2, $\cdots$, P_7, $P_8(=B)$라 하자.

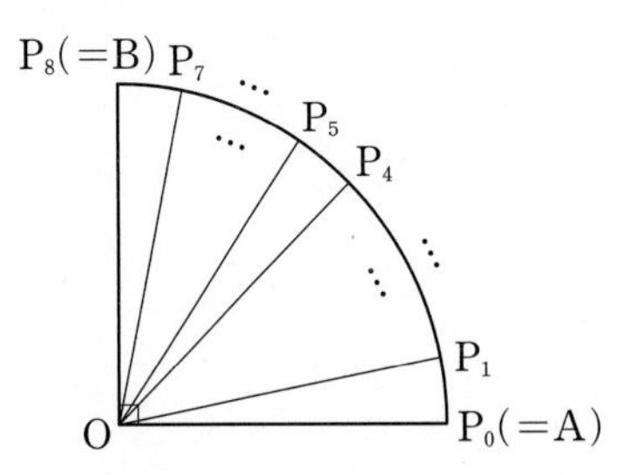

점 P_1, P_2, P_3, P_4, P_5, P_6, P_7 중에서 임의로 선택한 한 개의 점을 P라 할 때, 부채꼴 OPA의 넓이와 부채꼴 OPB의 넓이의 차를 확률변수 X라 하자. $E(-4X+a)=0$이 되도록 하는 상수 a의 값은?

① $\frac{\pi}{7}$ ② $\frac{2\pi}{7}$ ③ $\frac{3\pi}{7}$

④ $\frac{4\pi}{7}$ ⑤ $\frac{5\pi}{7}$

NOTE 1st ○ △ × 2nd ○ △ ×

□

□

□

해답 55쪽

7

각 면에 1, 1, 1, 2, 2, 3이 하나씩 적혀 있는 한 개의 정육면체를 4번 던지는 시행을 한다. 각 시행에서 나온 수를 2로 나눈 나머지를 모두 더한 값을 확률변수 X라 할 때, $\mathrm{E}(X^2)$의 값을 구하시오.

NOTE 1st ○ △ × 2nd ○ △ ×

□

□

□

8

Killer

주머니 속에 A, B, C, D, E, F의 문자가 하나씩 적혀 있는 흰 공과 검은 공이 각각 6개씩 들어 있다. 이 주머니에서 임의로 6개의 공을 동시에 꺼낼 때, 같은 문자가 적혀 있는 공의 쌍의 수를 확률변수 X라 하자. 예를 들어 꺼낸 공에 적힌 문자가 A, A, B, B, C, D이면 $X=2$이다. $\mathrm{V}(X)=\frac{q}{p}$일 때, $p+q$의 값을 구하시오. (단, p와 q는 서로소인 자연수이다.)

NOTE 1st ○ △ × 2nd ○ △ ×

□

□

□

THEME

07 연속확률변수와 확률밀도함수

행동전략 ❶ 대응 구간을 확인하라!

- 연속확률변수에서 확률은 확률밀도함수의 그래프와 x축 및 구간을 나타내는 두 직선으로 둘러싸인 부분의 넓이이다.
- 대응 구간의 전체 넓이가 확률의 총합 1임을 이용한다.

행동전략 ❷ 도형의 넓이를 이용하라!

- 확률밀도함수가 미지수가 포함된 식으로 주어진 경우에는 확률밀도함수의 그래프에서 대응 구간의 넓이를 미지수를 이용하여 나타낸다.
- 삼각형, 사각형, 사다리꼴 등의 넓이를 이용한다.

기출에서 뽑은 실전 개념 1 확률밀도함수의 성질

연속확률변수 X에 대하여 $\alpha\le x\le\beta$에서 정의된 함수 $f(x)$가 다음 세 가지 성질을 만족시킬 때, 함수 $f(x)$를 확률변수 X의 확률밀도함수라 한다.

(1) $f(x)\ge0$

(2) 함수 $y=f(x)$의 그래프와 x축 및 두 직선 $x=\alpha$, $x=\beta$로 둘러싸인 도형의 넓이가 1이다.

(3) $\mathrm{P}(a\le X\le b)$는 함수 $y=f(x)$의 그래프와 x축 및 두 직선 $x=a$, $x=b$로 둘러싸인 도형의 넓이와 같다. (단, $\alpha\le a\le b\le\beta$)

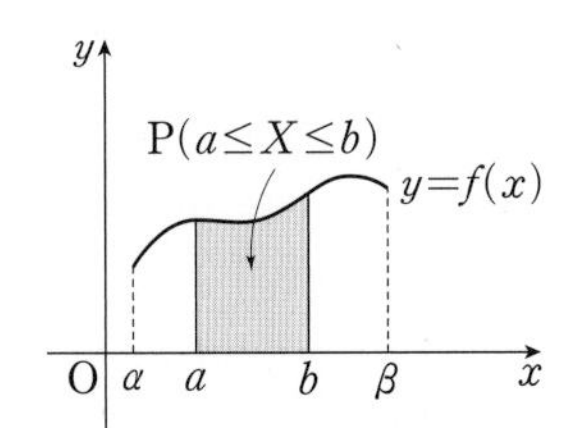

참고 $\mathrm{P}(a\le X\le b)=\mathrm{P}(a\le X<b)=\mathrm{P}(a<X\le b)=\mathrm{P}(a<X<b)$

└연속확률변수가 특정한 값을 가질 확률은 0이므로 등호의 포함 여부는 확률에 영향을 주지 않는다.

2019학년도 수능 나 10

연속확률변수 X가 갖는 값의 범위는 $0\le X\le2$이고, X의 확률밀도함수의 그래프가 그림과 같을 때, $\mathrm{P}\left(\frac{1}{3}\le X\le a\right)$의 값

└ $\mathrm{P}(0\le X\le2)=1$

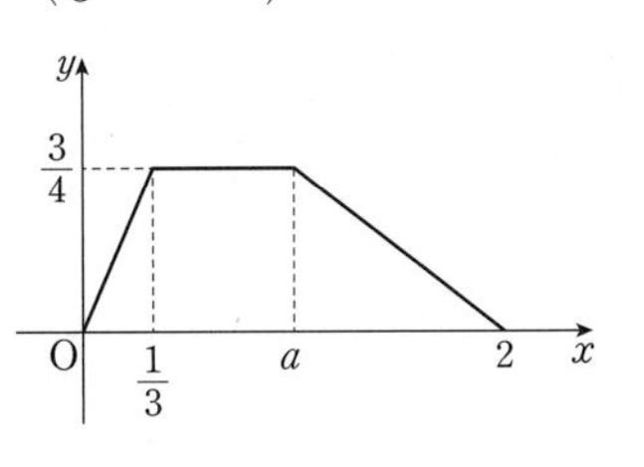

2009학년도 6월 평가원 가 6

구간 $[0,\ 2]$에서 정의된 연속확률변수 X의 확률밀도함수 $f(x)$는 다음과 같다.

└ $\mathrm{P}(0\le X\le2)=1$

$$f(x)=\begin{cases}a(1-x) & (0\le x<1)\\ b(x-1) & (1\le x\le2)\end{cases}$$

$\mathrm{P}(1\le X\le2)=\frac{a}{6}$일 때, $a-b$의 값

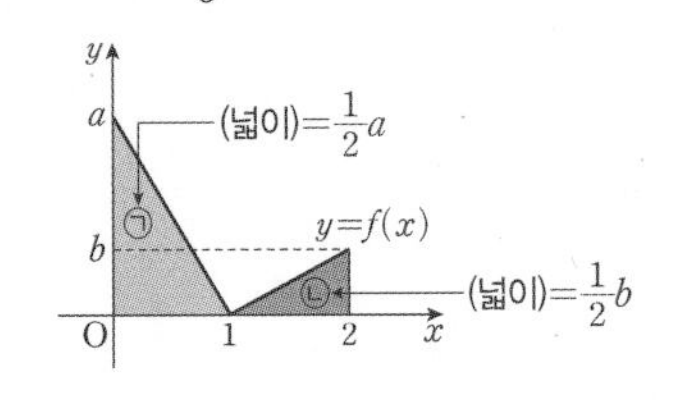

→ (사다리꼴의 넓이)$=\frac{1}{2}\times\left\{\left(a-\frac{1}{3}\right)+2\right\}\times\frac{3}{4}=1$ $\quad\therefore a=1$

→ $\mathrm{P}\left(\frac{1}{3}\le X\le a\right)=\mathrm{P}\left(\frac{1}{3}\le X\le1\right)=\frac{1}{2}$

→ ㉠+㉡=1에서 $a+b=2$, ㉡$=\frac{a}{6}$에서 $a=3b$ → $a=\frac{3}{2}$, $b=\frac{1}{2}$

기출예시 1 2023학년도 수능 확통 28 ○해답 56쪽

연속확률변수 X가 갖는 값의 범위는 $0\le X\le a$이고,❶ X의 확률밀도함수의 그래프가 그림과 같다.

$\mathrm{P}(X\le b)-\mathrm{P}(X\ge b)=\frac{1}{4}$,❷ $\mathrm{P}(X\le\sqrt{5})=\frac{1}{2}$일 때, $a+b+c$의 값은? (단, a, b, c는 상수이다.) [4점]

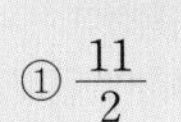

① $\frac{11}{2}$ ② 6 ③ $\frac{13}{2}$ ④ 7 ⑤ $\frac{15}{2}$

• 연속확률변수

확률변수 X가 어떤 범위에 속하는 모든 실수 값을 가질 때, X를 연속확률변수라 한다.

• 확률밀도함수와 확률질량함수

연속확률변수에 대한 확률을 나타내는 함수를 확률밀도함수, 이산확률변수에 대한 확률을 나타내는 함수를 확률질량함수라 한다.

• 연속확률변수 X의 확률밀도함수가 $f(x)$ $(\alpha\le x\le\beta)$일 때, 정적분을 이용하여 다음과 같이 나타낼 수 있다.

(1) $f(x)\ge0$

(2) $\int_\alpha^\beta f(x)dx=1$

(3) $\mathrm{P}(a\le X\le b)=\int_a^b f(x)dx$ (단, $\alpha\le a\le b\le\beta$)

행동전략

❶ 확률의 총합은 1임을 이용한다.
x축과 확률밀도함수의 그래프로 둘러싸인 도형의 넓이는 1임을 이용한다.

❷ 도형의 넓이를 이용한다.
$\mathrm{P}(X\le b)$는 x축과 확률밀도함수의 그래프 및 두 직선 $x=0$, $x=b$로 둘러싸인 삼각형의 넓이이다.

07
연속확률변수와 확률밀도함수

1

구간 $[0, 3]$의 모든 실수 값을 가지는 연속확률변수 X에 대하여

$$P(x \le X \le 3) = a(3-x)\ (0 \le x \le 3)$$ ❶

이 성립할 때, $P(0 \le X < a)$ ❷ $= \frac{q}{p}$이다. $p+q$의 값을 구하시오.

(단, a는 상수이고, p와 q는 서로소인 자연수이다.)

행동전략

❶ 확률의 총합은 1이므로 $P(0 \le X \le 3) = 1$임을 이용하여 a의 값을 구한다.
❷ $P(0 \le X < a)$를 $P(x \le X \le 3)$ 꼴이 포함된 형태로 변형하여 값을 구한다.

2

두 연속확률변수 X와 Y가 갖는 값의 범위는 $0 \le X \le 6$, $0 \le Y \le 6$이고, X와 Y의 확률밀도함수는 각각 $f(x)$, $g(x)$이다. 확률변수 X의 확률밀도함수 $f(x)$의 그래프는 ❶ 그림과 같다.

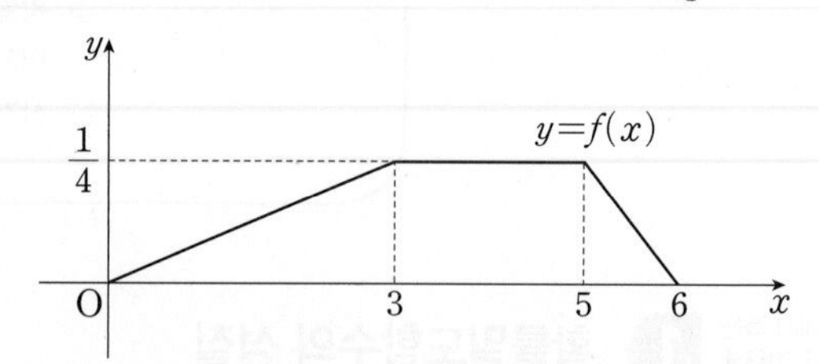

$0 \le x \le 6$인 모든 x에 대하여

$$f(x) + g(x) = k\ (k\text{는 상수})$$ ❷

를 만족시킬 때, $P(6k \le Y \le 15k) = \frac{q}{p}$이다. $p+q$의 값을 구하시오. (단, p와 q는 서로소인 자연수이다.)

행동전략

❶ 확률밀도함수의 그래프와 x축으로 둘러싸인 부분의 넓이가 1임을 이용한다.
❷ 확률밀도함수의 성질과 두 함수 $f(x)$, $g(x)$ 사이의 관계식을 이용하여 주어진 그래프의 특성을 파악하여 k의 값을 구한다.

해답 56쪽

3

연속확률변수 X가 갖는 값의 범위는 $0 \le X \le 4$이고 X의 확률밀도함수의 그래프는 그림과 같다.

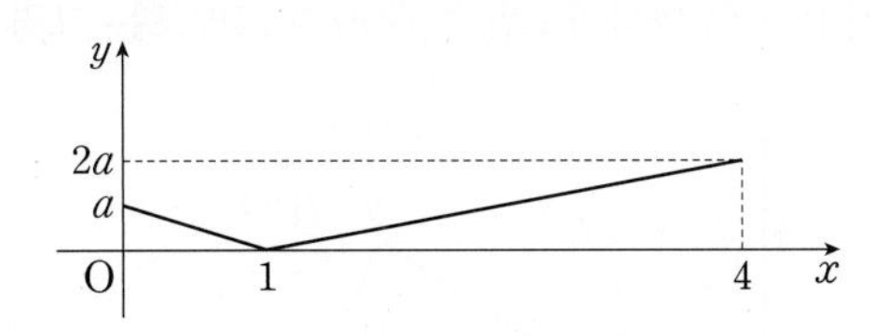

$\mathrm{P}(0 \le X \le 2) = b\mathrm{P}(2 \le X \le 3)$일 때, b의 값은?

(단, a, b는 상수이다.)

① $\frac{1}{6}$ ② $\frac{1}{3}$ ③ $\frac{1}{2}$

④ $\frac{2}{3}$ ⑤ $\frac{5}{6}$

NOTE 1st ○△× 2nd ○△×

□

□

□

4

닫힌구간 $[-3, 3]$에서 정의된 연속확률변수 X의 확률밀도함수를 $f(x)$라 할 때, 확률변수 X와 함수 $f(x)$가 다음 조건을 만족시킨다.

> (가) $0 \le x \le 3$인 실수 x에 대하여 $\mathrm{P}(0 \le X \le x) = ax^2$
>
> (나) $-3 \le x \le 3$인 실수 x에 대하여 $f(-x) = f(x)$

$\mathrm{P}(-2 \le X \le -1)$의 값은? (단, a는 상수이다.)

① $\frac{1}{12}$ ② $\frac{1}{6}$ ③ $\frac{1}{4}$

④ $\frac{1}{3}$ ⑤ $\frac{5}{12}$

NOTE 1st ○△× 2nd ○△×

□

□

□

5

연속확률변수 X가 갖는 값의 범위는 $0 \le X \le 4$이고, X의 확률밀도함수의 그래프는 그림과 같다.

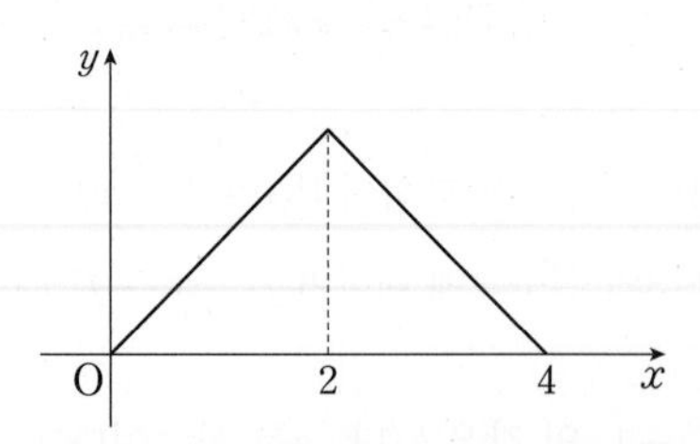

확률 $\mathrm{P}\left(a \le X \le a+\frac{1}{2}\right)$의 최댓값이 $\frac{q}{p}$일 때, $p+q$의 값을 구하시오. (단, a는 상수이고, p와 q는 서로소인 자연수이다.)

NOTE	1st ○ △ ×	2nd ○ △ ×
□		
□		
□		

6

두 연속확률변수 X와 Y가 갖는 값의 범위는 $0 \le X \le 2$, $0 \le Y \le 2$이고, X와 Y의 확률밀도함수는 각각 $f(x)$, $g(x)$이다. 확률변수 X의 확률밀도함수 $f(x)$의 그래프는 그림과 같다.

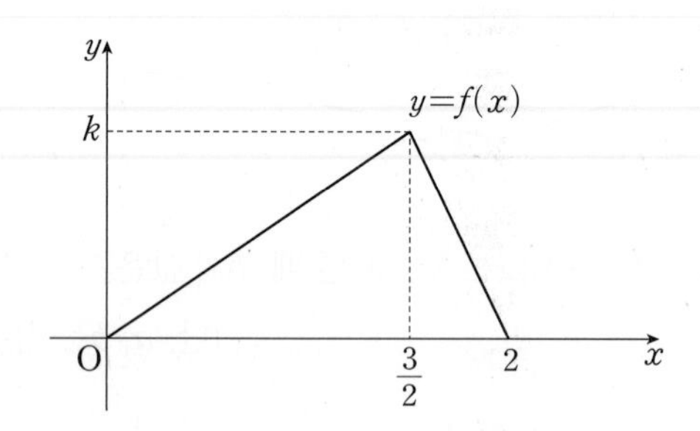

$0 \le x \le 2$인 모든 x에 대하여 $g(x)=f(2f(x))$일 때, $\mathrm{P}\left(\frac{2}{3}k \le Y \le \frac{3}{2}k\right)$의 값은? (단, k는 상수이다.)

① $\frac{19}{36}$ ② $\frac{173}{324}$ ③ $\frac{175}{324}$
④ $\frac{59}{108}$ ⑤ $\frac{179}{324}$

NOTE	1st ○ △ ×	2nd ○ △ ×
□		
□		
□		

해답 59쪽

7

구간 $[0, 2a]$의 모든 실수 값을 가지는 연속확률변수 X에 대하여 X의 확률밀도함수 $y=f(x)$의 그래프는 그림과 같다.

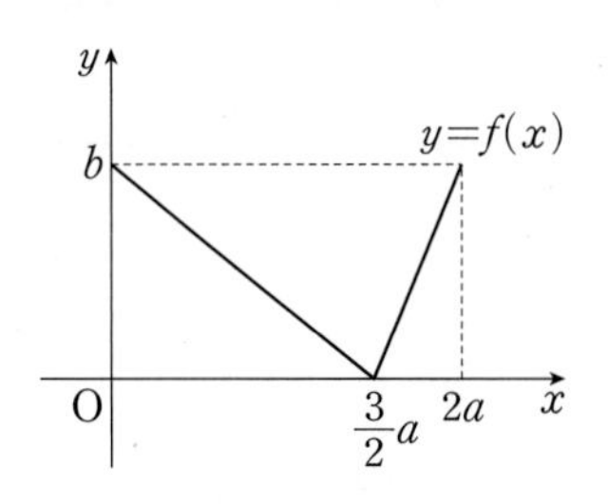

구간 $[0, 2a]$의 모든 실수 값을 가지는 연속확률변수 Y에 대하여 Y의 확률밀도함수 $g(x)$가

$$g(x)=\begin{cases} f(2x) & (0\le x\le a) \\ -\frac{b}{a}x+2b & (a\le x\le 2a) \end{cases}$$

일 때, $\mathrm{P}\left(\frac{a}{2}\le X\le a\right)+\mathrm{P}\left(\frac{a}{2}\le Y\le a\right)$의 값은?

(단, a, b는 양수이다.)

① $\frac{1}{4}$　② $\frac{1}{3}$　③ $\frac{5}{12}$

④ $\frac{1}{2}$　⑤ $\frac{7}{12}$

NOTE　1st ○ △ ×　2nd ○ △ ×

□
□
□

8

Killer

$-2\le X\le 4$의 모든 값을 갖는 확률변수 X의 확률밀도함수 $f(x)$가 다음 조건을 만족시킨다.

> (가) $f(x)=\begin{cases} b & (-2\le x\le 0) \\ ax+b & (0\le x\le 1) \end{cases}$
>
> (나) $-2\le x\le 4$인 실수 x에 대하여 $f(x)=f(2-x)$

세 수 $\mathrm{P}(-2\le X\le 0)$, $\mathrm{P}(0\le X\le 1)$, $\mathrm{P}(1\le X\le 4)$가 이 순서대로 등차수열을 이룰 때, $\mathrm{P}(c\le X\le 3)=\frac{7}{12}$이 되도록 하는 양수 c의 값은? (단, a, b는 양수이다.)

① $\frac{1}{3}$　② $\frac{5}{12}$　③ $\frac{1}{2}$

④ $\frac{7}{12}$　⑤ $\frac{2}{3}$

NOTE　1st ○ △ ×　2nd ○ △ ×

□
□
□

THEME

08 정규분포와 표준정규분포

행동전략 ❶ 표준화와 정규분포 곡선의 대칭성을 이용하라!

✔ 표준정규분포를 이용하기 위하여 표준화하고 정규분포 곡선의 대칭성을 이용한다.

✔ 정규분포 $\mathrm{N}(m, \sigma^2)$을 따르는 확률변수 X의 확률은 $Z=\frac{X-m}{\sigma}$임을 이용하여 표준화하여 구한다.

✔ 표준편차가 같은 두 확률변수의 정규분포 곡선은 평행이동에 의해 완전히 겹쳐짐을 기억한다.

기출에서 뽑은 실전 개념 1 정규분포의 표준화

(1) **정규분포의 표준화:** 확률변수 X가 정규분포 $\mathrm{N}(m, \sigma^2)$을 따를 때, 확률변수 $Z=\frac{X-m}{\sigma}$은 표준정규분포 $\mathrm{N}(0, 1^2)$을 따른다.

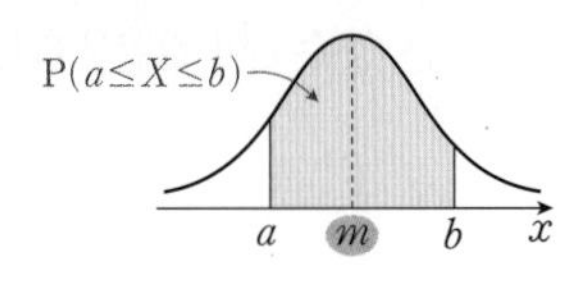

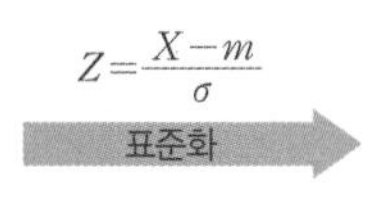

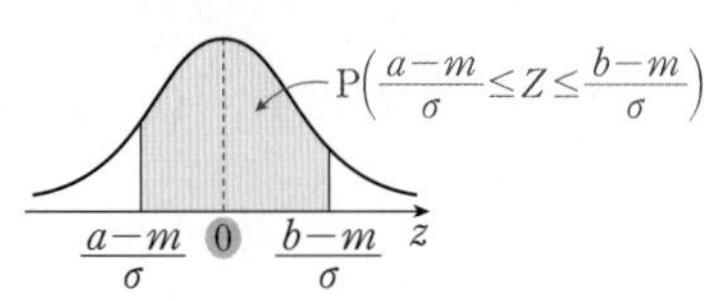

(2) **정규분포 곡선의 성질:** 정규분포 곡선은 평균 m과 표준편차 σ에 따라 다음과 같은 성질이 있다.

① m의 값이 일정할 때, σ의 값이 클수록 곡선의 가운데 부분이 낮아지면서 양쪽으로 퍼진다.

② σ의 값이 일정할 때, m의 값이 변하면 대칭축의 위치는 바뀌지만 곡선의 모양은 변하지 않는다.
└ 평행이동에 의하여 완전히 겹쳐진다.

(3) **정규분포 곡선의 대칭성과 평균의 위치:** 정규분포를 따르는 확률변수 X의 확률밀도함수 $f(x)$에 대하여 다음이 성립한다.

① $f(a)=f(b)$일 때

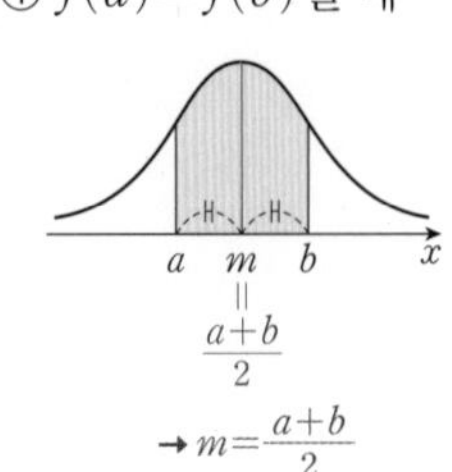

$\rightarrow m=\frac{a+b}{2}$

② $f(a)>f(b)$일 때

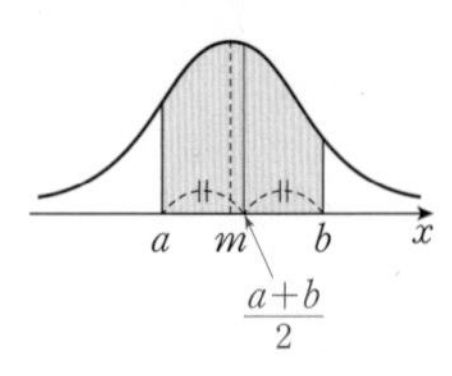

$\rightarrow m<\frac{a+b}{2}$

③ $f(a)<f(b)$일 때

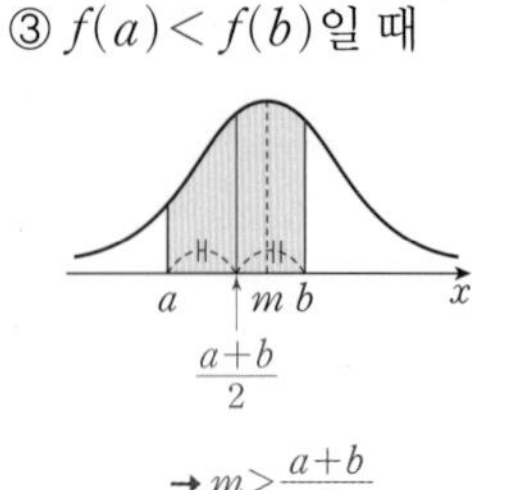

$\rightarrow m>\frac{a+b}{2}$

2020학년도 수능 가 18

확률변수 X는 정규분포 $\mathrm{N}(10, 2^2)$, 확률변수 Y는 정규분포 $\mathrm{N}(m, 2^2)$을 따르고, 확률변수 X와 Y의 확률밀도함수는 각각 $f(x)$와 $g(x)$이다. $f(12)\le g(20)$을 만족시키는
(표준편차가 같다.)
└ 두 확률밀도함수의 그래프는 대칭축만 다르고 모양은 같다.
→ 두 함수 $y=f(x)$, $y=g(x)$의 그래프의 대칭축은 각각 직선 $x=10$, $x=m$이다.

◆ **정규분포 곡선의 성질**

(1) m은 일정, $\sigma_1<\sigma_2<\sigma_3$일 때

σ_1, σ_2, σ_3, m, x

(2) σ는 일정, $m_1<m_2<m_3$일 때

m_1, m_2, m_3, x

기출예시 1 2014학년도 9월 평가원 A 19 ∘ 해답 63쪽

확률변수 X가 평균이 $\frac{3}{2}$, 표준편차가 2인 정규분포를 따를 때, 실수 전체의 집합에서 정의된 함수 $H(t)$는
└ $\mathrm{N}\left(\frac{3}{2}, 2^2\right)$

$$H(t)=\mathrm{P}(t\le X\le t+1) \text{ ❶}$$

이다. $H(0)+H(2)$의 값을 ❷ 오른쪽 표준정규분포표를 이용하여 구한 것은? [4점]

z	$\mathrm{P}(0\le Z\le z)$
0.25	0.0987
0.50	0.1915
0.75	0.2734
1.00	0.3413

① 0.3494 ② 0.4649 ③ 0.4852 ④ 0.5468 ⑤ 0.6147

행동전략

❶ **확률변수를 표준화한다.**
확률변수 $Z=\frac{X-1.5}{2}$를 이용하여 $H(t)$를 표준화하면
$\mathrm{P}(t\le X\le t+1)$
$=\mathrm{P}\left(\frac{t-1.5}{2}\le Z\le \frac{t+1-1.5}{2}\right)$
이다.

❷ **표준정규분포표를 이용한다.**
정규분포 곡선의 대칭성과 표준정규분포표를 이용하여 확률을 구한다.

08
정규분포와 표준정규분포

해답 63쪽

1

확률변수 X는 평균이 m, 표준편차가 5인 정규분포를 따르고, 확률변수 X의 확률밀도함수 $f(x)$가 다음 조건을 만족시킨다. ❶

(가) $f(10) > f(20)$ ❷
(나) $f(4) < f(22)$ ❷

z	$\mathrm{P}(0 \le Z \le z)$
0.6	0.226
0.8	0.288
1.0	0.341
1.2	0.385
1.4	0.419

m이 자연수일 때, $\mathrm{P}(17 \le X \le 18)$ ❸ 의 값을 오른쪽 표준정규분포표를 이용하여 구한 것은?

① 0.044　② 0.053　③ 0.062
④ 0.078　⑤ 0.097

행동전략

❶ 곡선 $y=f(x)$는 직선 $x=m$에 대하여 대칭임을 파악한다.
❷ 정규분포 곡선의 대칭성과 조건 (가), (나)를 이용하여 평균 m의 값을 구한다.
❸ 확률변수 X를 표준화하여 확률을 구한다.

2

확률변수 X는 정규분포 $\mathrm{N}(10,\ 2^2)$, 확률변수 Y는 정규분포 $\mathrm{N}(m,\ 2^2)$을 따르고, 확률변수 X와 Y의 확률밀도함수는 각각 $f(x)$와 $g(x)$이다. ❶

$$f(12) \le g(20)$$ ❷

을 만족시키는 m에 대하여 $\mathrm{P}(21 \le Y \le 24)$의 최댓값을 ❸ 오른쪽 표준정규분포표를 이용하여 구한 것은?

z	$\mathrm{P}(0 \le Z \le z)$
0.5	0.1915
1.0	0.3413
1.5	0.4332
2.0	0.4772

① 0.5328　② 0.6247　③ 0.7745
④ 0.8185　⑤ 0.9104

행동전략

❶ 두 확률변수 X, Y의 표준편차가 같으므로 두 확률밀도함수 $y=f(x)$, $y=g(x)$의 그래프는 평행이동에 의하여 완전히 겹쳐짐을 파악한다.
❷ 정규분포 곡선의 대칭성을 이용하여 확률변수 Y의 평균 m의 값의 범위를 구한다.
❸ $\mathrm{P}(21 \le Y \le 24)$의 값이 최대가 되도록 하는 m의 값을 구한 후, 확률변수 Y를 $Z=\dfrac{Y-m}{2}$으로 표준화하여 확률을 구한다.

3

확률변수 X는 정규분포 $\mathrm{N}(62,\ 2^2)$, 확률변수 Y는 정규분포 $\mathrm{N}(64,\ 2^2)$을 따르고, 확률변수 X와 Y의 확률밀도함수는 각각 $f(x)$, $g(x)$일 때

$f(65)=g(a)$,

$\mathrm{P}(X \le 62)+\mathrm{P}(Y \ge a) \ge 1$

을 만족시킨다.

$\mathrm{P}(X \le a)+\mathrm{P}(Y \le a)$의 값을 오른쪽 표준정규분포표를 이용하여 구한 것은?

z	$\mathrm{P}(0 \le Z \le z)$
0.5	0.1915
1.0	0.3413
1.5	0.4332
2.0	0.4772

① 0.2255 ② 0.3174 ③ 0.3313
④ 0.3753 ⑤ 0.4672

NOTE 1st ○ △ × 2nd ○ △ ×
□
□
□

4

어느 공장의 A 라인에서 생산된 부품의 무게는 평균이 m, 표준편차가 σ인 정규분포를 따르고, B 라인에서 생산된 부품의 무게는 평균이 $m-4$, 표준편차가 σ인 정규분포를 따른다고 한다. 이 공장에서 생산된 부품 중에서 A 라인에서 생산된 무게가 120 이상인 부품의 비율이 26 %이고 B 라인에서 생산된 무게가 120 이상인 부품의 비율이 20 %일 때, $m+\sigma$의 값은?
(단, Z가 표준정규분포를 따르는 확률변수일 때, $\mathrm{P}(0 \le Z \le 0.64)=0.24$, $\mathrm{P}(0 \le Z \le 0.84)=0.30$으로 계산하고, 부품의 무게의 단위는 g이다.)

① 125.2 ② 126.2 ③ 127.2
④ 128.2 ⑤ 129.2

NOTE 1st ○ △ × 2nd ○ △ ×
□
□
□

해답 64쪽

5

평균이 m, 표준편차가 4인 정규분포를 따르는 확률변수 X에 대하여 두 함수 $F(x)$, $G(x)$를

$$F(x)=\mathrm{P}(X\ge x),\ G(x)=\mathrm{P}(X\le x)$$

라 할 때, 두 함수 $F(x)$, $G(x)$가 다음 조건을 만족시킨다.

(가) $F(15)\ge G(21)$
(나) $G(18)\ge F(22)$

z	$\mathrm{P}(0\le Z\le z)$
0.5	0.1915
1.0	0.3413
1.5	0.4332
2.0	0.4772

$\mathrm{P}(18\le X\le 24)$의 최댓값과 최솟값의 합을 오른쪽 표준정규분포표를 이용하여 구한 것은?

① 0.8741 ② 0.9660 ③ 1.0579
④ 1.1019 ⑤ 1.1158

NOTE 1st ○ △ × 2nd ○ △ ×
□
□
□

6

어느 양어장에서 양식되는 광어의 무게는 평균이 2000 g, 표준편차가 100 g인 정규분포를 따른다고 한다. 이 양어장에서는 한 마리의 무게가 1872 g 이하인 광어는 상품으로 판매되지 않는다. 이 양어장에서 양식되는 광어 중 10000마리를 임의로 선택할 때, 상품으로 판매되지 않는 광어가 1030마리 이상일 확률을 오른쪽 표준정규분포표를 이용하여 구한 것은?

z	$\mathrm{P}(0\le Z\le z)$
0.64	0.24
0.84	0.30
1.00	0.34
1.28	0.40

① 0.10 ② 0.16 ③ 0.20
④ 0.26 ⑤ 0.34

NOTE 1st ○ △ × 2nd ○ △ ×
□
□
□

THEME 09

모평균의 추정

행동전략 ❶ 신뢰구간을 결정짓는 요소를 정확히 파악하라!

- 크기가 n인 표본의 표본평균 $\overline{X}$의 확률은 $Z=\dfrac{\overline{X}-m}{\frac{\sigma}{\sqrt{n}}}$임을 이용하여 표준화하여 구한다.
- 신뢰도 95 %와 99 %에서의 신뢰구간 공식을 이용한다. 이때 신뢰도 95 %, 99 %에서 이용하는 각각의 상수의 값은 1.96, 2.58임을 기억한다.
- 모평균 m의 신뢰구간을 추정할 때는 표본의 크기 n, 표본평균 $\overline{X}$의 값 $\overline{x}$, 모표준편차 σ를 파악한다.

기출에서 뽑은 실전 개념 1 표본평균의 분포

정규분포 $\mathrm{N}(m,\ \sigma^2)$을 따르는 모집단에서 택한 크기가 n인 표본의 표본평균 $\overline{X}$는 정규분포 $\mathrm{N}\left(m,\ \dfrac{\sigma^2}{n}\right)$을 따른다. → 확률변수 $Z=\dfrac{\overline{X}-m}{\frac{\sigma}{\sqrt{n}}}$으로 표준화한다.

$\mathrm{E}(\overline{X})=m,\ \mathrm{V}(\overline{X})=\dfrac{\sigma^2}{n}$

행동전략

❶ 표본평균 $\overline{X}$의 확률분포를 구한다.
표본의 크기가 9이므로 표본평균 $\overline{X}$는 정규분포 $\mathrm{N}\left(201.5,\ \dfrac{1.8^2}{9}\right)$을 따른다.

❷ 표본평균의 표준화를 이용하여 확률을 구한다.
$\mathrm{P}(\overline{X}\ge 200)=\left(Z\ge \dfrac{200-201.5}{\sqrt{\frac{1.8^2}{9}}}\right)$ 임을 이용한다.

기출예시 1 2018학년도 수능 나 15 ∘해답 68쪽

어느 공장에서 생산하는 화장품 1개의 내용량은 평균이 201.5 g이고 표준편차가 1.8 g인 정규분포를 따른다고 한다. 이 공장에서 생산한 화장품 중 임의추출한 9개의 화장품 내용량의❶ 표본평균이 200 g 이상일 확률을❷ 오른쪽 표준정규분포표를 이용하여 구한 것은? [4점]

z	$\mathrm{P}(0\le Z\le z)$
1.0	0.3413
1.5	0.4332
2.0	0.4772
2.5	0.4938

① 0.7745 ② 0.8413 ③ 0.9332 ④ 0.9772 ⑤ 0.9938

기출에서 뽑은 실전 개념 2 모평균의 추정

정규분포 $\mathrm{N}(m,\ \sigma^2)$을 따르는 모집단에서 임의추출한 크기가 n인 표본의 표본평균 $\overline{X}$의 값이 $\overline{x}$일 때, 모평균 m에 대한 신뢰도 95 %, 99 %의 신뢰구간과 신뢰구간의 길이는 다음과 같다.

신뢰도: 표본평균의 분포로부터 모평균이 포함될 구간을 얻을 때, 그 구간에 모평균이 포함될 확률

	95 %의 신뢰도	99 %의 신뢰도
신뢰구간	$\overline{x}-1.96\times\dfrac{\sigma}{\sqrt{n}}\le m\le \overline{x}+1.96\times\dfrac{\sigma}{\sqrt{n}}$	$\overline{x}-2.58\times\dfrac{\sigma}{\sqrt{n}}\le m\le \overline{x}+2.58\times\dfrac{\sigma}{\sqrt{n}}$
신뢰구간의 길이	$2\times 1.96\times\dfrac{\sigma}{\sqrt{n}}$	$2\times 2.58\times\dfrac{\sigma}{\sqrt{n}}$

행동전략

❶ 신뢰도 95 %에 맞는 상수의 값을 이용한다.
신뢰도 95 %에 맞는 상수의 값은 1.96이다.

❷ 신뢰구간의 공식을 이용한다.
$b-a$는 신뢰구간의 길이이므로 그 값이 $2\times 1.96\times\dfrac{\sigma}{\sqrt{n}}$임을 이용한다.

기출예시 2 2020학년도 9월 평가원 나 25 ∘해답 68쪽

어느 음식점을 방문한 고객의 주문 대기 시간은 평균이 m분, 표준편차가 σ분인 정규분포를 따른다고 한다. 이 음식점을 방문한 고객 중 64명을 임의추출하여 얻은 표본평균을 이용하여 이 음식점을 방문한 고객의 주문 대기 시간의 평균 m에 대한 신뢰도 95 %의❶ 신뢰구간을 구하면 $a\le m\le b$이다. $b-a=4.9$일 때,❷ σ의 값을 구하시오. (단, Z가 표준정규분포를 따르는 확률변수일 때, $\mathrm{P}(|Z|\le 1.96)=0.95$로 계산한다.)❶ [3점]

(표본의 크기가 64이다.)

대표 기출 기출 변형 예상 문제

해답 69쪽

1

대중교통을 이용하여 출근하는 어느 지역 직장인의 월 교통비는 평균이 8이고 표준편차가 1.2인 정규분포를 따른다고 한다.❶ 대중교통을 이용하여 출근하는 이 지역 직장인 중 임의추출한 n명의 월 교통비의 표본평균을 $\overline{X}$라❷ 할 때,

$$P(7.76 \le \overline{X} \le 8.24) \ge 0.6826$$ ❸

이 되기 위한 n의 최솟값을 오른쪽 표준정규분포표를 이용하여 구하시오. (단, 교통비의 단위는 만 원이다.)

z	$P(0 \le Z \le z)$
0.5	0.1915
1.0	0.3413
1.5	0.4332
2.0	0.4772

행동전략

❶ 모집단은 정규분포 $N(8, 1.2^2)$을 따른다.

❷ 표본평균 $\overline{X}$는 정규분포 $N\left(8, \left(\frac{1.2}{\sqrt{n}}\right)^2\right)$을 따른다.

❸ 표본평균 $\overline{X}$를 표준화하여 주어진 확률을 만족시키는 n의 최솟값을 구한다.

2

어느 지역 주민들의 하루 여가 활동 시간은 평균이 m분, 표준편차가 σ분인 정규분포를 따른다고 한다. 이 지역 주민 중 16명을 임의추출하여 구한 하루 여가 활동 시간의 표본평균이 75분일 때, 모평균 m에 대한 신뢰도 95 %의 신뢰구간이❶ $a \le m \le b$이다. 이 지역 주민 중 16명을 다시 임의추출하여 구한 하루 여가 활동 시간의 표본평균이 77분일 때, 모평균 m에 대한 신뢰도 99 %의 신뢰구간이❷ $c \le m \le d$이다. $d-b=3.86$을 만족시키는 σ의 값을 구하시오. (단, Z가 표준정규분포를 따르는 확률변수일 때, $P(|Z| \le 1.96)=0.95$,❶ $P(|Z| \le 2.58)=0.99$❷로 계산한다.)

행동전략

❶ 신뢰도 95 %에 맞는 상수의 값이 1.96임을 이용하여 a, b를 m과 σ에 대한 식으로 나타낸다.

❷ 신뢰도 99 %에 맞는 상수의 값이 2.58임을 이용하여 c, d를 m과 σ에 대한 식으로 나타낸다.

3

정규분포 $N(52, 10^2)$을 따르는 모집단에서 크기가 25인 표본을 임의추출하여 구한 표본평균을 $\overline{X}$, 정규분포 $N(73, \sigma^2)$을 따르는 모집단에서 크기가 9인 표본을 임의추출하여 구한 표본평균을 $\overline{Y}$라 하자.

$P(\overline{X} \le 54) + P(\overline{Y} \le 71) = 1$일 때, $P(\overline{Y} \le 70)$의 값을 오른쪽 표준정규분포표를 이용하여 구한 것은?

z	$P(0 \le Z \le z)$
0.5	0.1915
1.0	0.3413
1.5	0.4332
2.0	0.4772

① 0.0228 ② 0.0668 ③ 0.1587
④ 0.3085 ⑤ 0.3413

NOTE 1st ○ △ × 2nd ○ △ ×
□
□
□

4

어느 농가에서 생산하는 사과의 무게는 평균이 m, 표준편차가 σ인 정규분포를 따른다고 한다. 이 농가에서 생산하는 사과 중 n_1개를 임의추출하여 사과의 무게를 조사한 표본평균이 $\overline{x_1}$일 때, 모평균 m에 대한 신뢰도 95 %의 신뢰구간이

$$344 - a \le m \le 344 + a$$

이었다. 또, 이 농가에서 생산하는 사과 중 n_2개를 임의추출하여 사과의 무게를 조사한 표본평균이 $\overline{x_2}$일 때 모평균 m에 대한 신뢰도 95 %의 신뢰구간이 다음과 같다.

$$\frac{9}{8}\overline{x_1} - \frac{11}{7}a \le m \le \frac{9}{8}\overline{x_1} + \frac{11}{7}a$$

$n_1 + \overline{x_1} = 586$일 때, $n_2 + \overline{x_2}$의 값은?
(단, 무게의 단위는 g이고, Z가 표준정규분포를 따르는 확률변수일 때, $P(0 \le Z \le 1.96) = 0.475$로 계산한다.)

① 481 ② 483 ③ 485
④ 487 ⑤ 489

NOTE 1st ○ △ × 2nd ○ △ ×
□
□
□

해답 70쪽

5

정규분포 $N(40,\ 6^2)$을 따르는 모집단의 확률변수를 X라 하고 이 모집단에서 크기가 9인 표본을 임의추출하여 구한 표본평균을 $\overline{X}$라 하자.

$P(22 \le X \le a) = P(38 \le \overline{X} \le 46)$,

$P(X \le a) = P(\overline{X} \ge b)$

를 만족시키는 상수 a, b에 대하여 $a+b$의 값을 구하시오.

NOTE 1st ○ △ × 2nd ○ △ ×

□

□

□

6

어느 양계장에서 생산되는 계란 한 개의 무게는 평균이 62, 표준편차가 4인 정규분포를 따른다고 한다. 이 양계장에서 임의로 택한 계란 4개를 한 세트로 묶어 판매하려고 한다. 한 세트에 들어 있는 계란 4개의 무게의 합을 S라 하자.

$P(244 \le S \le a) = 0.5328$이 되도록 하는 상수 a의 값을 오른쪽 표준정규분포표를 이용하여 구하시오.

(단, 무게의 단위는 g이다.)

z	$P(0 \le Z \le z)$
0.5	0.1915
1.0	0.3413
1.5	0.4332
2.0	0.4772

NOTE 1st ○ △ × 2nd ○ △ ×

□

□

□

대표 기출 기출 변형 예상 문제

해답 72쪽

7

모표준편차가 10인 정규분포를 따르는 모집단에서 크기가 49인 표본을 임의추출하여 신뢰도 95 %로 추정한 모평균 m에 대한 신뢰구간이 $a \le m \le b$이고, 크기가 n인 표본을 임의추출하여 신뢰도 99 %로 추정한 모평균 m에 대한 신뢰구간이 $c \le m \le d$이다. $\frac{43}{14} < \frac{d-c}{b-a} < \frac{43}{7}$을 만족시키는 모든 자연수 n의 값의 합을 구하시오. (단, Z가 표준정규분포를 따르는 확률변수일 때, $\mathrm{P}(0 \le Z \le 1.96) = 0.475$, $\mathrm{P}(0 \le Z \le 2.58) = 0.495$로 계산한다.)

NOTE 1st ○ △ × 2nd ○ △ ×

□
□
□

8

어느 공장에서 생산하는 제품 A의 무게는 모평균이 m, 모표준편차가 σ인 정규분포를 따른다고 한다. 이 공장에서 생산한 제품 A 중에서 16개를 임의추출하여 신뢰도 99 %로 추정한 모평균 m에 대한 신뢰구간이 $a \le m \le b$이다. $b-a=6.45$일 때, 크기가 n인 표본의 표본평균 $\overline{X}$에 대하여

$$\mathrm{P}(|\overline{X}-m| \le 2) \ge 0.95$$

가 성립하도록 하는 자연수 n의 최솟값을 구하시오.
(단, Z가 표준정규분포를 따르는 확률변수일 때, $\mathrm{P}(|Z| \le 1.96) = 0.95$, $\mathrm{P}(|Z| \le 2.58) = 0.99$로 계산한다.)

NOTE 1st ○ △ × 2nd ○ △ ×

□
□
□

수 능
일등급
완 성

고난도 미니 모의고사

총4회

1회 수능 일등급 완성 고난도 미니 모의고사

1

좌표평면 위의 점들의 집합 $S=\{(x, y)\,|\,x$와 y는 정수$\}$가 있다. 집합 S에 속하는 한 점에서 S에 속하는 다른 점으로 이동하는 '점프'는 다음 규칙을 만족시킨다.

> 점 P에서 한 번의 '점프'로 점 Q로 이동할 때, 선분 PQ의 길이는 1 또는 $\sqrt{2}$이다.

점 A$(-2, 0)$에서 점 B$(2, 0)$까지 4번만 '점프'하여 이동하는 경우의 수를 구하시오.

(단, 이동하는 과정에서 지나는 점이 다르면 다른 경우이다.)

2

다음은 n명의 사람이 각자 세 상자 A, B, C 중 2개의 상자를 선택하여 각 상자에 공을 하나씩 넣을 때, 세 상자에 서로 다른 개수의 공이 들어가는 경우의 수를 구하는 과정이다.

(단, n은 6의 배수인 자연수이고 공은 구별하지 않는다.)

> 세 상자에 서로 다른 개수의 공이 들어가는 경우는 '(i) 세 상자에 공이 들어가는 모든 경우'에서 '(ii) 세 상자에 모두 같은 개수의 공이 들어가는 경우'와 '(iii) 세 상자 중 두 상자에만 같은 개수의 공이 들어가는 경우'를 제외하면 된다.
>
> (i)의 경우: n명의 사람이 각자 세 상자 중 공을 넣을 두 상자를 선택하는 경우의 수는 n명의 사람이 각자 공을 넣지 않을 한 상자를 선택하는 경우의 수와 같다. 따라서 세 상자에서 중복을 허락하여 n개의 상자를 선택하는 경우의 수인 (가) 이다.
>
> (ii)의 경우: 각 상자에 $\frac{2n}{3}$개의 공이 들어가는 경우뿐이므로 경우의 수는 1이다.
>
> (iii)의 경우: 두 상자 A, B에 같은 개수의 공이 들어가면 상자 C에는 최대 n개의 공을 넣을 수 있으므로 두 상자 A, B에 각각 $\frac{n}{2}$개보다 작은 개수의 공이 들어갈 수 없다.
>
> 따라서 두 상자 A, B에 같은 개수의 공이 들어가는 경우의 수는 (나) 이다.
>
> 그러므로 세 상자 중 두 상자에만 같은 개수의 공이 들어가는 경우의 수는 ${}_3\mathrm{C}_2\times($ (나) $-1)$이다.
>
> 따라서 세 상자에 서로 다른 개수의 공이 들어가는 경우의 수는 (다) 이다.

위의 (가), (나), (다)에 알맞은 식을 각각 $f(n)$, $g(n)$, $h(n)$이라 할 때, $\frac{f(30)}{g(30)}+h(30)$의 값은?

① 481 ② 491 ③ 501 ④ 511 ⑤ 521

3

방정식 $a+b+c=9$를 만족시키는 음이 아닌 정수 a, b, c의 모든 순서쌍 (a, b, c) 중에서 임의로 한 개를 선택할 때, 선택한 순서쌍 (a, b, c)가

$a<2$ 또는 $b<2$

를 만족시킬 확률은 $\frac{q}{p}$이다. $p+q$의 값을 구하시오.

(단, p와 q는 서로소인 자연수이다.)

4

어느 학교의 전체 학생 320명을 대상으로 수학동아리 가입 여부를 조사한 결과 남학생의 60 %와 여학생의 50 %가 수학동아리에 가입하였다고 한다. 이 학교의 수학동아리에 가입한 학생 중 임의로 1명을 선택할 때 이 학생이 남학생일 확률을 p_1, 이 학교의 수학동아리에 가입한 학생 중 임의로 1명을 선택할 때 이 학생이 여학생일 확률을 p_2라 하자. $p_1=2p_2$일 때, 이 학교의 남학생의 수는?

① 170 ② 180 ③ 190
④ 200 ⑤ 210

해답 75쪽

5

상자 A와 상자 B에 각각 6개의 공이 들어 있다. 동전 1개를 사용하여 다음 시행을 한다.

> 동전을 한 번 던져
> 앞면이 나오면 상자 A에서 공 1개를 꺼내어 상자 B에 넣고,
> 뒷면이 나오면 상자 B에서 공 1개를 꺼내어 상자 A에 넣는다.

위의 시행을 6번 반복할 때, 상자 B에 들어 있는 공의 개수가 6번째 시행 후 처음으로 8이 될 확률은?

① $\frac{1}{64}$ ② $\frac{3}{64}$ ③ $\frac{5}{64}$
④ $\frac{7}{64}$ ⑤ $\frac{9}{64}$

6

점 P가 수직선 위의 원점에 놓여 있다. 한 개의 주사위를 던져 나온 눈의 수가 6의 약수이면 점 P를 양의 방향으로 2만큼, 6의 약수가 아니면 음의 방향으로 1만큼 움직이는 시행을 반복한다. 점 P의 좌표가 9 이상 또는 -4 이하가 되거나 시행 횟수가 6회가 되면 위 시행을 멈춘다고 할 때, 점 P의 최종 위치의 좌표를 확률변수 X라 하자. 다음은 확률변수 X의 평균 $\mathrm{E}(X)$를 구하는 과정이다.

> 위의 시행을 5회 이하로 하게 되는 경우는 6의 약수인 눈이 처음부터 연속으로 5회 나오거나 6의 약수가 아닌 눈이 처음부터 연속으로 4회 나오는 경우뿐이다. 확률변수 X가 가질 수 있는 값의 최솟값은 -4이고 최댓값은 (가)이다.
>
> $\mathrm{P}(X=-4)=\left(\frac{1}{3}\right)^4$
>
> $\mathrm{P}(X=-3)=$ (나) $\times\left(\frac{2}{3}\right)^1\left(\frac{1}{3}\right)^5$
>
> $\mathrm{P}(X=0)=({}_6\mathrm{C}_2-1)\left(\frac{2}{3}\right)^2\left(\frac{1}{3}\right)^4$
>
> $\mathrm{P}(X=3)={}_6\mathrm{C}_3\left(\frac{2}{3}\right)^3\left(\frac{1}{3}\right)^3$
>
> $\mathrm{P}(X=6)={}_6\mathrm{C}_4\left(\frac{2}{3}\right)^4\left(\frac{1}{3}\right)^2$
>
> $\mathrm{P}(X=9)=$ (다) $\times\left(\frac{2}{3}\right)^5\left(\frac{1}{3}\right)^1$
>
> $\mathrm{P}(X=$ (가) $)=\left(\frac{2}{3}\right)^5$
>
> 따라서 $\mathrm{E}(X)=\frac{1420}{243}$

위의 (가), (나), (다)에 알맞은 수를 각각 a, b, c라 할 때, $a+b+c$의 값은?

① 17 ② 18 ③ 19
④ 20 ⑤ 21

해답 76쪽

1

숫자 1, 2, 3, 4, 5, 6 중에서 중복을 허락하여 다섯 개를 다음 조건을 만족시키도록 선택한 후, 일렬로 나열하여 만들 수 있는 모든 다섯 자리의 자연수의 개수를 구하시오.

> (가) 각각의 홀수는 선택하지 않거나 한 번만 선택한다.
> (나) 각각의 짝수는 선택하지 않거나 두 번만 선택한다.

2

다음 조건을 만족시키는 자연수 a, b, c의 모든 순서쌍 (a, b, c)의 개수를 구하시오.

> (가) $a \times b \times c$는 홀수이다.
> (나) $a \le b \le c \le 20$

3

자연수 n에 대하여 0부터 n까지 정수가 하나씩 적힌 $(n+1)$개의 공이 들어 있는 상자가 있다. 이 상자에서 한 개의 공을 꺼내어 공에 적힌 수를 확인하고 다시 넣는 과정을 5번 반복할 때, 확인한 5개의 수가 다음 조건을 만족시키는 경우의 수를 a_n이라 하자.

> (가) 꺼낸 공에 적힌 수는 먼저 꺼낸 공에 적힌 수보다 작지 않다.
> (나) 세 번째 꺼낸 공에 적힌 수는 첫 번째 꺼낸 공에 적힌 수보다 1이 더 크다.

$\sum_{n=1}^{18} \frac{a_n}{n+2}$의 값을 구하시오.

4

어느 회사의 직원은 모두 60명이고, 각 직원은 두 개의 부서 A, B 중 한 부서에 속해 있다. 이 회사의 A 부서는 20명, B 부서는 40명의 직원으로 구성되어 있다. 이 회사의 A 부서에 속해 있는 직원의 50 %가 여성이다. 이 회사 여성 직원의 60 %가 B 부서에 속해 있다. 이 회사의 직원 60명 중에서 임의로 선택한 한 명이 B 부서에 속해 있을 때, 이 직원이 여성일 확률은 p이다. $80p$의 값을 구하시오.

해답 77쪽

5

각 면에 1, 2, 3, 4의 숫자가 하나씩 적혀 있는 정사면체 모양의 상자를 던져 밑면에 적힌 숫자를 읽기로 한다. 이 상자를 3번 던져 2가 나오는 횟수를 m, 2가 아닌 숫자가 나오는 횟수를 n이라 할 때, $i^{|m-n|}=-i$일 확률은? (단, $i=\sqrt{-1}$)

① $\frac{3}{8}$ ② $\frac{7}{16}$ ③ $\frac{1}{2}$

④ $\frac{9}{16}$ ⑤ $\frac{5}{8}$

6

확률변수 X가 평균이 m, 표준편차가 σ인 정규분포를 따를 때, 실수 전체의 집합에서 정의된 함수 $f(t)$는

$$f(t)=\mathrm{P}(t\le X\le t+2)$$

이다. 함수 $f(t)$는 $t=4$에서 최댓값을 갖고, $f(m)=0.3413$이다. 오른쪽 표준정규분포표를 이용하여 $f(7)$의 값을 구한 것은?

z	$\mathrm{P}(0\le Z\le z)$
1.0	0.3413
1.5	0.4332
2.0	0.4772
2.5	0.4938

① 0.1359 ② 0.0919 ③ 0.0606

④ 0.0440 ⑤ 0.0166

3회 수능 일등급 완성 고난도 미니 모의고사

1

세 문자 A, B, C에서 중복을 허락하여 각각 홀수 개씩 모두 7개를 선택하여 일렬로 나열하는 경우의 수를 구하시오.

(단, 모든 문자는 한 개 이상씩 선택한다.)

2

그림과 같이 주머니에 ★ 모양의 스티커가 각각 1개씩 붙어 있는 카드 2장과 스티커가 붙어 있지 않은 카드 3장이 들어 있다.

이 주머니를 사용하여 다음의 시행을 한다.

> 주머니에서 임의로 2장의 카드를 동시에 꺼낸 다음, 꺼낸 카드에 ★ 모양의 스티커를 각각 1개씩 붙인 후 다시 주머니에 넣는다.

위의 시행을 2번 반복한 뒤 주머니 속에 ★ 모양의 스티커가 3개 붙어 있는 카드가 들어 있을 확률은 $\frac{q}{p}$이다. $p+q$의 값을 구하시오. (단, p와 q는 서로소인 자연수이다.)

3

흰 공 3개, 검은 공 4개가 들어 있는 주머니가 있다. 이 주머니에서 임의로 3개의 공을 동시에 꺼내어, 꺼낸 흰 공과 검은 공의 개수를 각각 m, n이라 하자. 이 시행에서 $2m \geq n$일 때, 꺼낸 흰 공의 개수가 2일 확률은 $\frac{q}{p}$이다. $p+q$의 값을 구하시오.

(단, p와 q는 서로소인 자연수이다.)

4

1부터 8까지의 자연수가 하나씩 적혀 있는 8장의 카드가 있다. 이 카드를 모두 한 번씩 사용하여 그림과 같은 8개의 자리에 각각 한 장씩 임의로 놓을 때, 8 이하의 자연수 k에 대하여 k번째 자리에 놓인 카드에 적힌 수가 k 이하인 사건을 A_k라 하자.

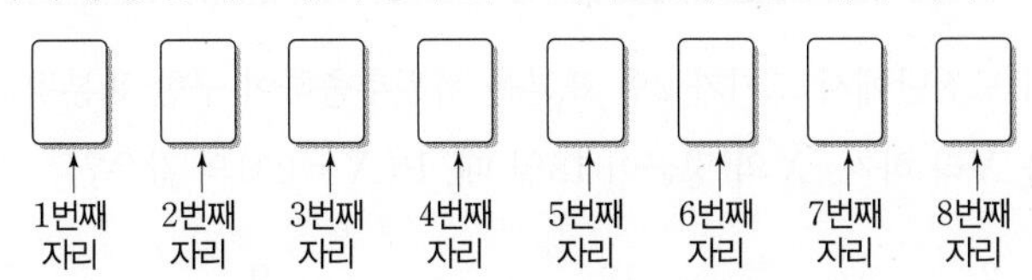

다음은 두 자연수 m, n $(1 \leq m < n \leq 8)$에 대하여 두 사건 A_m과 A_n이 서로 독립이 되도록 하는 m, n의 모든 순서쌍 (m, n)의 개수를 구하는 과정이다.

> A_k는 k번째 자리에 k 이하의 자연수 중 하나가 적힌 카드가 놓여 있고, k번째 자리를 제외한 7개의 자리에 나머지 7장의 카드가 놓여 있는 사건이므로 $\mathrm{P}(A_k)=$ (가) 이다.
> $A_m \cap A_n$ $(m<n)$은 m번째 자리에 m 이하의 자연수 중 하나가 적힌 카드가 놓여 있고, n번째 자리에 n 이하의 자연수 중 m번째 자리에 놓인 카드에 적힌 수가 아닌 자연수가 적힌 카드가 놓여 있고, m번째와 n번째 자리를 제외한 6개의 자리에 나머지 6장의 카드가 놓여 있는 사건이므로
> $\mathrm{P}(A_m \cap A_n)=$ (나) 이다.
> 한편, 두 사건 A_m과 A_n이 서로 독립이기 위해서는
> $\mathrm{P}(A_m \cap A_n)=\mathrm{P}(A_m)\mathrm{P}(A_n)$을 만족시켜야 한다.
> 따라서 두 사건 A_m과 A_n이 서로 독립이 되도록 하는 m, n의 모든 순서쌍 (m, n)의 개수는 (다) 이다.

위의 (가)에 알맞은 식에 $k=4$를 대입한 값을 p, (나)에 알맞은 식에 $m=3$, $n=5$를 대입한 값을 q, (다)에 알맞은 수를 r라 할 때, $p \times q \times r$의 값은?

① $\frac{3}{8}$ ② $\frac{1}{2}$ ③ $\frac{5}{8}$
④ $\frac{3}{4}$ ⑤ $\frac{7}{8}$

해답 80쪽

5

다음은 어떤 모집단의 확률분포표이다.

X	10	20	30	합계
$\mathrm{P}(X=x)$	$\frac{1}{2}$	a	$\frac{1}{2}-a$	1

이 모집단에서 크기가 2인 표본을 복원추출하여 구한 표본평균을 $\overline{X}$라 하자. $\overline{X}$의 평균이 18일 때, $\mathrm{P}(\overline{X}=20)$의 값은?

① $\frac{2}{5}$ ② $\frac{19}{50}$ ③ $\frac{9}{25}$

④ $\frac{17}{50}$ ⑤ $\frac{8}{25}$

6

어느 고등학교 학생들의 1개월 자율학습실 이용 시간은 평균이 m, 표준편차가 5인 정규분포를 따른다고 한다. 이 고등학교 학생 25명을 임의추출하여 1개월 자율학습실 이용 시간을 조사한 표본평균이 $\overline{x_1}$일 때, 모평균 m에 대한 신뢰도 95 %의 신뢰구간이 $80-a\le m\le 80+a$이었다. 또 이 고등학교 학생 n명을 임의추출하여 1개월 자율학습실 이용 시간을 조사한 표본평균이 $\overline{x_2}$일 때, 모평균 m에 대한 신뢰도 95 %의 신뢰구간이 다음과 같다.

$$\frac{15}{16}\overline{x_1}-\frac{5}{7}a\le m\le \frac{15}{16}\overline{x_1}+\frac{5}{7}a$$

$n+\overline{x_2}$의 값은? (단, 이용 시간의 단위는 시간이고, Z가 표준정규분포를 따르는 확률변수일 때, $\mathrm{P}(0\le Z\le 1.96)=0.475$로 계산한다.)

① 121 ② 124 ③ 127

④ 130 ⑤ 133

해답 81쪽

1

그림과 같이 이웃한 두 교차로 사이의 거리가 모두 같은 도로망이 있다.

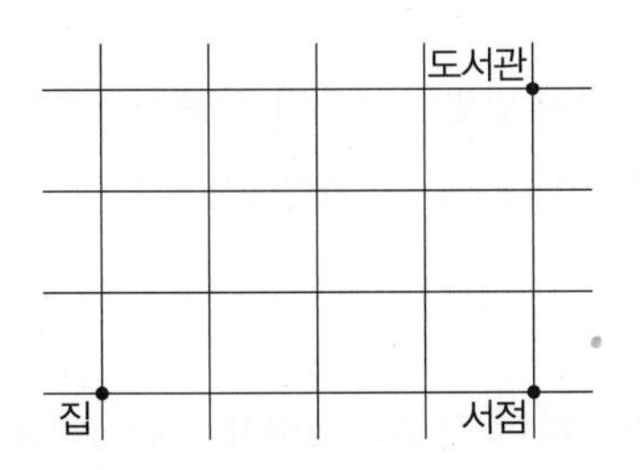

철수가 집에서 도로를 따라 최단거리로 약속장소인 도서관으로 가다가 어떤 교차로에서 약속장소가 서점으로 바뀌었다는 연락을 받고 곧바로 도로를 따라 최단거리로 서점으로 갔다. 집에서 서점까지 지나 온 길이 같은 경우 하나의 경로로 간주한다. 예를 들어, [그림 1]과 [그림 2]는 연락받은 위치는 다르나, 같은 경로이다.

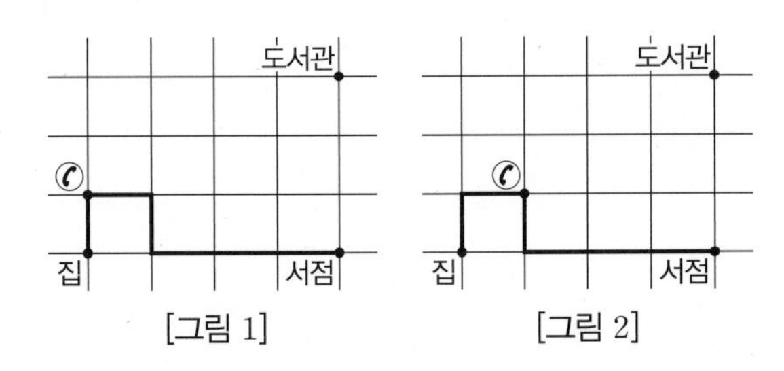

[그림 1] [그림 2]

철수가 집에서 서점까지 갈 수 있는 모든 경로의 수를 구하시오. (단, 철수가 도서관에 도착한 후에 서점으로 가는 경우도 포함한다.)

2

연필 7자루와 볼펜 4자루를 다음 조건을 만족시키도록 여학생 3명과 남학생 2명에게 남김없이 나누어 주는 경우의 수를 구하시오. (단, 연필끼리는 서로 구별하지 않고, 볼펜끼리도 서로 구별하지 않는다.)

> (가) 여학생이 각각 받는 연필의 개수는 서로 같고, 남학생이 각각 받는 볼펜의 개수도 서로 같다.
> (나) 여학생은 연필을 1자루 이상 받고, 볼펜을 받지 못하는 여학생이 있을 수 있다.
> (다) 남학생은 볼펜을 1자루 이상 받고, 연필을 받지 못하는 남학생이 있을 수 있다.

3

다음 조건을 만족시키는 자연수 a, b, c, d의 모든 순서쌍 (a, b, c, d)의 개수는?

> (가) $a+b+c+d=12$
> (나) 좌표평면에서 두 점 (a, b), (c, d)는 서로 다른 점이며 두 점 중 어떠한 점도 직선 $y=2x$ 위에 있지 않다.

① 125　② 134　③ 143　④ 152　⑤ 161

4

좌표평면의 원점에 점 A가 있다. 한 개의 동전을 사용하여 다음 시행을 한다.

> 동전을 한 번 던져 앞면이 나오면 점 A를 x축의 양의 방향으로 1만큼, 뒷면이 나오면 점 A를 y축의 양의 방향으로 1만큼 이동시킨다.

위의 시행을 반복하여 점 A의 x좌표 또는 y좌표가 처음으로 3이 되면 이 시행을 멈춘다. 점 A의 y좌표가 처음으로 3이 되었을 때, 점 A의 x좌표가 1일 확률은?

① $\frac{1}{4}$　② $\frac{5}{16}$　③ $\frac{3}{8}$　④ $\frac{7}{16}$　⑤ $\frac{1}{2}$

해답 82쪽

5

좌표평면 위의 한 점 (x, y)에서 세 점 $(x+1, y)$, $(x, y+1)$, $(x+1, y+1)$ 중 한 점으로 이동하는 것을 점프라 하자.
점프를 반복하여 점 $(0, 0)$에서 점 $(4, 3)$까지 이동하는 모든 경우 중에서, 임의로 한 경우를 선택할 때 나오는 점프의 횟수를 확률변수 X라 하자. 다음은 확률변수 X의 평균 $\mathrm{E}(X)$를 구하는 과정이다. (단, 각 경우가 선택되는 확률은 동일하다.)

> 점프를 반복하여 점 $(0, 0)$에서 점 $(4, 3)$까지 이동하는 모든 경우의 수를 N이라 하자. 확률변수 X가 가질 수 있는 값 중 가장 작은 값을 k라 하면 $k=$ (가) 이고, 가장 큰 값은 $k+3$이다.
>
> $$\mathrm{P}(X=k)=\frac{1}{N}\times\frac{4!}{3!}=\frac{4}{N}$$
>
> $$\mathrm{P}(X=k+1)=\frac{1}{N}\times\frac{5!}{2!2!}=\frac{30}{N}$$
>
> $$\mathrm{P}(X=k+2)=\frac{1}{N}\times \boxed{(나)}$$
>
> $$\mathrm{P}(X=k+3)=\frac{1}{N}\times\frac{7!}{3!4!}=\frac{35}{N}$$
>
> 이고
>
> $$\sum_{i=k}^{k+3}\mathrm{P}(X=i)=1$$
>
> 이므로 $N=$ (다) 이다.
> 따라서 확률변수 X의 평균 $\mathrm{E}(X)$는 다음과 같다.
>
> $$\mathrm{E}(X)=\sum_{i=k}^{k+3}\{i\times\mathrm{P}(X=i)\}=\frac{257}{43}$$

위의 (가), (나), (다)에 알맞은 수를 각각 a, b, c라 할 때, $a+b+c$의 값은?

① 190　② 193　③ 196　④ 199　⑤ 202

6

확률변수 X는 정규분포 $\mathrm{N}(10, 4^2)$, 확률변수 Y는 정규분포 $\mathrm{N}(m, 4^2)$을 따르고, 확률변수 X와 Y의 확률밀도함수는 각각 $f(x)$와 $g(x)$이다.

$f(12)=g(26)$,
$\mathrm{P}(Y\geq 26)\geq 0.5$

일 때, $\mathrm{P}(Y\leq 20)$의 값을 오른쪽 표준정규분포표를 이용하여 구한 것은?

z	$\mathrm{P}(0\leq Z\leq z)$
1.0	0.3413
1.5	0.4332
2.0	0.4772
2.5	0.4938

① 0.0062　② 0.0228　③ 0.0896　④ 0.1587　⑤ 0.2255

확률과 통계

정답과 해설

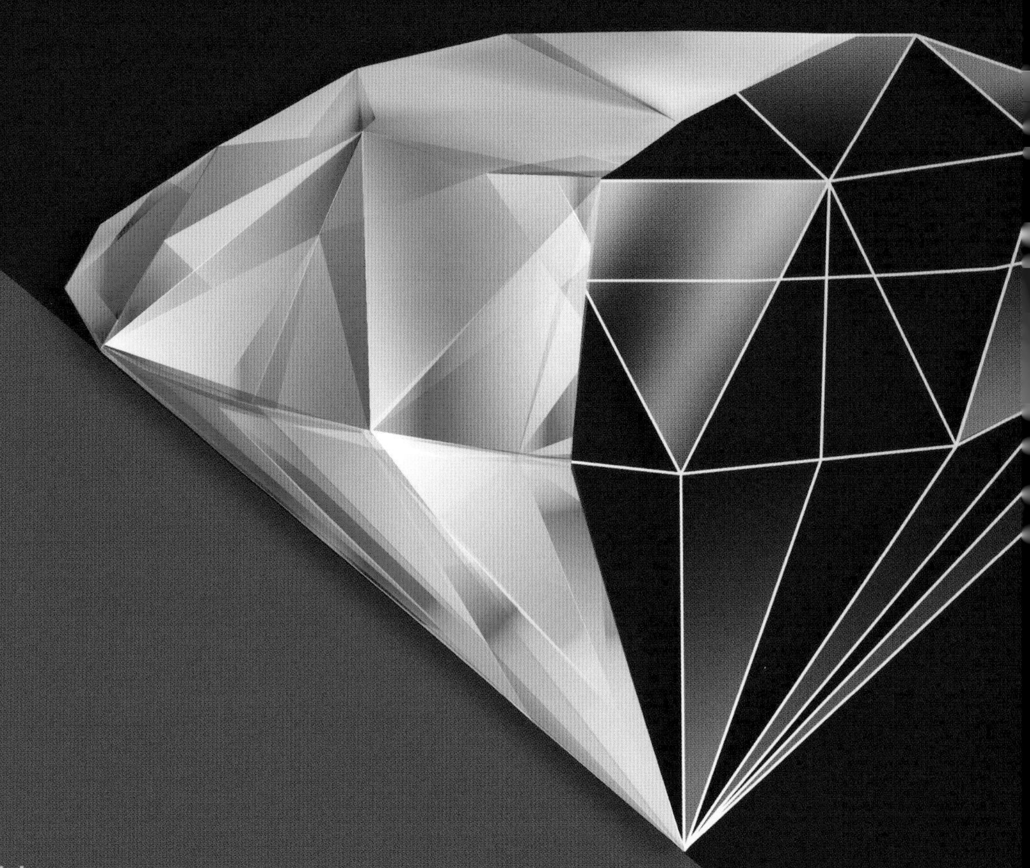

수능 고난도 상위 5문항 정복

HIGH-END

수능 하이엔드

수능 고난도 상위 5문항 정복

HIGH-END

수능 하이엔드

정답과 해설

확률과 통계

THEME

01 여러 가지 순열

본문 6쪽

기출예시 1 | 정답 ③

조건 ㈎에서 A, B를 한 학생으로 생각하여 5명의 학생이 원 모양의 탁자에 둘러앉는 경우의 수는

$(5-1)!=4!=24$

A, B가 자리를 바꾸는 경우의 수는 $2!=2$

즉, 조건 ㈎를 만족시키는 경우의 수는

$24\times2=48$

한편, A, B가 이웃하고 B, C가 이웃하도록 A, B, C가 원 모양의 탁자에 앉는 경우는 다음 그림과 같이 2가지이다.

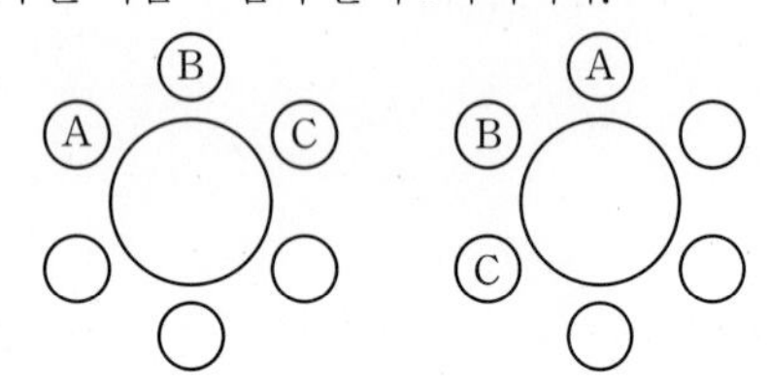

이때 6명의 학생 중 A, B, C를 제외한 나머지 3명의 학생이 원 모양의 탁자에 앉는 경우의 수는

$3!=6$

즉, 조건 ㈎를 만족시키면서 조건 ㈏를 만족시키지 않는 경우의 수는

$2\times6=12$

따라서 구하는 경우의 수는

$48-12=36$

다른 풀이 조건 ㈎에서 A, B가 이웃하도록 A, B가 원 모양의 탁자에 앉는 경우는 다음 그림과 같이 2가지이다.

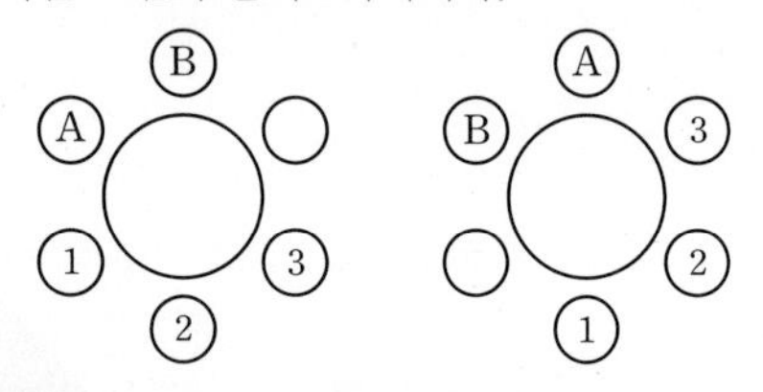

이때 조건 ㈏에서 B, C가 이웃하지 않도록 C가 자리를 택하는 경우의 수는 각각 3이다.

6명의 학생 중 A, B, C를 제외한 나머지 3명의 학생이 원 모양의 탁자에 앉는 경우의 수는

$3!=6$

따라서 구하는 경우의 수는

$2\times3\times6=36$

1등급 완성 3단계 문제연습 본문 7~11쪽

1 ①	2 450	3 48	4 112
5 300	6 204	7 ⑤	8 192
9 64	10 70		

1

2022학년도 수능 확통 28 [정답률 26%] | 정답 ①

출제영역 중복순열＋함수의 개수

중복순열을 이용하여 함숫값의 조건을 만족시키는 함수의 개수를 구할 수 있는지를 묻는 문제이다.

두 집합 $X=\{1, 2, 3, 4, 5\}$, $Y=\{1, 2, 3, 4\}$에 대하여 다음 조건을 만족시키는 X에서 Y로의 함수 f의 개수는?

㈎ 집합 X의 모든 원소 x에 대하여 $f(x)\geq\sqrt{x}$이다. ❶

㈏ 함수 f의 치역의 원소의 개수는 3이다. ❷

✓① 128 ② 138 ③ 148 ④ 158 ⑤ 168

출제코드 치역의 조건을 만족시키도록 함숫값 정하기

❶ 정의역 X의 각 원소에 대한 함숫값을 구한다.

❷ 정의역의 각 원소에 대응하는 서로 다른 함숫값의 개수가 3임을 파악한다.

해설 **|1단계| 조건 ㈎를 만족시키는 집합 X의 각 원소에 대한 함숫값 구하기**

조건 ㈎에 의하여

$f(1)\geq1$이므로 $f(1)$의 값이 될 수 있는 수는 1, 2, 3, 4

$f(2)\geq\sqrt{2}>1$이므로 $f(2)$의 값이 될 수 있는 수는 2, 3, 4

$f(3)\geq\sqrt{3}>1$이므로 $f(3)$의 값이 될 수 있는 수는 2, 3, 4

$f(4)\geq\sqrt{4}=2$이므로 $f(4)$의 값이 될 수 있는 수는 2, 3, 4

$f(5)\geq\sqrt{5}>2$이므로 $f(5)$의 값이 될 수 있는 수는 3, 4

|2단계| 조건 ㈏를 만족시키는 함수 f의 개수 구하기

조건 ㈏에 의하여 함수 f의 치역은

$\{1, 2, 3\}$ 또는 $\{1, 2, 4\}$ 또는 $\{1, 3, 4\}$ 또는 $\{2, 3, 4\}$

(i) 치역이 $\{1, 2, 3\}$인 경우

$f(1)=1$, $f(5)=3$이므로 $\{2, 3, 4\}$에서 $\{2, 3\}$으로의 함수 중에서 치역이 $\{3\}$인 함수를 제외하면 함수 f의 개수는

${}_2\Pi_3-1=2^3-1=7$

(ii) 치역이 $\{1, 2, 4\}$인 경우

$f(1)=1$, $f(5)=4$이므로 $\{2, 3, 4\}$에서 $\{2, 4\}$로의 함수 중에서 치역이 $\{4\}$인 함수를 제외하면 함수 f의 개수는

${}_2\Pi_3-1=2^3-1=7$

(iii) 치역이 $\{1, 3, 4\}$인 경우

$f(1)=1$이므로 $\{2, 3, 4, 5\}$에서 $\{3, 4\}$로의 함수 중에서 치역이 $\{3\}$, $\{4\}$인 함수를 제외하면 함수 f의 개수는

${}_2\Pi_4-2=2^4-2=14$

(iv) 치역이 $\{2, 3, 4\}$인 경우

㉠ $f(5)=3$인 경우

$\{1, 2, 3, 4\}$에서 $\{2, 3, 4\}$로의 함수 중에서 치역이 $\{2\}$, $\{3\}$, $\{4\}$, $\{2, 3\}$, $\{3, 4\}$인 함수를 제외하면 함수 f의 개수는

${}_3\Pi_4-3-({}_2\Pi_4-2)\times2=3^4-3-(2^4-2)\times2=50$

└ 치역의 원소가 2개인 함수의 개수

㉡ $f(5)=4$인 경우

㉠과 같은 방법으로 하면 함수 f의 개수는 50이다.

(i)~(iv)에 의하여 구하는 함수 f의 개수는

$7+7+14+50\times2=128$

2

2020학년도 수능 가 28 [정답률 54%] | 정답 450

출제영역 조합+같은 것이 있는 순열

같은 것이 있는 순열을 이용하여 조건을 만족시키는 자연수의 개수를 구할 수 있는지를 묻는 문제이다.

숫자 1, 2, 3, 4, 5, 6 중에서 중복을 허락하여 다섯 개를 다음 조건을 만족시키도록 선택한 후, 일렬로 나열하여 만들 수 있는 모든 다섯 자리의 자연수의 개수를❶ 구하시오. 450

(가) 각각의 홀수는 선택하지 않거나 한 번만 선택한다.❷
(나) 각각의 짝수는 선택하지 않거나 두 번만 선택한다.❸

출제코드 자연수를 만들 때, 홀수를 선택하면 1번, 짝수를 선택하면 2번을 사용해야 함을 파악하기

❶ 중복을 허락하여 5개의 숫자를 선택하므로 같은 것이 있는 순열의 수를 이용한다.
➡ n개 중에서 서로 같은 것이 각각 p개, q개, …, r개가 있을 때, n개를 모두 일렬로 나열하는 순열의 수는

$$\frac{n!}{p!q!\cdots r!} \text{ (단, } p+q+\cdots+r=n)$$

❷ 홀수를 선택한다면 선택한 수를 한 번만 사용할 수 있다.
❸ 짝수를 선택한다면 선택한 수를 두 번만 사용할 수 있다. 그런데 모두 5개를 선택해야 하므로 짝수는 2, 4, 6 중 1개 또는 2개를 선택할 수 있다.

해설 |1단계| 짝수를 1개, 2개 선택하는 경우의 수 각각 구하기

짝수는 1개를 선택하면 2번 사용해야 하므로 짝수를 1개 또는 2개 선택할 수 있다. why? ❶

이때 만들 수 있는 다섯 자리 자연수의 개수는 다음과 같다.

(i) 짝수를 1개 선택하는 경우

짝수를 1개 선택하면 2번 사용해야 하므로 홀수는 3개 선택해야 한다. why? ❷

짝수를 1개 선택하는 경우의 수는

${}_3C_1=3$
└ 세 짝수 2, 4, 6 중 1개를 선택한다.

이 각각에 대하여 홀수를 3개 선택하는 경우의 수는

${}_3C_3=1$
└ 세 홀수 1, 3, 5 중 3개를 선택한다.

선택한 수 5개를 일렬로 나열하는 경우의 수는

$\frac{5!}{2!}=60$
└ 짝수 1개가 2번 사용된다.

따라서 짝수를 1개 선택할 때, 만들 수 있는 다섯 자리의 자연수의 개수는

$3\times1\times60=180$

(ii) 짝수를 2개 선택하는 경우

짝수를 2개 선택하면 선택한 수를 2번씩 사용해야 하므로 홀수는 1개 선택해야 한다.

짝수를 2개 선택하는 경우의 수는

${}_3C_2={}_3C_1=3$
└ 세 짝수 2, 4, 6 중 2개를 선택한다.

이 각각에 대하여 홀수를 1개 선택하는 경우의 수는

${}_3C_1=3$
└ 세 홀수 1, 3, 5 중 1개를 선택한다.

선택한 수 5개를 일렬로 나열하는 경우의 수는

$\frac{5!}{2!2!}=30$
└ 짝수 2개가 2번씩 사용된다.

따라서 짝수를 2개 선택할 때, 만들 수 있는 다섯 자리의 자연수의 개수는

$3\times3\times30=270$

|2단계| 조건을 만족시키는 다섯 자리의 자연수의 개수 구하기

(i), (ii)에 의하여 구하는 다섯 자리의 자연수의 개수는

$180+270=450$

해설 특강

why? ❶ 짝수를 선택하지 않으면 홀수를 5개 선택해야 하는데 홀수는 1, 3, 5의 3개이므로 다섯 자리의 자연수를 만들 수 없다.
짝수를 1개 선택하면 선택한 수를 2번 사용하므로 5개 중 남은 3개는 홀수를 선택해야 한다.
짝수를 2개 선택하면 선택한 수를 2번씩 사용하므로 5개 중 남은 1개는 홀수를 선택해야 한다.
그런데 짝수를 3개 선택하면 선택한 수를 2번씩 사용하므로 여섯 자리의 자연수가 된다. 따라서 짝수는 1개 또는 2개 선택할 수 있다.

why? ❷ 짝수를 1개 선택하면 다섯 자리 중 어느 두 자리에는 선택한 짝수가 들어가므로 나머지 세 자리에는 홀수가 들어가야 한다.
이때 조건 (가)에 의하여 홀수를 선택한다면 1번만 사용하므로 홀수를 3개 선택할 때는 세 수 1, 3, 5를 모두 선택해야 한다.

3

2022학년도 6월 평가원 확통 29 [정답률 32%] 변형 | 정답 48

출제영역 원순열

원순열의 수를 이용하여 특정 조건을 만족시키도록 학생들을 배열하는 경우의 수를 구할 수 있는지를 묻는 문제이다.

1학년 학생 2명, 2학년 학생 3명, 3학년 학생 3명이 있다. 이 8명의 학생이 일정한 간격을 두고 원 모양의 탁자에 모두 둘러앉을 때,❶ 1학년 학생끼리 서로 이웃하지 않고 2학년 학생끼리도 서로 이웃하지 않는 경우의 수를❷ N이라 하자. $\frac{N}{4!}$의 값을 구하시오. 48

(단, 회전하여 일치하는 것은 같은 것으로 본다.)

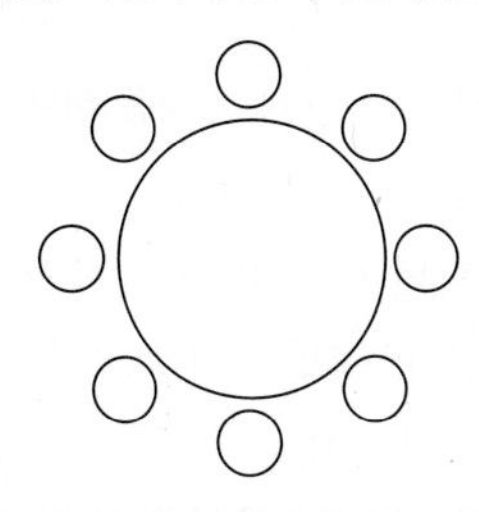

출제코드 2학년 학생 3명 중 3명이 서로 이웃하는 경우와 2명만 서로 이웃하는 경우로 나누어 생각하기

❶ 원순열의 수를 이용한다.
❷ 여사건을 이용하여 전체 경우의 수에서 1학년 학생끼리 서로 이웃하고, 2학년 학생끼리는 2명 이상이 서로 이웃하는 경우의 수를 뺀다.

해설 **|1단계| 전체 경우의 수 구하기**

8명의 학생이 원 모양의 탁자에 둘러앉는 경우의 수는 $(8-1)!=7!$

|2단계| 1학년 학생끼리 서로 이웃하고, 2학년 학생끼리는 2명 이상이 서로 이웃하는 경우의 수 구하기

(i) 1학년 학생 2명이 서로 이웃하게 앉는 경우

1학년 학생 2명을 한 명으로 생각하고, 2학년 학생 3명, 3학년 학생 3명을 포함하여 7명의 학생이 원 모양의 탁자에 둘러앉는 경우의 수는 $(7-1)!=6!$

1학년 학생 2명이 자리를 바꾸는 경우의 수는 $2!$

따라서 이 경우의 수는 $6!2!$

(ii) 2학년 학생 3명이 서로 이웃하게 앉는 경우

2학년 학생 3명을 한 명으로 생각하고, 1학년 학생 2명, 3학년 학생 3명을 포함하여 6명의 학생이 원 모양의 탁자에 둘러앉는 경우의 수는 $(6-1)!=5!$

2학년 학생 3명이 자리를 바꾸는 경우의 수는 $3!$

따라서 이 경우의 수는 $5!3!$

(iii) 2학년 학생 2명만 서로 이웃하게 앉는 경우

2학년 학생 3명 중 서로 이웃하는 2명을 선택하는 경우의 수는

${}_3C_2={}_3C_1=3$

서로 이웃하는 2학년 학생 2명을 한 명으로 생각하고, 1학년 학생 2명, 3학년 학생 3명을 포함하여 6명의 학생이 원 모양의 탁자에 둘러앉는 경우의 수는 $(6-1)!=5!$

서로 이웃하는 2학년 학생 2명이 자리를 바꾸는 경우의 수는 $2!$

2학년 학생 중 이웃하는 2명을 제외한 나머지 학생 1명이 앉는 경우의 수는 ${}_4C_1=4$ **why? ❶**

따라서 이 경우의 수는 $3\times5!\times2!\times4=12\times5!2!$

(iv) 1학년 학생 2명이 서로 이웃하고, 2학년 학생 3명이 서로 이웃하게 앉는 경우

1학년 학생 2명과 2학년 학생 3명을 각각 한 명으로 생각하고, 3학년 학생 3명을 포함하여 5명의 학생이 원 모양의 탁자에 둘러앉는 경우의 수는 $(5-1)!=4!$

1학년 학생 2명, 2학년 학생 3명이 각각 자리를 바꾸는 경우의 수는 $2!3!$

따라서 이 경우의 수는 $4!2!3!$

(v) 1학년 학생 2명이 서로 이웃하고, 2학년 학생 2명만 서로 이웃하게 앉는 경우

2학년 학생 3명 중 서로 이웃하는 2명을 선택하는 경우의 수는

${}_3C_2={}_3C_1=3$

1학년 학생 2명과 2학년 학생 2명을 각각 한 명으로 생각하고, 3학년 학생 3명을 포함하여 5명의 학생이 원 모양의 탁자에 둘러앉는 경우의 수는 $(5-1)!=4!$

1학년 학생 2명, 서로 이웃하는 2학년 학생 2명이 각각 자리를 바꾸는 경우의 수는 $2!2!$

2학년 학생 중 이웃하는 2명을 제외한 나머지 학생 1명이 앉는 경우의 수는 ${}_3C_1=3$

따라서 이 경우의 수는 $3\times4!\times2!\times2!\times3=9\times4!2!2!$

(i)~(v)에서 1학년 학생끼리 서로 이웃하고, 2학년 학생끼리는 2명 이상이 서로 이웃하는 경우의 수는

$6!2!+5!3!+12\times5!2!-4!2!3!-9\times4!2!2!$ **why? ❷**

$=4!\times(60+30+120-12-36)$ **how? ❸**

$=4!\times162$

|3단계| $\frac{N}{4!}$의 값 구하기

$N=7!-4!\times162=4!\times(210-162)$

$=4!\times48$

이므로 $\frac{N}{4!}=\frac{4!\times48}{4!}=48$

해설특강

why? ❶ 서로 이웃하는 2학년 학생 2명을 한 명으로 생각하고, 1학년 학생 2명, 3학년 학생 3명을 포함하여 6명의 학생이 원 모양의 탁자에 앉았을 때 6명의 학생 사이의 6개의 자리 중에서 서로 이웃하는 2학년 학생 2명의 양옆 자리 2개를 제외한 나머지 4개의 자리 중 1개를 선택하는 경우의 수와 같으므로 그 경우의 수는

${}_4C_1=4$

why? ❷ 1학년 학생끼리 서로 이웃하는 사건을 A, 2학년 학생 3명이 서로 이웃하는 사건을 B, 2학년 학생 2명만 서로 이웃하는 사건을 C라 하면

$B\cap C=\varnothing$이므로

$n(A\cup B\cup C)=n(A)+n(B)+n(C)-n(A\cap B)-n(A\cap C)$

how? ❸ $6!2!+5!3!+12\times5!2!-4!2!3!-9\times4!2!2!$

$=4!\times6\times5\times2!+4!\times5\times3!+4!\times12\times5\times2!-4!2!3!-4!\times9\times2!2!$

$=4!\times(60+30+120-12-36)$

다른풀이 원 모양의 탁자에 8명의 학생이 둘러앉는 자리를 오른쪽 그림과 같이 A, B, C, D, E, F, G, H라 하고 1학년 학생 2명이 서로 이웃하지 않도록 앉는 경우는 다음과 같다.

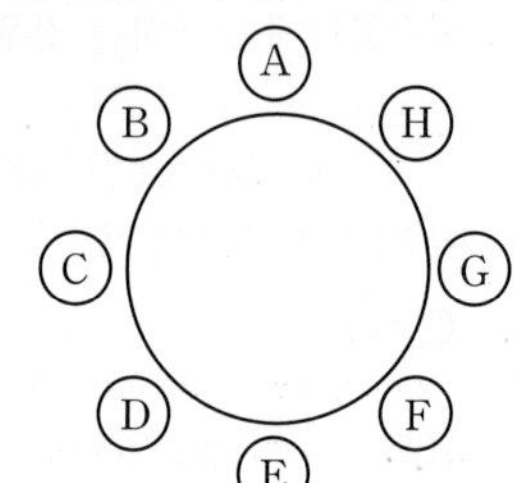

(i) 1학년 학생 2명이 A, C에 앉는 경우

㉠ 2학년 학생 3명 중 1명이 B에 앉는 경우의 수는

${}_3C_1=3$

이고, 나머지 2명이 D, E, F, G, H에 서로 이웃하지 않도록 앉는 경우의 수는

$({}_5C_2-4)\times2!=(10-4)\times2=12$

$\therefore 3\times12=36$

㉡ 2학년 학생 3명이 D, F, H에 앉는 경우의 수는

$3!=6$

㉠, ㉡에 의하여 이 경우의 수는 $36+6=42$

(ii) 1학년 학생 2명이 A, G에 앉는 경우

(i)과 같은 방법으로 하면 경우의 수는 42이다.

(iii) 1학년 학생 2명이 A, D에 앉는 경우

2학년 학생 3명 중 1명이 B, C 중 한 자리에 앉는 경우의 수는

${}_3C_1\times{}_2C_1=6$

이고, 나머지 2명이 E, F, G, H에 서로 이웃하지 않도록 앉는 경우의 수는

$3\times2!=6$

$\therefore 6\times6=36$

(iv) 1학년 학생 2명이 A, F에 앉는 경우

(iii)과 같은 방법으로 하면 경우의 수는 36이다.

(v) 1학년 학생 2명이 A, E에 앉는 경우

㉠ 2학년 학생 3명 중 2명이 B, D에 앉고, 나머지 1명이 F, G, H 중 한 자리에 앉는 경우의 수는

$({}_3C_2\times2!)\times3=(3\times2)\times3=18$

㉡ 2학년 학생 3명 중 2명이 F, H에 앉고, 나머지 1명이 B, C, D 중 한 자리에 앉는 경우의 수는 ㉠과 같은 방법으로 하면 18이다.

㉠, ㉡에 의하여 이 경우의 수는 $18+18=36$

(i)~(v)의 각각에 대하여 3학년 학생 3명이 앉는 경우의 수는 $3!$이므로

$N=(42+42+36+36+36)\times3!=192\times3!$

$\therefore \frac{N}{4!}=\frac{192\times3!}{4!}=\frac{192}{4}=48$

4 2020학년도 수능 가 28 [정답률 54%] 변형 | 정답 112

출제영역 같은 것이 있는 순열

같은 것이 있는 순열을 이용하여 조건을 만족시키는 문자열의 개수를 구할 수 있는지를 묻는 문제이다.

문자 a, b, c, d, e 중에서 중복을 허락하여 다섯 개를 다음 조건을 만족시키도록 선택한 후, 선택한 문자 중 a, b는 서로 이웃하도록 일렬로 나열❶하여 만들 수 있는 문자열의 개수를 구하시오. 112

(가) 문자 a, b는 각각 한 번만 선택한다.
(나) 문자 c는 선택하지 않거나 두 번만 선택한다.❷

출제코드 a, b를 한 번씩만 포함하는 같은 것이 있는 순열을 이용하여 문자열의 개수 구하기

❶ a, b를 한 문자로 생각한다.
❷ 문자 c를 선택하지 않는 경우와 두 번만 선택하는 경우로 나누어 생각한다.

해설 **| 1단계 | 문자 c를 선택하지 않는 경우 문자열의 개수 구하기**

문자 a, b가 서로 이웃하도록 일렬로 나열하여 만들 수 있는 문자열의 개수는 다음과 같다.

(i) 문자 c를 선택하지 않는 경우

㉠ 문자 a, b, d, d, d를 선택하여 나열하는 경우의 수는

$\frac{4!}{3!}\times2!=8$ ($2!$: a, b가 자리를 바꾸는 경우의 수)

㉡ 문자 a, b, d, d, e를 선택하여 나열하는 경우의 수는

$\frac{4!}{2!}\times2!=24$

㉢ 문자 a, b, d, e, e를 선택하여 나열하는 경우의 수는

$\frac{4!}{2!}\times2!=24$

㉣ 문자 a, b, e, e, e를 선택하여 나열하는 경우의 수는

$\frac{4!}{3!}\times2!=8$

㉠~㉣에서 문자 c를 선택하지 않을 때 만들 수 있는 문자열의 개수는

$8+24+24+8=64$

| 2단계 | 문자 c를 두 번 선택하는 경우 문자열의 개수 구하기

(ii) 문자 c를 두 번 선택하는 경우

㉠ 문자 a, b, c, c, d를 선택하여 나열하는 경우의 수는

$\frac{4!}{2!}\times2!=24$

㉡ 문자 a, b, c, c, e를 선택하여 나열하는 경우의 수는

$\frac{4!}{2!}\times2!=24$

㉠, ㉡에서 문자 c를 두 번 선택할 때 만들 수 있는 문자열의 개수는

$24+24=48$

| 3단계 | 조건을 만족시키는 문자열의 개수 구하기

(i), (ii)에 의하여 구하는 문자열의 개수는

$64+48=112$

5 2022년 4월 교육청 확통 30 [정답률 15%] 변형 | 정답 300

출제영역 같은 것이 있는 순열+함수의 개수

같은 것이 있는 순열을 이용하여 함숫값의 조건을 만족시키는 함수의 개수를 구할 수 있는지를 묻는 문제이다.

집합 $X=\{1, 2, 3, 4, 5, 6\}$에 대하여 다음 조건을 만족시키는 함수 $f: X \longrightarrow X$의 개수를 구하시오. 300

(가) $f(6)\geq5$❶
(나) 함수 f의 치역의 모든 원소의 합은 10이다.
(다) $f(1)+f(2)+f(3)+f(4)+f(5)+f(6)$은 홀수❷이다.

출제코드 정의역 X의 각 원소의 함숫값 중 홀수인 것의 개수 구하기

❶ $f(6)=5$ 또는 $f(6)=6$임을 파악한다.
❷ 정의역 X의 각 원소의 함숫값 중 홀수인 것의 개수를 구한다.

해설 **| 1단계 | 조건 (가)를 이용하여 $f(6)$의 값 구하기**

조건 (가)에서 $f(6)\geq5$이므로

$f(6)=5$ 또는 $f(6)=6$

| 2단계 | 조건 (나), (다)를 이용하여 함수 f의 치역 구하기

조건 (나)에 의하여 함수 f의 치역은

$\{1, 3, 6\}$ 또는 $\{1, 4, 5\}$ 또는 $\{2, 3, 5\}$ 또는 $\{4, 6\}$

또, 조건 (다)에 의하여 함수 f의 치역은

$\{1, 3, 6\}$ 또는 $\{1, 4, 5\}$ 또는 $\{2, 3, 5\}$ why? ❶

| 3단계 | $f(1)$, $f(2)$, $f(3)$, $f(4)$, $f(5)$, $f(6)$ 중 홀수의 개수 구하기

$f(1)$, $f(2)$, $f(3)$, $f(4)$, $f(5)$, $f(6)$ 중 홀수의 개수를 n이라 하면

$n=3$ 또는 $n=5$ why? ❷

|4단계| 함수 f의 치역에 따라 함수 f의 개수 구하기

(i) 치역이 $\{1, 3, 6\}$인 경우

㉠ $n=3$일 때

$f(6)=6$이므로 $f(1)$, $f(2)$, $f(3)$, $f(4)$, $f(5)$의 값을 정하는 경우의 수는

1, 1, 3, 6, 6 또는 1, 3, 3, 6, 6

을 일렬로 나열하는 경우의 수와 같으므로

$\frac{5!}{2!2!}+\frac{5!}{2!2!}=30+30=60$

㉡ $n=5$일 때

$f(6)=6$이므로 $f(1)$, $f(2)$, $f(3)$, $f(4)$, $f(5)$의 값을 정하는 경우의 수는

1, 1, 1, 1, 3 또는 1, 1, 1, 3, 3 또는 1, 1, 3, 3, 3 또는 1, 3, 3, 3, 3

을 일렬로 나열하는 경우의 수와 같으므로

$\frac{5!}{4!}+\frac{5!}{3!2!}+\frac{5!}{2!3!}+\frac{5!}{4!}=5+10+10+5=30$

㉠, ㉡에서 함수 f의 개수는 $60+30=90$

(ii) 치역이 $\{1, 4, 5\}$인 경우

㉠ $n=3$일 때

$f(6)=5$이므로 $f(1)$, $f(2)$, $f(3)$, $f(4)$, $f(5)$의 값을 정하는 경우의 수는

1, 1, 4, 4, 4 또는 1, 5, 4, 4, 4

를 일렬로 나열하는 경우의 수와 같으므로

$\frac{5!}{2!3!}+\frac{5!}{3!}=10+20=30$

㉡ $n=5$일 때

$f(6)=5$이므로 $f(1)$, $f(2)$, $f(3)$, $f(4)$, $f(5)$의 값을 정하는 경우의 수는

1, 1, 1, 1, 4 또는 1, 1, 1, 5, 4 또는 1, 1, 5, 5, 4 또는 1, 5, 5, 5, 4

를 일렬로 나열하는 경우의 수와 같으므로

$\frac{5!}{4!}+\frac{5!}{3!}+\frac{5!}{2!2!}+\frac{5!}{3!}=5+20+30+20=75$

㉠, ㉡에서 함수 f의 개수는 $30+75=105$

(iii) 치역이 $\{2, 3, 5\}$인 경우

(ii)와 같은 방법으로 하면 함수 f의 개수는 105이다.

|5단계| 함수 f의 개수 구하기

(i), (ii), (iii)에 의하여 구하는 함수 f의 개수는 $90+105+105=300$

해설특강

why?❶ $f(1)+f(2)+f(3)+f(4)+f(5)+f(6)$의 값이 홀수이므로 함수 f의 치역의 원소 중 홀수가 존재해야 한다.

why?❷ n이 짝수이면 $f(1)+f(2)+f(3)+f(4)+f(5)+f(6)$의 값이 짝수가 되어 조건을 만족시키지 않는다. 따라서

$n=1$ 또는 $n=3$ 또는 $n=5$

이때 함수 f의 치역은 $\{1, 3, 6\}$ 또는 $\{1, 4, 5\}$ 또는 $\{2, 3, 5\}$이므로 치역의 원소 중 홀수가 2개씩이다.

즉, $n\neq1$이므로 $n=3$ 또는 $n=5$

6

2021년 3월 교육청 확통 30 [정답률 16%] 변형 | 정답 204

출제영역 중복순열

중복순열을 이용하여 특정 조건을 만족시키도록 숫자를 나열하는 경우의 수를 구할 수 있는지를 묻는 문제이다.

숫자 1, 2, 3, 4, 5 중에서 중복을 허락하여 네 개를 선택한 후 일렬로 나열할❶ 때, 다음 조건을 만족시키도록 숫자를 나열하는 경우의 수를 구하시오. 204

(가) 이웃한 두 수의 곱은 모두 짝수이다.
(나) 홀수는 한 번 이상 나온다.❷

출제코드 중복을 허락하여 선택한 네 개의 숫자 중 가능한 짝수의 개수 구하기

❶ 중복을 허락하여 네 개를 선택하므로 중복순열의 수를 이용한다.

❷ 가능한 짝수의 개수에 따라 경우를 나누고 각 경우에 숫자를 나열하는 경우의 수를 구한다.

해설 **|1단계| 중복을 허락하여 선택한 네 개의 숫자 중 가능한 짝수의 개수 구하기**

조건 (가)에 의하여 짝수는 두 번 이상 나온다.

조건 (나)에 의하여 홀수는 한 번 이상 나오므로 선택한 네 숫자 중 짝수의 개수를 n이라 하면

$n=2$ 또는 $n=3$

|2단계| 짝수의 개수에 따라 경우를 나누고 각 경우에 숫자를 나열하는 경우의 수 구하기

(i) $n=2$일 때

짝수 2, 4 중에서 중복을 허락하여 2개를 선택하여 일렬로 나열하는 경우의 수는

${}_2\Pi_2=2^2=4$

∨□∨□∨에서 □에 짝수가 나열되었을 때, 3곳의 ∨ 중 2곳에 홀수 1, 3, 5 중에서 중복을 허락하여 2개를 선택한 후 나열하는 경우의 수는

${}_3C_2\times{}_3\Pi_2=3\times3^2=27$

따라서 $n=2$일 때 나열하는 경우의 수는

$4\times27=108$

(ii) $n=3$일 때

짝수 2, 4 중에서 중복을 허락하여 3개를 선택하여 일렬로 나열하는 경우의 수는

${}_2\Pi_3=2^3=8$

∨□∨□∨□∨에서 □에 짝수가 나열되었을 때, 4곳의 ∨ 중 1곳에 홀수 1, 3, 5 중에서 1개를 선택한 후 나열하는 경우의 수는

${}_4C_1\times{}_3C_1=4\times3=12$

따라서 $n=3$일 때 나열하는 경우의 수는

$8\times12=96$

|3단계| 조건을 만족시키는 경우의 수 구하기

(i), (ii)에 의하여 구하는 경우의 수는

$108+96=204$

7

| 정답 ⑤

출제영역 중복순열

중복순열을 이용하여 특정 위치가 정해진 경우의 수를 구할 수 있는지를 묻는 문제이다.

2개의 문자 A, B에서 중복을 허락하여 7개를 택하여 일렬로 나열❶하려고 한다. AABB가 이 순서대로 연속으로 나오는 경우❷의 수를 a, 문자 A가 3개 이상 연속으로 나오는 경우❸의 수를 b라 할 때, $a+b$의 값은?

① 71　② 73　③ 75
④ 77　✓⑤ 79

출제코드 특정 문자가 연속으로 나올 때, 그 양옆에 나열할 수 있는 문자의 종류 파악하기

❶ 중복을 허락하여 7개를 택하므로 중복순열의 수를 이용한다.
❷ AABB를 한 묶음으로 생각하면 그 양옆에는 A, B를 모두 나열할 수 있다.
❸ A가 3개, 4개, 5개, 6개, 7개 연속으로 나오는 경우로 나눌 수 있다.
이때 연속하여 나온 문자 A의 양옆에는 B를 나열해야 한다.

해설 **|1단계| AABB가 이 순서대로 연속으로 나오는 경우의 수 구하기**

AABB가 이 순서대로 연속으로 나오는 경우는

AABB○○○, ○AABB○○, ○○AABB○, ○○○AABB why? ❶

의 4가지이다.

이때 ○에는 A 또는 B를 나열할 수 있으므로 A, B에서 3개를 택하는 중복순열의 수는

$_2\Pi_3=2^3=8$

따라서 AABB가 이 순서대로 연속으로 나오는 경우의 수는

$4\times8=32$

|2단계| 문자 A가 3개 이상 연속으로 나오는 경우의 수 구하기

연속인 문자 A가 3개 이상일 때, 연속인 A의 개수에 따른 나열 순서와 각 경우의 수는 다음과 같다.

연속인 A의 개수	나열 순서	경우의 수
3	AAAB○○○, ○○○BAAA	$2\times2^3-1=15$ how? ❷
3	BAAAB○○, ○BAAAB○, ○○BAAAB	$3\times2^2=12$
4	AAAAB○○, ○○BAAAA	$2\times2^2=8$
4	BAAAAB○, ○BAAAAB	$2\times2=4$
5	AAAAAB○, BAAAAAB, ○BAAAAA	$2+1+2=5$
6	AAAAAAB, BAAAAAA	2
7	AAAAAAA	1

따라서 A가 3개 이상 연속으로 나오는 경우의 수는

$15+12+8+4+5+2+1=47$

|3단계| $a+b$의 값 구하기

$a=32$, $b=47$이므로

$a+b=32+47=79$

해설특강

why? ❶ AABB를 한 묶음으로 생각하면 나머지 세 문자의 양 끝과 그 사이사이에 AABB를 나열할 수 있다.

how? ❷ ○에는 A 또는 B를 나열할 수 있으므로 나열하는 경우의 수는 A, B에서 3개를 택하는 중복순열의 수와 같다.

$\therefore 2\times{_2\Pi_3}=2\times2^3=16$

이때 AAAB○○○와 ○○○BAAA에서 ○에 모두 A가 들어가면 두 경우가 같아지므로 구한 경우의 수에서 1을 빼야 한다.

8

| 정답 192

출제영역 원순열

원순열의 수를 이용하여 특정 조건을 만족시키도록 자연수를 배열하는 경우의 수를 구할 수 있는지를 묻는 문제이다.

그림과 같이 정사각형의 네 변에 각각 두 개의 정사각형을 이어 붙여 만든 도형의 아홉 개의 영역에 1부터 9까지의 자연수❶를 하나씩 적으려고 한다. 가운데 정사각형의 각 변에 이어 붙인 두 정사각형에 적힌 두 수의 합이 모두 홀수❷가 되도록 자연수를 적는 경우의 수❸를 N이라 하자. $\frac{1}{60}N$의 값을 구하시오.

(단, 모든 정사각형은 합동이고, 회전하여 숫자의 배열이 일치하는 것은 같은 경우로 본다.) 192

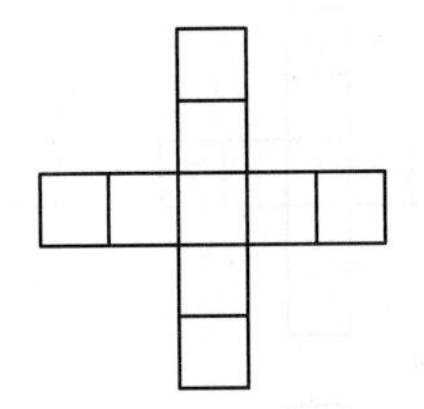

출제코드 가운데 정사각형에 적을 수 있는 수의 특징을 파악하여 수를 배열하는 기준 정하기

❶ 1부터 9까지의 자연수에는 홀수가 5개, 짝수가 4개 있다.
➡ 가운데 정사각형에 적을 수 있는 수의 특징을 알 수 있다.
❷ 두 수의 합이 홀수이려면 하나는 홀수, 다른 하나는 짝수이어야 한다.
❸ 각 변에 이어 붙인 두 정사각형에 적을 두 수를 정하는 경우의 수는 짝수 1개와 홀수 1개의 두 수로 만들 수 있는 순서쌍의 개수와 같다.

해설 **|1단계| 가운데 정사각형에 적을 수를 정하는 경우의 수 구하기**

가운데 정사각형의 각 변에 이어 붙인 두 정사각형에 적힌 두 수의 합이 홀수가 되려면 짝수 한 개와 홀수 한 개를 적어야 한다.

1부터 9까지의 자연수 중 홀수가 5개, 짝수가 4개이므로 가운데 정사각형에 적을 수 있는 수는 홀수이다. why? ❶

즉, 가운데 정사각형에 적을 홀수를 택하는 경우의 수는

$_5C_1=5$

|2단계| 8개의 정사각형에 적을 수를 정하는 경우의 수 구하기

오른쪽 그림과 같이 이어 붙인 8개의 정사각형을 A_i, B_i $(i=1, 2, 3, 4)$라 하자.

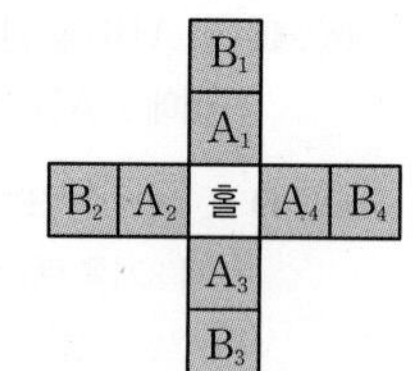

A_i에 홀수를 각각 하나씩 적는 경우의 수는

$4!$

B_i에 짝수를 각각 하나씩 적는 경우의 수는

$4!$

A_i, B_i에 적은 수의 자리를 바꾸는 경우의 수는

$2!\times2!\times2!\times2!$

따라서 A_i, B_i에 적은 두 수의 합이 홀수가 되도록 자연수를 적는 경우의 수는

$4!\times4!\times2!\times2!\times2!\times2!$

|3단계| 회전하여 일치하는 경우를 파악하고 $\frac{1}{60}N$의 값 구하기

각 경우에서 회전하여 일치하는 경우의 수가 4이므로 **why? ❷**

$N=5\times4!\times4!\times2!\times2!\times2!\times2!\times\frac{1}{4}$

$=11520$

$\therefore \frac{1}{60}N=\frac{1}{60}\times11520=192$

해설 특강

why? ❶ 1부터 9까지의 자연수 중에서

홀수: 1, 3, 5, 7, 9

짝수: 2, 4, 6, 8

이므로 가운데 정사각형의 각 변에 이어 붙인 8개의 정사각형에는 홀수 4개와 짝수 4개를 적어야 한다.

따라서 남은 수는 홀수 1개이므로 가운데 정사각형에는 홀수를 적어야 한다.

why? ❷ 다음 그림과 같이 회전하여 일치하는 경우가 4가지이다.

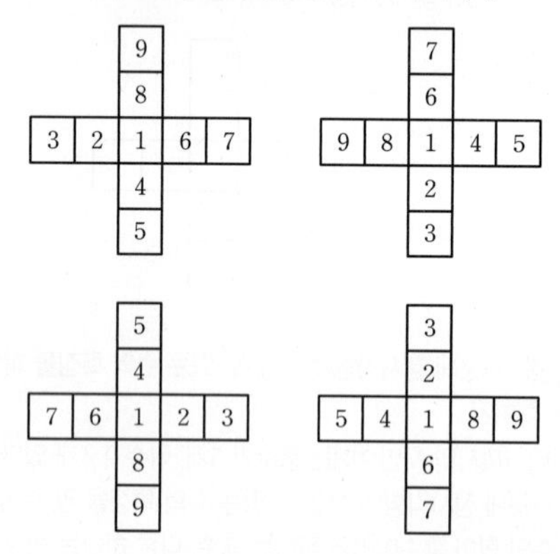

즉, 가운데 정사각형의 각 변에 (홀수, 짝수)로 이루어진 순서쌍 4개를 1개씩 나열하는 원순열의 수와 같다.

9

|정답 64

출제영역 같은 것이 있는 순열

같은 것이 있는 순열을 이용하여 특정 조건을 만족시키는 경우의 수를 구할 수 있는 지를 묻는 문제이다.

네 개의 숫자 1, 2, 3, 4가 각 면에 하나씩 적혀 있는 정사면체 모양의 상자가 있다. 이 정사면체 모양의 상자를 네 번 던져 바닥에 닿은 면에 적혀 있는 수❶를 차례로 a, b, c, d라 할 때, $a+b+c+d$의 값이 4의 배수❷가 되는 경우의 수를 구하시오. 64

출제코드 $a+b+c+d$의 값에 따라 경우를 나누고 각각의 경우의 수 구하기

❶ 네 개의 숫자 1, 2, 3, 4 중에서 중복된 수가 존재한다.

❷ $a+b+c+d$의 값은 4, 8, 12, 16 중 하나이다.

해설 **|1단계| $a+b+c+d$의 값에 따라 경우를 나누고 각각의 경우의 수 구하기**

$4\le a+b+c+d\le16$이므로 **why? ❶**

$a+b+c+d$의 값이 4의 배수가 되려면

$a+b+c+d=4$ 또는 $a+b+c+d=8$ 또는 $a+b+c+d=12$ 또는 $a+b+c+d=16$

(i) $a+b+c+d=4$인 경우

$a=1$, $b=1$, $c=1$, $d=1$이므로 이 경우의 수는 1이다.

(ii) $a+b+c+d=8$인 경우

$8=4+2+1+1$

$=3+3+1+1$

$=3+2+2+1$

$=2+2+2+2$

이므로 이 경우의 수는

$\frac{4!}{2!}+\frac{4!}{2!2!}+\frac{4!}{2!}+1=12+6+12+1=31$

(iii) $a+b+c+d=12$인 경우

$12=4+4+3+1$

$=4+4+2+2$

$=4+3+3+2$

$=3+3+3+3$

이므로 이 경우의 수는

$\frac{4!}{2!}+\frac{4!}{2!2!}+\frac{4!}{2!}+1=12+6+12+1=31$

(iv) $a+b+c+d=16$인 경우

$a=4$, $b=4$, $c=4$, $d=4$이므로 이 경우의 수는 1이다.

|2단계| $a+b+c+d$의 값이 4의 배수가 되는 경우의 수 구하기

(i)~(iv)에 의하여 구하는 경우의 수는

$1+31+31+1=64$

해설 특강

why? ❶ $a+b+c+d$의 값이 최소일 때는 $a=b=c=d=1$일 때이므로 최솟값은 $1\times4=4$

$a+b+c+d$의 값이 최대일 때는 $a=b=c=d=4$일 때이므로 최댓값은 $4\times4=16$

10 | 정답 70

출제영역 중복순열+함수의 개수

중복순열을 이용하여 특정 조건을 만족시키는 함수의 개수를 구할 수 있는지를 묻는 문제이다.

집합 $X=\{1, 2, 3, 4, 5\}$에 대하여 다음 조건을 만족시키는 함수 $f: X \longrightarrow X$의 개수를 구하시오. 70

(가) 치역의 모든 원소의 합은 9이고❶ 치역의 모든 원소의 곱은 짝수❷이다.
(나) 함수 f의 치역과 합성함수 $f \circ f$의 치역은 서로 같다.

출제코드 9를 자연수 1, 2, 3, 4, 5의 합으로 나타내어 가능한 함수 f의 치역 찾기

❶ 9를 자연수의 합으로 나타내면 $9=4+5=1+3+5=2+3+4$이다.
❷ 치역의 원소가 모두 홀수인 경우는 제외한다.

해설 **|1단계| 가능한 함수 f의 치역 구하기**

$9=4+5=1+3+5=2+3+4$이고 조건 (가)에 의하여 치역의 모든 원소의 곱이 짝수이므로 함수 f의 치역은

$\{4, 5\}$ 또는 $\{2, 3, 4\}$

|2단계| 함수 f의 치역에 따라 함수 f의 개수 구하기

(i) 함수 f의 치역이 $\{4, 5\}$인 경우

조건 (나)에 의하여 합성함수 $f \circ f$의 치역은

$\{4, 5\}$

집합 $\{1, 2, 3\}$에서 집합 $\{4, 5\}$로의 함수의 개수는

${}_2\Pi_3=2^3=8$

집합 $\{4, 5\}$에서 집합 $\{4, 5\}$로의 일대일함수의 개수는 why? ❶

${}_2P_2=2!=2$

따라서 함수 f의 개수는

$8\times2=16$

(ii) 함수 f의 치역이 $\{2, 3, 4\}$인 경우

조건 (나)에 의하여 합성함수 $f \circ f$의 치역은

$\{2, 3, 4\}$

집합 $\{1, 5\}$에서 집합 $\{2, 3, 4\}$로의 함수의 개수는

${}_3\Pi_2=3^2=9$

집합 $\{2, 3, 4\}$에서 집합 $\{2, 3, 4\}$로의 일대일함수의 개수는

${}_3P_3=3!=6$

따라서 함수 f의 개수는

$9\times6=54$

|3단계| 함수 f의 개수 구하기

(i), (ii)에 의하여 구하는 함수 f의 개수는

$16+54=70$

해설특강

why? ❶ $f(1)=f(2)=f(3)=4$, $f(4)=f(5)=5$인 경우 함수 f의 치역은 $\{4, 5\}$이지만 합성함수 $f \circ f$의 치역은 $\{5\}$이다. 따라서 집합 $\{4, 5\}$에서 집합 $\{4, 5\}$로의 일대일함수의 개수를 구해야 한다.

THEME 02 중복조합의 활용

본문 12~13쪽

기출예시 1 | 정답 ①

세 명의 학생이 연필을 적어도 한 자루 이상 가져야 하므로 연필 1자루씩을 먼저 나누어 주면 남은 연필은 3자루이다.

세 명의 학생에게 연필 3자루를 나누어 주는 경우의 수는

${}_3H_3={}_{3+3-1}C_3={}_5C_3={}_5C_2=10$

세 명의 학생에게 지우개 5개를 나누어 주는 경우의 수는

${}_3H_5={}_{3+5-1}C_5={}_7C_5={}_7C_2=21$

따라서 구하는 경우의 수는

$10\times21=210$

기출예시 2 | 정답 ③

조건 (나)에서 $d\le4$이므로 d의 값에 따라 경우를 나누어 생각한다.

(i) $d=0$일 때

$a+b+c-d=9$에서 $a+b+c=9$

또, $c\ge d$에서 $c\ge0$

따라서 조건 (가)의 방정식을 만족시키는 음이 아닌 정수 a, b, c, d의 순서쌍 $(a, b, c, 0)$의 개수는 방정식 $a+b+c=9$를 만족시키는 음이 아닌 정수 a, b, c의 순서쌍 (a, b, c)의 개수와 같다.

즉, 세 문자 a, b, c에서 9개를 택하는 중복조합의 수와 같으므로

${}_3H_9={}_{3+9-1}C_9={}_{11}C_9={}_{11}C_2=55$

(ii) $d=1$일 때

$a+b+c-d=9$에서 $a+b+c=10$

또, $c\ge d$에서 $c\ge1$

$c-1=x$라 하면 $a+b+x=9$

따라서 조건 (가)의 방정식을 만족시키는 음이 아닌 정수 a, b, c, d의 순서쌍 $(a, b, c, 1)$의 개수는 방정식 $a+b+x=9$를 만족시키는 음이 아닌 정수 a, b, x의 순서쌍 (a, b, x)의 개수와 같다.

즉, 세 문자 a, b, x에서 9개를 택하는 중복조합의 수와 같으므로

${}_3H_9={}_{3+9-1}C_9={}_{11}C_9={}_{11}C_2=55$

(iii) $d=2$일 때

$a+b+c-d=9$에서 $a+b+c=11$

또, $c\ge d$에서 $c\ge2$

$c-2=y$라 하면 $a+b+y=9$

따라서 조건 (가)의 방정식을 만족시키는 음이 아닌 정수 a, b, c, d의 순서쌍 $(a, b, c, 2)$의 개수는 방정식 $a+b+y=9$를 만족시키는 음이 아닌 정수 a, b, y의 순서쌍 (a, b, y)의 개수와 같다.

즉, 세 문자 a, b, y에서 9개를 택하는 중복조합의 수와 같으므로

${}_3H_9={}_{3+9-1}C_9={}_{11}C_9={}_{11}C_2=55$

(iv) $d=3$일 때

같은 방법으로 하면 순서쌍 $(a, b, c, 3)$의 개수는

${}_3H_9={}_{3+9-1}C_9={}_{11}C_9={}_{11}C_2=55$

(v) $d=4$일 때

같은 방법으로 하면 순서쌍 $(a, b, c, 4)$의 개수는

${}_3H_9={}_{3+9-1}C_9={}_{11}C_9={}_{11}C_2=55$

(i)~(v)에 의하여 구하는 순서쌍 (a, b, c, d)의 개수는

$55\times5=275$

02-1 중복조합의 다양한 상황에의 활용

1등급 완성 3단계 문제연습 본문 14~16쪽

1 201	**2** ①	**3** 183	**4** 720
5 ①	**6** 188		

1 2021학년도 수능 가 29 [정답률 21%] | 정답 201

출제영역 중복조합

중복조합의 수를 이용하여 학생들에게 모자를 나누어 주는 경우의 수를 구할 수 있는지를 묻는 문제이다.

네 명의 학생 A, B, C, D에게 검은색 모자 6개와 흰색 모자 6개를 다음 규칙에 따라 남김없이 나누어 주는 경우의 수를 구하시오. 201

(단, 같은 색 모자끼리는 서로 구별하지 않는다.) ❶

(가) 각 학생은 1개 이상의 모자를 받는다.

(나) 학생 A가 받는 검은색 모자의 개수는 4 이상이다. ❷

(다) 흰색 모자보다 검은색 모자를 더 많이 받는 학생은 A를 포함하여 2명뿐이다. ❷

출제코드 학생 A가 받는 검은색 모자의 개수가 4 또는 5일 때의 각 경우에서 나머지 학생이 모자를 받는 경우의 수 구하기

❶ 같은 색 모자끼리는 서로 구별하지 않으므로 모자를 받은 개수에 주목하여 경우를 나눈다.

❷ 학생 A는 검은색 모자를 4개 또는 5개 받아야 함을 파악한다.

해설 **|1단계|** **학생 A가 받는 검은색 모자의 개수 파악하기**

조건 (나), (다)에 의하여 학생 A가 받는 검은색 모자의 개수는 4 또는 5이다.

|2단계| **학생 A가 검은색 모자 4개를 받는 경우의 수 구하기**

(i) 학생 A가 검은색 모자 4개, 나머지 세 학생 중 한 명이 검은색 모자 2개를 받는 경우

학생 B, C, D 중 검은색 모자를 2개 받는 학생을 택하는 경우의 수는

${}_3C_1=3$

검은색 모자를 받지 못한 두 학생에게 흰색 모자를 1개씩 나누어 주고, 남은 흰색 모자 4개를 나누어 주는 경우의 수는 다음과 같다.

㉠ 검은색 모자를 2개 받은 학생이 흰색 모자를 받지 않는 경우

남은 흰색 모자 4개를 3명의 학생에게 나누어 주는 경우의 수는

${}_3H_4={}_{3+4-1}C_4={}_6C_4={}_6C_2=15$

이때 학생 A가 흰색 모자 4개를 모두 받으면 조건 (다)를 만족시키지 않으므로 이 경우의 수는

$15-1=14$

㉡ 검은색 모자를 2개 받은 학생이 흰색 모자 1개를 받는 경우

남은 흰색 모자 3개를 3명의 학생에게 나누어 주는 경우의 수는

${}_3H_3={}_{3+3-1}C_3={}_5C_3={}_5C_2=10$

따라서 이 경우의 수는

$3\times(14+10)=72$

(ii) 학생 A가 검은색 모자 4개, 나머지 세 학생 중 2명이 검은색 모자 1개씩 받는 경우

학생 B, C, D 중 흰색 모자보다 검은색 모자를 더 많이 받는 학생을 정하는 경우의 수는

${}_3C_1=3$

나머지 두 학생 중 검은색 모자를 받는 학생을 정하는 경우의 수는

${}_2C_1=2$

흰색 모자보다 검은색 모자를 더 많이 받는 학생에게는 흰색 모자를 나누어 주면 안 되고, 다른 두 학생에게는 흰색 모자를 1개 이상씩 나누어 주어야 한다. 즉, 두 학생에게 흰색 모자를 1개씩 나누어주고 남은 흰색 모자 4개를 3명의 학생에게 나누어 주는 경우의 수는

${}_3H_4={}_{3+4-1}C_4={}_6C_4={}_6C_2=15$

이때 학생 A가 흰색 모자 4개를 모두 받으면 조건 (다)를 만족시키지 않으므로 이 경우의 수는

$3\times2\times(15-1)=84$

|3단계| **학생 A가 검은색 모자 5개를 받는 경우의 수 구하기**

(iii) 학생 A가 검은색 모자 5개를 받는 경우

학생 B, C, D 중 검은색 모자 1개를 받는 학생을 정하는 경우의 수는

${}_3C_1=3$

검은색 모자를 받지 못한 두 학생에게 흰색 모자를 1개씩 나누어 주고, 남은 흰색 모자 4개를 검은색 모자를 1개 받은 학생을 제외한 나머지 3명의 학생에게 나누어주는 경우의 수는

${}_3H_4={}_{3+4-1}C_4={}_6C_4={}_6C_2=15$

따라서 이 경우의 수는

$3\times15=45$

|4단계| **조건을 만족시키는 경우의 수 구하기**

(i), (ii), (iii)에 의하여 구하는 경우의 수는

$72+84+45=201$

2 2020학년도 6월 평가원 가 19 [정답률 62%] | 정답 ①

출제영역 중복조합+부등식의 해의 개수

중복조합을 이용하여 부등식을 만족시키는 음이 아닌 정수의 순서쌍의 개수를 구할 수 있는지를 묻는 문제이다.

다음 조건을 만족시키는 음이 아닌 정수 x_1, x_2, x_3, x_4의 모든 순서쌍 (x_1, x_2, x_3, x_4)의 개수는? ❷

(가) $n=1, 2, 3$일 때, $x_{n+1}-x_n \ge 2$이다. ❶
(나) $x_4 \le 12$ ❶

✓① 210 ② 220 ③ 230
④ 240 ⑤ 250

출제코드 네 수 x_1, x_2, x_3, x_4 사이의 대소 관계 파악하기

❶ $n=1, 2, 3$을 주어진 부등식에 대입하여 네 수 x_1, x_2, x_3, x_4 사이의 대소 관계를 파악한다.
❷ 네 수 x_1, x_2, x_3, x_4 사이의 대소 관계가 정해지면 x_1, x_2, x_3, x_4의 값은 자동으로 결정된다. 이때 네 수 중 같은 수가 있으면 중복조합의 수를 이용한다.

해설 **|1단계| 네 수 x_1, x_2, x_3, x_4 사이의 관계를 부등식으로 나타내기**

조건 (가)에서 $x_{n+1}-x_n \ge 2$에 $n=1, 2, 3$을 대입하면

$n=1$일 때, $x_2-x_1 \ge 2$이므로

$x_1 \le x_2-2$ …… ㉠

$n=2$일 때, $x_3-x_2 \ge 2$이므로

$x_2 \le x_3-2$ …… ㉡

$n=3$일 때, $x_4-x_3 \ge 2$이므로

$x_3 \le x_4-2$ …… ㉢

또, 조건 (나)에서 $x_4 \le 12$ …… ㉣

㉠~㉣에 의하여

$0 \le x_1 \le x_2-2 \le x_3-4 \le x_4-6 \le 6$ how? ❶

└ x_1은 음이 아닌 정수

|2단계| 순서쌍 (x_1, x_2, x_3, x_4)의 개수 구하기

$x_2-2=x_2'$, $x_3-4=x_3'$, $x_4-6=x_4'$이라 하면

$x_2' \ge 0$, $x_3' \ge 0$, $x_4' \ge 0$이고

$0 \le x_1 \le x_2' \le x_3' \le x_4' \le 6$ …… ㉤

주어진 조건을 만족시키는 음이 아닌 정수 x_1, x_2, x_3, x_4의 모든 순서쌍 (x_1, x_2, x_3, x_4)의 개수는 ㉤을 만족시키는 음이 아닌 정수 x_1, x_2', x_3', x_4'의 모든 순서쌍 (x_1, x_2', x_3', x_4')의 개수와 같다.

따라서 구하는 순서쌍의 개수는 0부터 6까지 7개의 정수에서 4개를 택하는 중복조합의 수와 같으므로

└ 뽑기만 하면 순서가 정해지므로 중복조합의 수이다.

${}_7\mathrm{H}_4={}_{7+4-1}\mathrm{C}_4={}_{10}\mathrm{C}_4=210$

해설 특강

how? ❶ ㉡에서 $x_2-2 \le x_3-4$
㉢에서 $x_3-4 \le x_4-6$
㉣에서 $x_4-6 \le 12-6$
$\therefore 0 \le x_1 \le x_2-2 \le x_3-4 \le x_4-6 \le 6$

다른 풀이 $x_{n+1}-x_n=a_n$ $(n=1, 2, 3)$이라 하면 조건 (가)에서

$a_n \ge 2$

한편,

$a_1+a_2+a_3=(x_2-x_1)+(x_3-x_2)+(x_4-x_3)$
$=x_4-x_1$

이므로 조건 (나)에서

$x_1+a_1+a_2+a_3=x_4 \le 12$

이때 $12-x_4=a_4$라 하면 $a_4 \ge 0$이고 why? ❶

$x_4+a_4=12$이므로

$x_1+a_1+a_2+a_3+a_4=12$

$a_n=a_n'+2$ $(n=1, 2, 3)$라 하면 $a_n' \ge 0$이고

$x_1+(a_1'+2)+(a_2'+2)+(a_3'+2)+a_4=12$

$x_1+a_1'+a_2'+a_3'+a_4=6$ (단, x_1, a_1', a_2', a_3', a_4는 음이 아닌 정수)

따라서 구하는 순서쌍의 개수는 위의 방정식을 만족시키는 음이 아닌 정수 x_1, a_1', a_2', a_3', a_4의 모든 순서쌍 $(x_1, a_1', a_2', a_3', a_4)$의 개수와 같으므로

${}_5\mathrm{H}_6={}_{5+6-1}\mathrm{C}_6={}_{10}\mathrm{C}_6={}_{10}\mathrm{C}_4=210$

해설 특강

why? ❶ x_4는 음이 아닌 정수이므로 $x_4 \ge 0$이고, 조건 (나)에서 $x_4 \le 12$이므로
$0 \le x_4 \le 12$, $-12 \le -x_4 \le 0$ $\therefore 0 \le 12-x_4 \le 12$
$\therefore 0 \le a_4 \le 12$

핵심 개념 방정식의 음이 아닌 정수해와 자연수해의 개수

방정식 $x_1+x_2+x_3+\cdots+x_m=n$ (m, n은 자연수)을 만족시키는
(1) 음이 아닌 정수해의 개수는
${}_m\mathrm{H}_n={}_{m+n-1}\mathrm{C}_n$
(2) 자연수해의 개수는
${}_m\mathrm{H}_{n-m}={}_{m+(n-m)-1}\mathrm{C}_{n-m}={}_{n-1}\mathrm{C}_{n-m}$ (단, $n \ge m$)
└ x_1, x_2, x_3, $\cdots$, x_m을 먼저 1개씩 택한 후 나머지 $(n-m)$개를 택하는 경우의 수와 같다.

3 2022년 3월 교육청 확통 29 [정답률 10%] 변형 | 정답 183

출제영역 중복조합+함수의 개수

중복조합을 이용하여 함숫값에 대한 조건을 만족시키는 함수의 개수를 구할 수 있는지를 묻는 문제이다.

두 집합 $X=\{1, 2, 3, 4, 5, 6\}$, $Y=\{2, 4, 6, 8, 10\}$에 대하여 다음 조건을 만족시키는 함수 $f: X \longrightarrow Y$의 개수를 구하시오. 183

(가) $f(3) \times f(4)=16$ ❶
(나) $f(1) \le f(2) \le f(3)$, $f(4) \le f(5) \le f(6)$ ❷

출제코드 중복조합을 이용하여 함숫값의 대소 관계를 만족시키는 함수의 개수 구하기

❶ $16=2\times 8=4\times 4$임을 이용한다.
❷ 중복조합을 이용하여 함숫값의 대소 관계를 만족시키는 함수의 개수를 구한다.

해설 **|1단계| 조건 (가)를 만족시키는 가능한 $f(3)$, $f(4)$의 값 구하기**

조건 (가)에 의하여

$f(3)=2$, $f(4)=8$ 또는 $f(3)=4$, $f(4)=4$ 또는 $f(3)=8$, $f(4)=2$

|2단계| $f(3)$, $f(4)$의 값에 따라 함수 f의 개수 구하기

(i) $f(3)=2$, $f(4)=8$인 경우

조건 (나)에 의하여

$f(1)=2$, $f(2)=2$

$f(5)$, $f(6)$의 값을 정하는 경우의 수는 8, 10에서 2개를 택하는 중복조합의 수와 같으므로

${}_2H_2={}_{2+2-1}C_2={}_3C_2={}_3C_1=3$

이때 주어진 조건을 만족시키는 함수 f의 개수는 3이다.

(ii) $f(3)=4$, $f(4)=4$인 경우

조건 (나)에 의하여 $f(1)$, $f(2)$의 값을 정하는 경우의 수는 2, 4에서 2개를 택하는 중복조합의 수와 같으므로

${}_2H_2={}_{2+2-1}C_2={}_3C_2={}_3C_1=3$

$f(5)$, $f(6)$의 값을 정하는 경우의 수는 4, 6, 8, 10에서 2개를 택하는 중복조합의 수와 같으므로

${}_4H_2={}_{4+2-1}C_2={}_5C_2=10$

이때 주어진 조건을 만족시키는 함수 f의 개수는

$3\times10=30$

(iii) $f(3)=8$, $f(4)=2$인 경우

조건 (나)에 의하여 $f(1)$, $f(2)$의 값을 정하는 경우의 수는 2, 4, 6, 8에서 2개를 택하는 중복조합의 수와 같으므로

${}_4H_2={}_{4+2-1}C_2={}_5C_2=10$

$f(5)$, $f(6)$의 값을 정하는 경우의 수는 2, 4, 6, 8, 10에서 2개를 택하는 중복조합의 수와 같으므로

${}_5H_2={}_{5+2-1}C_2={}_6C_2=15$

이때 주어진 조건을 만족시키는 함수 f의 개수는

$10\times15=150$

|3단계| 조건을 만족시키는 함수 f의 개수 구하기

(i), (ii), (iii)에 의하여 구하는 함수 f의 개수는

$3+30+150=183$

주의 조건 (나)에서 $f(3)$, $f(4)$ 사이의 대소 관계는 주어지지 않았으므로 $f(3)\le f(4)$인 경우만 생각하지 않도록 주의한다.

4

2020학년도 9월 평가원 나 29 [정답률 32%] 변형 | **정답 720**

출제영역 중복조합

반드시 포함해야 하는 특정한 것의 개수가 주어질 때, 중복조합을 이용하여 경우의 수를 구할 수 있는지를 묻는 문제이다.

빵 13개와 과자 13개를 다음 조건을 만족시키도록 여학생 4명과 남학생 3명에게 남김없이 나누어 주는 경우의 수를 구하시오. (단, 빵끼리는 서로 구별하지 않고, 과자끼리도 서로 구별하지 않는다.)❶ 720

(가) 여학생이 각각 받는 빵의 개수는 서로 같고,❷ 남학생이 각각 받는 과자의 개수는 모두 다르다.❸

(나) 여학생은 빵을 2개 이상 받고,❷ 과자를 받지 못하는 여학생이 있을 수 있다.

(다) 남학생은 과자를 3개 이상 받고,❸ 빵을 받지 못하는 남학생이 있을 수 있다.

출제코드 나누어 줄 빵과 과자의 개수가 음이 아닌 정수가 되도록 상황 바꾸기

❶ 빵끼리, 과자끼리는 서로 구별하지 않으므로 빵과 과자를 받은 개수에 주목하여 경우를 나눈다.

❷ 빵은 13개이므로 여학생 4명이 2개 이상씩 똑같이 받을 수 있는 빵의 개수는

$2\times4=8$, $3\times4=12$, $4\times4=16$

에서 2 또는 3이다.

❸ 과자는 13개이므로 남학생 3명이 3개 이상씩 모두 다르게 받을 수 있는 과자의 개수는

$3+4+5=12$, $3+4+6=13$, $3+5+6=14$

에서 3, 4, 5 또는 3, 4, 6이다.

해설 **|1단계| 여학생과 남학생이 받을 수 있는 빵과 과자의 개수 파악하기**

조건 (가)에 의하여 여학생이 각각 받을 수 있는 빵의 개수는

2 또는 3

남학생이 각각 받을 수 있는 과자의 개수는

3, 4, 5 또는 3, 4, 6

|2단계| 여학생 4명이 빵을 2개씩 받는 경우의 수 구하기

(i) 여학생 4명이 빵을 각각 2개씩 받는 경우

여학생 4명에게 빵을 2개씩 나누어 주면 빵은 $13-2\times4=5$(개)가 남는다.

㉠ 남학생 3명이 과자를 각각 3개, 4개, 5개 받는 경우

남학생 3명에게 과자를 각각 3개, 4개, 5개 나누어 주면 과자는

$13-(3+4+5)=1$(개)

가 남는다.

이때 남학생 3명에게 과자를 각각 3개, 4개, 5개 나누어 주는 경우의 수는 $3!=6$

또, 남학생 3명에게 남은 빵 5개를 나누어 주는 경우의 수는

${}_3H_5={}_{3+5-1}C_5={}_7C_5={}_7C_2=21$ └ 서로 다른 3개에서 5개를 택하는 중복조합의 수와 같다.

여학생 4명에게 남은 과자 1개를 나누어 주는 경우의 수는

${}_4C_1=4$

따라서 이 경우의 수는

$6\times21\times4=504$

㉡ 남학생 3명이 과자를 각각 3개, 4개, 6개 받는 경우

남학생 3명에게 과자를 각각 3개, 4개, 6개 나누어 주면

$13-(3+4+6)=0$

이므로 과자는 남지 않는다.

이때 남학생 3명에게 과자를 각각 3개, 4개, 6개 나누어 주는 경우의 수는

$3!=6$

또, 남학생 3명에게 남은 빵 5개를 나누어 주는 경우의 수는

${}_3H_5={}_{3+5-1}C_5={}_7C_5={}_7C_2=21$ ← 서로 다른 3개에서 5개를 택하는 중복조합의 수와 같다.

따라서 이 경우의 수는

$6\times21=126$

㉠, ㉡에서 여학생 4명이 빵을 2개씩 받는 경우의 수는

$504+126=630$

|3단계| 여학생 4명이 빵을 3개씩 받는 경우의 수 구하기

(ii) 여학생 4명이 빵을 각각 3개씩 받는 경우

여학생 4명에게 빵을 3개씩 나누어 주면 빵은

$13-3\times4=1$(개)

가 남는다.

㉠ 남학생 3명이 과자를 각각 3개, 4개, 5개 받는 경우

남학생 3명에게 과자를 각각 3개, 4개, 5개 나누어 주면 과자는

$13-(3+4+5)=1$(개)

가 남는다.

이때 남학생 3명에게 과자를 각각 3개, 4개, 5개씩 나누어 주는 경우의 수는

$3!=6$

또, 남학생 3명에게 남은 빵 1개를 나누어 주는 경우의 수는

${}_3C_1=3$

여학생 4명에게 남은 과자 1개를 나누어 주는 경우의 수는

${}_4C_1=4$

따라서 이 경우의 수는

$6\times3\times4=72$

㉡ 남학생 3명이 과자를 각각 3개, 4개, 6개 받는 경우

남학생 3명에게 과자를 각각 3개, 4개, 6개 나누어 주면

$13-(3+4+6)=0$

이므로 과자는 남지 않는다.

이때 남학생 3명에게 과자를 각각 3개, 4개, 6개 나누어 주는 경우의 수는

$3!=6$

또, 남학생 3명에게 남은 빵 1개를 나누어 주는 경우의 수는

${}_3C_1=3$

따라서 이 경우의 수는

$6\times3=18$

㉠, ㉡에서 여학생 4명이 빵을 3개씩 받는 경우의 수는

$72+18=90$

|4단계| 조건을 만족시키는 경우의 수 구하기

(i), (ii)에 의하여 구하는 경우의 수는

$630+90=720$

다른 풀이 (i) 여학생 4명이 빵을 각각 2개씩, 남학생 3명이 과자를 각각 3개, 4개, 5개 받는 경우

남학생 3명이 과자를 각각 3개, 4개, 5개 받는 경우의 수는 $3!$

이 각각에 대하여 여학생 4명이 받는 과자의 개수를 각각 a, b, c, d, 남학생 3명이 받는 빵의 개수를 각각 x, y, z라 하면 남은 과자는 1개, 남은 빵은 5개이므로

$a+b+c+d=1$ (단, a, b, c, d는 음이 아닌 정수)

$x+y+z=5$ (단, x, y, z는 음이 아닌 정수)

즉, 여학생 4명이 빵을 각각 2개씩, 남학생 3명이 과자를 각각 3개, 4개, 5개 받는 경우의 수는

$3!\times{}_4H_1\times{}_3H_5=6\times{}_4C_1\times{}_7C_5$ **why? ❶**

$=6\times4\times21=504$

(ii) 여학생 4명이 빵을 각각 2개씩, 남학생 3명이 과자를 각각 3개, 4개, 6개 받는 경우

남학생 3명이 과자를 각각 3개, 4개, 6개 받는 경우의 수는 $3!$

이 각각에 대하여 남학생 3명이 받는 빵의 개수를 각각 x, y, z라 하면 남은 빵은 5개이므로

$x+y+z=5$ (단, x, y, z는 음이 아닌 정수)

즉, 여학생 4명이 빵을 각각 2개씩, 남학생 3명이 과자를 각각 3개, 4개, 6개 받는 경우의 수는

$3!\times{}_3H_5=6\times{}_7C_5$

$=6\times21=126$

(iii) 여학생 4명이 빵을 각각 3개씩, 남학생 3명이 과자를 각각 3개, 4개, 5개 받는 경우

남학생 3명이 과자를 각각 3개, 4개, 5개 받는 경우의 수는 $3!$

이 각각에 대하여 여학생 4명이 받는 과자의 개수를 각각 a, b, c, d, 남학생 3명이 받는 빵의 개수를 각각 x, y, z라 하면 남은 과자는 1개, 남은 빵도 1개이므로

$a+b+c+d=1$ (단, a, b, c, d는 음이 아닌 정수)

$x+y+z=1$ (단, x, y, z는 음이 아닌 정수)

즉, 여학생 4명이 빵을 각각 3개씩, 남학생 3명이 과자를 각각 3개, 4개, 5개 받는 경우의 수는

$3!\times{}_4H_1\times{}_3H_1=6\times{}_4C_1\times{}_3C_1$

$=6\times4\times3=72$

(iv) 여학생 4명이 빵을 각각 3개씩, 남학생 3명이 과자를 각각 3개, 4개, 6개 받는 경우

남학생 3명이 과자를 각각 3개, 4개, 6개 받는 경우의 수는 $3!$

이 각각에 대하여 남학생 3명이 받는 빵의 개수를 각각 x, y, z라 하면 남은 빵은 1개이므로

$x+y+z=1$ (단, x, y, z는 음이 아닌 정수)

즉, 여학생 4명이 빵을 각각 3개씩, 남학생 3명이 과자를 각각 3개, 4개, 6개 받는 경우의 수는

$3!\times{}_3H_1=6\times{}_3C_1$

$=6\times3=18$

(i)~(iv)에 의하여 구하는 경우의 수는

$504+126+72+18=720$

해설 특강

why? ❶ 여학생 4명이 과자 1개를 받는 경우의 수는 $a+b+c+d=1$을 만족시키는 음이 아닌 정수 a, b, c, d의 순서쌍 (a, b, c, d)의 개수와 같다.
즉, 4개의 문자 a, b, c, d에서 1개를 택하는 중복조합의 수와 같으므로
${}_4H_1={}_4C_1=4$
또, 남학생 3명이 빵 5개를 받는 경우의 수는 $x+y+z=5$를 만족시키는 음이 아닌 정수 x, y, z의 순서쌍 (x, y, z)의 개수와 같다.
즉, 3개의 문자 x, y, z에서 5개를 택하는 중복조합의 수와 같으므로
${}_3H_5={}_{3+5-1}C_5={}_7C_5={}_7C_2=21$

5

| 정답 ①

출제영역 중복조합 + 함수의 개수

중복조합을 이용하여 함숫값에 대한 조건을 만족시키는 함수의 개수를 구할 수 있는지를 묻는 문제이다.

집합 $X=\{0, 1, 2, 3, 4, 5\}$에 대하여 다음 조건을 만족시키는 함수 $f: X \longrightarrow X$의 개수는?

(가) $f(0)\le f(1)\le f(2)\le f(3)\le f(4)\le f(5)$ ❶이고 $f(0)<f(5)$ ❷이다.
(나) 함수 f의 치역의 모든 원소의 합은 4 ❸이다.

✓① 20 ② 24 ③ 28
④ 32 ⑤ 36

출제코드 중복조합을 이용하여 함숫값의 대소 관계를 만족시키는 함수의 개수 구하기

❶ 중복조합을 이용하여 함숫값의 대소 관계를 만족시키는 함수의 개수를 구한다.
❷ 함수 f의 치역의 원소의 개수는 2 이상임을 파악한다.
❸ 집합 X의 원소 중 2개 이상의 수의 합이 4인 경우를 찾는다.

해설 **|1단계| 함수 f의 치역 구하기**

조건 (가)에서 $f(0)<f(5)$이므로 함수 f의 치역의 원소의 개수는 2 이상이다.
또, 조건 (나)에서 함수 f의 치역의 모든 원소의 합이 4이므로 함수 f의 치역은
$\{0, 4\}$ 또는 $\{1, 3\}$ 또는 $\{0, 1, 3\}$

|2단계| 함수 f의 치역에 따라 함수 f의 개수 구하기

(i) 치역이 $\{0, 4\}$인 경우
조건 (가)에 의하여
$f(0)=0$, $f(5)=4$
$f(1)$, $f(2)$, $f(3)$, $f(4)$의 값을 정하는 경우의 수는 0, 4에서 4개를 택하는 중복조합의 수와 같으므로
${}_2H_4={}_{2+4-1}C_4={}_5C_4={}_5C_1=5$
이때 주어진 조건을 만족시키는 함수 f의 개수는 5이다.

(ii) 치역이 $\{1, 3\}$인 경우
(i)과 같은 방법으로 하면 조건을 만족시키는 함수 f의 개수는 5이다.

(iii) 치역이 $\{0, 1, 3\}$인 경우
조건 (가)에 의하여
$f(0)=0$, $f(5)=3$
$f(1)$, $f(2)$, $f(3)$, $f(4)$의 값을 정하는 경우의 수는 0, 1, 3 중에서 먼저 1을 1개 택하고 다시 세 수 0, 1, 3에서 3개를 택하는 중복조합의 수와 같으므로 why? ❶
${}_3H_3={}_{3+3-1}C_3={}_5C_3={}_5C_2=10$
이때 주어진 조건을 만족시키는 함수 f의 개수는 10이다.

|3단계| 조건을 만족시키는 함수 f의 개수 구하기

(i), (ii), (iii)에 의하여 구하는 함수 f의 개수는
$5+5+10=20$

해설 특강

why? ❶ 0, 1, 3 중에서 1을 1개 택하고 0, 1, 3 중에서 중복을 허락하여 3개를 택하기만 하면 $f(1)$, $f(2)$, $f(3)$, $f(4)$의 값이 정해진다.
예를 들어 1을 1개 택하고 0, 1, 3을 각각 1개씩 택하면 택한 수는 0, 1, 1, 3이므로 조건 (가)에 의하여
$f(1)=0$, $f(2)=1$, $f(3)=1$, $f(4)=3$

6

| 정답 188

출제영역 중복조합

반드시 포함해야 하는 특정한 것의 개수가 주어질 때, 중복조합을 이용하여 경우의 수를 구할 수 있는지를 묻는 문제이다.

파란색 공 3개와 흰색 공 7개를 다음 조건을 만족시키도록 서로 다른 네 주머니 A, B, C, D에 남김없이 넣는 경우의 수를 구하시오. 188 (단, 같은 색 공끼리는 서로 구별하지 않는다.) ❶

(가) 주머니 A에는 파란색 공과 흰색 공이 모두 들어 있고, 주머니 A에 들어 있는 파란색 공의 개수는 홀수이다. ❷
(나) 세 주머니 B, C, D에는 각각 파란색 공을 넣지 않거나 1개만 넣는다.
(다) 세 주머니 B, C, D에는 각각 적어도 1개의 공을 넣는다.

출제코드 주머니에 넣을 파란색 공과 흰색 공의 개수에 주목하여 경우 나누기

❶ 파란색 공끼리, 흰색 공끼리 서로 구별하지 않으므로 주머니에 넣는 개수에 주목하여 경우를 나눈다.
❷ 주머니 A에 넣는 파란색 공의 개수는 1 또는 3임을 파악한다.

해설 **|1단계| 주머니 A에 넣는 파란색 공의 개수 파악하기**

조건 (가)에 의하여 주머니 A에 넣는 파란색 공의 개수는
1 또는 3

|2단계| 파란색 공 1개를 주머니 A에 넣는 경우의 수 구하기

(i) 파란색 공 1개를 주머니 A에 넣는 경우
세 주머니 B, C, D 중 남은 파란색 공 2개를 넣을 주머니 2개를 택하는 경우의 수는
${}_3C_2={}_3C_1=3$

세 주머니 B, C, D 중 파란색 공을 넣지 않은 나머지 주머니 1개와 주머니 A에 각각 흰색 공 1개를 넣은 후, 남은 흰색 공 5개를 네 주머니 A, B, C, D에 넣는 경우의 수는 서로 다른 4개에서 5개를 택하는 중복조합의 수와 같으므로

$_4H_5={}_{4+5-1}C_5={}_8C_5={}_8C_3=56$

따라서 이 경우의 수는

$3\times56=168$

|3단계| 파란색 공 3개를 주머니 A에 넣는 경우의 수 구하기

(ii) 파란색 공 3개를 주머니 A에 넣는 경우

네 주머니 A, B, C, D에 각각 흰색 공을 1개씩 넣은 후, 남은 흰색 공 3개를 네 주머니 A, B, C, D에 넣는 경우의 수는 서로 다른 4개에서 3개를 택하는 중복조합의 수와 같으므로

$_4H_3={}_{4+3-1}C_3={}_6C_3=20$

|4단계| 조건을 만족시키는 경우의 수 구하기

(i), (ii)에 의하여 구하는 경우의 수는

$168+20=188$

02-2 중복조합을 활용한 방정식의 해의 개수

1등급 완성 3단계 문제연습 본문 17~20쪽

1 32	2 9	3 38	4 ②
5 ⑤	6 324	7 416	8 559

1 2016학년도 9월 평가원 B 27 [정답률 54%] |정답 32

출제영역 중복조합+방정식의 해의 개수

중복조합, 약수와 배수의 성질을 이용하여 방정식의 자연수해의 개수를 구할 수 있는지를 묻는 문제이다.

다음 조건을 만족시키는 2 이상의 자연수 a, b, c, d ❶ 의 모든 순서쌍 (a, b, c, d)의 개수를 구하시오. 32

(가) $a+b+c+d=20$ ❷

(나) a, b, c는 모두 d의 배수 ❸ 이다.

출제코드 약수와 배수의 성질을 이용하여 d의 값 구하기

❶, ❷ 음이 아닌 정수해를 갖도록 방정식을 변형하여 중복조합을 이용한다.

❷, ❸ a, b, c를 모두 d에 대한 식으로 나타내어 문자의 개수를 줄인다.

➡ a, b, c가 모두 d의 배수이면 $a+b+c+d$도 d의 배수이다.

해설 **|1단계| 가능한 d의 값 구하기**

a, b, c가 모두 d의 배수이므로

$a=ld,\ b=md,\ c=nd$ (l, m, n은 자연수)

로 놓으면 조건 (가)에서

$$a+b+c+d=ld+md+nd+d$$
$$=(l+m+n+1)d=20$$

이때 l, m, n은 자연수이고, d는 2 이상의 20의 약수이므로

$d=2$ 또는 $d=4$ 또는 $d=5$ **why? ❶**

|2단계| d의 값에 따라 순서쌍 (a, b, c)의 개수 구하기

(i) $d=2$일 때

a, b, c는 모두 2의 배수이므로

$a=2a',\ b=2b',\ c=2c'$ (a', b', c'은 자연수)

으로 놓으면 주어진 방정식은

$2a'+2b'+2c'+2=20 \quad \therefore a'+b'+c'=9$

이때 $a'=a''+1,\ b'=b''+1,\ c'=c''+1$ (a'', b'', c''은 음이 아닌 정수)로 놓으면

$a''+b''+c''=6$

이 방정식을 만족시키는 음이 아닌 정수 a'', b'', c''의 순서쌍 (a'', b'', c'')의 개수는 서로 다른 3개에서 6개를 택하는 중복조합의 수와 같으므로 **how? ❷**

$_3H_6={}_{3+6-1}C_6={}_8C_6={}_8C_2=28$

(ii) $d=4$일 때

a, b, c는 모두 4의 배수이므로

$a=4a',\ b=4b',\ c=4c'$ (a', b', c'은 자연수)

으로 놓으면 주어진 방정식은

$4a'+4b'+4c'+4=20 \quad \therefore a'+b'+c'=4$

이때 $a'=a''+1,\ b'=b''+1,\ c'=c''+1$ (a'', b'', c''은 음이 아닌 정수)로 놓으면

$a''+b''+c''=1$

이 방정식을 만족시키는 음이 아닌 정수 a'', b'', c''의 순서쌍 (a'', b'', c'')의 개수는 서로 다른 3개에서 1개를 택하는 중복조합의 수와 같으므로 **how? ❸**

$_3H_1={}_{3+1-1}C_1={}_3C_1=3$

(iii) $d=5$일 때

a, b, c는 모두 5의 배수이므로

$a=5a',\ b=5b',\ c=5c'$ (a', b', c'은 자연수)

으로 놓으면 주어진 방정식은

$5a'+5b'+5c'+5=20 \quad \therefore a'+b'+c'=3$

이 방정식을 만족시키는 자연수 a', b', c'의 순서쌍 (a', b', c')은 $(1, 1, 1)$의 1개이다.

|3단계| 조건을 만족시키는 순서쌍 (a, b, c, d)의 개수 구하기

(i), (ii), (iii)에 의하여 구하는 순서쌍 (a, b, c, d)의 개수는

$28+3+1=32$

해설특강

why? ❶ $(l+m+n+1)d=20$에서 l, m, n은 자연수이므로
$l+m+n+1\geq4 \quad \therefore d\leq5$
따라서 2 이상 5 이하의 20의 약수 d가 될 수 있는 값은 2, 4, 5이다.

how? ❷ 방정식 $a'+b'+c'=9$에서 자연수해의 개수는 a', b', c'을 1개씩 먼저 택한 후 중복을 허락하여 나머지 6개를 더 택하는 경우의 수와 같다.
즉, 서로 다른 3개에서 6개를 택하는 중복조합의 수이므로 $_3H_6$이다.

how? ❸ 방정식 $a'+b'+c'=4$에서 자연수해의 개수는 a', b', c'을 1개씩 먼저 택한 후 중복을 허락하여 나머지 1개를 더 택하는 경우의 수와 같다.
즉, a', b', c' 중 1개를 택하는 경우의 수와 같으므로 $_3C_1$이다.

핵심 개념 **방정식의 음이 아닌 정수해와 자연수해의 개수**

방정식 $x_1+x_2+x_3+\cdots+x_m=n$ (m, n은 자연수)을 만족시키는
(1) 음이 아닌 정수해의 개수는
$${}_m\mathrm{H}_n={}_{m+n-1}\mathrm{C}_n$$
(2) 자연수해(양의 정수해)의 개수는
$${}_m\mathrm{H}_{n-m}={}_{m+(n-m)-1}\mathrm{C}_{n-m}={}_{n-1}\mathrm{C}_{n-m}\ (\text{단, } n\ge m)$$
└ $x_1, x_2, x_3, \cdots, x_m$을 먼저 1개씩 택한 후 나머지 $(n-m)$개를 택하는 경우의 수와 같다.

2

2015학년도 9월 평가원 B 26 [정답률 55%] | 정답 9

출제영역 중복조합+방정식의 해의 개수+지수법칙

지수법칙, 중복조합을 이용하여 방정식의 자연수해의 개수를 구할 수 있는지를 묻는 문제이다.

자연수 n에 대하여 $abc=2^n$을❶ 만족시키는 1보다 큰 자연수 a, b, c의 순서쌍 (a, b, c)의 개수가 28일❷ 때, n의 값을 구하시오. 9

출제코드 세 수 a, b, c를 2의 거듭제곱 꼴로 나타내어 식 $abc=2^n$ 변형하기

❶ a, b, c를 2의 거듭제곱 꼴로 나타내어 식을 변형한다.
❶, ❷ 음이 아닌 정수해를 갖도록 식을 변형하여 중복조합을 이용한다.

해설 **|1단계|** $abc=2^n$**을 지수에 대한 방정식으로 변형하기**

$abc=2^n$에서 세 수 a, b, c가 모두 2 이상의 자연수이므로 a, b, c는 모두 2의 거듭제곱 꼴이다. 즉,

$a=2^p$, $b=2^q$, $c=2^r$ (p, q, r는 자연수) why? ❶

으로 놓을 수 있다.

$abc=2^n$에서 $2^p\times2^q\times2^r=2^n$이므로

$2^{p+q+r}=2^n$
└ a, b가 실수이고 m, n이 양의 정수일 때, $a^m\times a^n=a^{m+n}$

$\therefore p+q+r=n$ (단, p, q, r는 자연수) …… ㉠

따라서 순서쌍 (a, b, c)의 개수는 방정식 ㉠을 만족시키는 자연수 p, q, r의 순서쌍 (p, q, r)의 개수와 같다.

|2단계| **순서쌍** (p, q, r)**의 개수를** n**에 대한 식으로 나타내기**

방정식 ㉠에서

$p=p'+1$, $q=q'+1$, $r=r'+1$ (p', q', r'은 음이 아닌 정수)
└ 음이 아닌 정수해를 갖는 문자로 놓는다.

로 놓으면

$(p'+1)+(q'+1)+(r'+1)=n \qquad \therefore p'+q'+r'=n-3$

이 방정식을 만족시키는 음이 아닌 정수 p', q', r'의 순서쌍 (p', q', r')의 개수는 서로 다른 3개에서 $(n-3)$개를 택하는 중복조합의 수와 같으므로 how? ❷
└ 자연수 p, q, r의 순서쌍 (p, q, r)의 개수와 같다.

$${}_3\mathrm{H}_{n-3}={}_{3+(n-3)-1}\mathrm{C}_{n-3}={}_{n-1}\mathrm{C}_{n-3}={}_{n-1}\mathrm{C}_2=\frac{(n-1)(n-2)}{2}$$

|3단계| n**의 값 구하기**

자연수 a, b, c의 순서쌍 (a, b, c)의 개수가 28이므로

$\frac{(n-1)(n-2)}{2}=28$

$n^2-3n-54=0$, $(n+6)(n-9)=0$

$\therefore n=9$ ($\because n$은 자연수)

해설 특강

why? ❶ a, b, c가 1보다 큰 자연수, 즉 2 이상인 자연수이므로 p, q, r는 자연수이다.

how? ❷ 방정식 $p+q+r=n$에서 자연수해의 개수는 p, q, r를 1개씩 먼저 택한 후 중복을 허락하여 나머지 $(n-3)$개를 더 택하는 경우의 수와 같다. 즉, 서로 다른 3개에서 $(n-3)$개를 택하는 중복조합의 수와 같으므로 ${}_3\mathrm{H}_{n-3}$이다.

핵심 개념 **지수법칙 (수학 I)**

$a>0$, $b>0$이고, x, y가 실수일 때
(1) $a^xa^y=a^{x+y}$ (2) $a^x\div a^y=a^{x-y}$
(3) $(a^x)^y=a^{xy}$ (4) $(ab)^x=a^xb^x$

3

2021년 4월 교육청 확통 30 [정답률 10%] 변형 | 정답 38

출제영역 중복조합+방정식의 해의 개수

중복조합을 이용하여 방정식의 자연수해의 개수를 구할 수 있는지를 묻는 문제이다.

다음 조건을 만족시키는 자연수 a, b, c, d, e의 모든 순서쌍 (a, b, c, d, e)의 개수를 구하시오. 38

(가) $a+b+c+d+e=9$
(나) $a+b+c$는 홀수❶이고 $d+e$는 짝수❷이다.

출제코드 $a+b+c$**는 홀수,** $d+e$**는 짝수가 되는 조건 찾기**

❶ $a+b+c=2x+1$ (x는 자연수)로 놓을 수 있다.
❷ $d+e=2y$ (y는 자연수)로 놓을 수 있다.

해설 **|1단계|** $a+b+c$, $d+e$**를 자연수** x, y**에 대한 식으로 나타내어 가능한** x, y**의 값 구하기**

조건 (나)에서 $a+b+c\ge3$, $d+e\ge2$이므로

$a+b+c=2x+1$ (x는 자연수),

$d+e=2y$ (y는 자연수)

로 놓을 수 있다.

조건 (가)에서 $a+b+c+d+e=9$이므로

$(2x+1)+2y=9 \qquad \therefore x+y=4$

x, y는 자연수이므로

$x=1$, $y=3$ 또는 $x=2$, $y=2$ 또는 $x=3$, $y=1$

|2단계| **|1단계|에서 구한** x, y**의 값에 따라 순서쌍** (a, b, c, d, e)**의 개수 구하기**

(i) $x=1$, $y=3$일 때

$a+b+c=3$, $d+e=6$

방정식 $a+b+c=3$을 만족시키는 자연수 a, b, c의 순서쌍 (a, b, c)는 $(1, 1, 1)$의 1개이다.

방정식 $d+e=6$에서

$d=d'+1$, $e=e'+1$ (d', e'은 음이 아닌 정수)

로 놓으면

$(d'+1)+(e'+1)=6 \qquad \therefore d'+e'=4$

이 방정식을 만족시키는 음이 아닌 정수 d', e'의 순서쌍 (d', e')의 개수는 서로 다른 2개에서 4개를 택하는 중복조합의 수와 같으므로

$_{2}H_{4}={}_{2+4-1}C_{4}={}_{5}C_{4}={}_{5}C_{1}=5$

따라서 순서쌍 (a, b, c, d, e)의 개수는

$1\times5=5$

(ii) $x=2$, $y=2$일 때

$a+b+c=5$, $d+e=4$

방정식 $a+b+c=5$에서

$a=a'+1$, $b=b'+1$, $c=c'+1$ (a', b', c'은 음이 아닌 정수)

로 놓으면

$(a'+1)+(b'+1)+(c'+1)=5 \quad \therefore a'+b'+c'=2$

이 방정식을 만족시키는 음이 아닌 정수 a', b', c'의 순서쌍 (a', b', c')의 개수는 서로 다른 3개에서 2개를 택하는 중복조합의 수와 같으므로

$_{3}H_{2}={}_{3+2-1}C_{2}={}_{4}C_{2}=6$

방정식 $d+e=4$에서

$d=d'+1$, $e=e'+1$ (d', e'은 음이 아닌 정수)

로 놓으면

$(d'+1)+(e'+1)=4 \quad \therefore d'+e'=2$

이 방정식을 만족시키는 음이 아닌 정수 d', e'의 순서쌍 (d', e')의 개수는 서로 다른 2개에서 2개를 택하는 중복조합의 수와 같으므로

$_{2}H_{2}={}_{2+2-1}C_{2}={}_{3}C_{2}={}_{3}C_{1}=3$

따라서 순서쌍 (a, b, c, d, e)의 개수는

$6\times3=18$

(iii) $x=3$, $y=1$일 때

$a+b+c=7$, $d+e=2$

방정식 $a+b+c=7$에서

$a=a'+1$, $b=b'+1$, $c=c'+1$ (a', b', c'은 음이 아닌 정수)

로 놓으면

$(a'+1)+(b'+1)+(c'+1)=7 \quad \therefore a'+b'+c'=4$

이 방정식을 만족시키는 음이 아닌 정수 a', b', c'의 순서쌍 (a', b', c')의 개수는 서로 다른 3개에서 4개를 택하는 중복조합의 수와 같으므로

$_{3}H_{4}={}_{3+4-1}C_{4}={}_{6}C_{4}={}_{6}C_{2}=15$

방정식 $d+e=2$를 만족시키는 자연수 d, e의 순서쌍 (d, e)는 $(1, 1)$의 1개이다.

따라서 순서쌍 (a, b, c, d, e)의 개수는

$15\times1=15$

|3단계| 조건을 만족시키는 순서쌍 (a, b, c, d, e)의 개수 구하기

(i), (ii), (iii)에 의하여 구하는 순서쌍 (a, b, c, d, e)의 개수는

$5+18+15=38$

4

2019학년도 6월 평가원 가 20 / 나 20 [정답률 56% / 55%] 변형 **|정답 ②**

출제영역 중복조합＋방정식의 해의 개수

중복조합을 이용하여 방정식의 자연수해의 개수를 구할 수 있는지를 묻는 문제이다.

방정식 $2a+b+c+d=20$을❶ 만족시키는 자연수 a, b, c, d의 모든 순서쌍 (a, b, c, d)의 개수는❷?

① 440 ✓② 444 ③ 448
④ 452 ⑤ 456

출제코드 합이 짝수가 되는 세 수 b, c, d의 특징 파악하기

❶ $2a$가 짝수이고 20도 짝수이므로 $b+c+d$도 짝수이어야 함을 파악한다.

❷ 방정식의 해의 범위에 주목한다.

➡ a, b, c, d가 자연수이므로 $a\ge1$, $b\ge1$, $c\ge1$, $d\ge1$

해설 **|1단계| $b+c+d$의 값이 짝수가 되도록 하는 세 수 b, c, d의 특징 파악하기**

네 자연수 a, b, c, d가 $2a+b+c+d=20$을 만족시키려면

$b+c+d=2k$ (k는 자연수) 꼴이어야 한다.

즉, $b+c+d$는 짝수이어야 한다.

이때 $b+c+d$가 짝수인 경우는 다음과 같다.

(i) 세 수 b, c, d가 모두 짝수인 경우 ─ (짝, 짝, 짝)

(ii) b, c, d 중 두 수는 홀수이고 나머지 한 수는 짝수인 경우 **why?** ❶
└ (짝, 홀, 홀), (홀, 짝, 홀), (홀, 홀, 짝)

|2단계| b, c, d의 합이 짝수가 되도록 하는 네 자연수 a, b, c, d의 순서쌍 (a, b, c, d)의 개수 구하기

(i) 세 수 b, c, d가 모두 짝수인 경우

$b=2k_1$, $c=2k_2$, $d=2k_3$ (k_1, k_2, k_3은 자연수)

으로 놓으면

$2a+b+c+d=20$

에서

$2a+2k_1+2k_2+2k_3=20$

$\therefore a+k_1+k_2+k_3=10$

$a=a_1'+1$, $k_1=k_1'+1$, $k_2=k_2'+1$, $k_3=k_3'+1$ (a_1', k_1', k_2', k_3'은 음이 아닌 정수)
└ 음이 아닌 정수해를 갖는 문자로 놓는다.

로 놓으면

$(a_1'+1)+(k_1'+1)+(k_2'+1)+(k_3'+1)=10$

$\therefore a_1'+k_1'+k_2'+k_3'=6$

이 방정식을 만족시키는 음이 아닌 정수 a_1', k_1', k_2', k_3'의 순서쌍 (a_1', k_1', k_2', k_3')의 개수는 서로 다른 4개에서 6개를 택하는 중복조합의 수와 같으므로 **how?** ❷

$_{4}H_{6}={}_{4+6-1}C_{6}={}_{9}C_{6}={}_{9}C_{3}=84$

따라서 순서쌍 (a, b, c, d)의 개수는 84이다.

(ii) b, c, d 중 두 수는 홀수이고 나머지 한 수는 짝수인 경우

b, c는 홀수, d는 짝수라 하고

$b=2k_4-1$, $c=2k_5-1$, $d=2k_6$ (k_4, k_5, k_6은 자연수)

으로 놓으면

$2a+b+c+d=20$

에서

$2a+(2k_4-1)+(2k_5-1)+2k_6=20$

$\therefore a+k_4+k_5+k_6=11$

$a=a_2'+1,\ k_4=k_4'+1,\ k_5=k_5'+1,\ k_6=k_6'+1$

└ 음이 아닌 정수해를 갖는 문자로 놓는다.

$(a_2',\ k_4',\ k_5',\ k_6'$은 음이 아닌 정수$)$

로 놓으면

$(a_2'+1)+(k_4'+1)+(k_5'+1)+(k_6'+1)=11$

$\therefore a_2'+k_4'+k_5'+k_6'=7$

이 방정식을 만족시키는 음이 아닌 정수 $a_2',\ k_4',\ k_5',\ k_6'$의 순서쌍 $(a_2',\ k_4',\ k_5',\ k_6')$의 개수는 서로 다른 4개에서 7개를 택하는 중복조합의 수와 같으므로 **how? ❸**

${}_4H_7={}_{4+7-1}C_7={}_{10}C_7={}_{10}C_3=120$

이때 세 수 $b,\ c,\ d$ 중 짝수가 되는 한 수를 택하는 경우의 수는

${}_3C_1=3$

따라서 순서쌍 $(a,\ b,\ c,\ d)$의 개수는

$120\times3=360$

|3단계| 조건을 만족시키는 순서쌍 (a, b, c, d)의 개수 구하기

(i), (ii)에 의하여 구하는 순서쌍 $(a,\ b,\ c,\ d)$의 개수는

$84+360=444$

주의 (ii)에서 (짝, 홀, 홀), (홀, 짝, 홀), (홀, 홀, 짝)은 모두 다른 경우이므로 짝수가 되는 한 수를 정하는 경우의 수 3을 곱해 주는 것을 빠뜨리지 않도록 주의하자.

해설특강

why? ❶ $2a+b+c+d=20$에서 $2a$가 짝수이므로 합이 20이 되려면 $b+c+d$도 짝수이어야 한다.
따라서 자연수 k에 대하여
$b+c+d=2k$
이때 세 수 $b,\ c,\ d$의 합이 짝수이므로 $(b,\ c,\ d)$는
(짝, 짝, 짝), (짝, 홀, 홀), (홀, 짝, 홀), (홀, 홀, 짝)
인 4가지 경우가 있다.

how? ❷ 방정식 $a+k_1+k_2+k_3=10$에서 자연수해의 개수는 $a,\ k_1,\ k_2,\ k_3$을 1개씩 먼저 택한 후 중복을 허락하여 나머지 6개를 택하는 경우의 수와 같다. 즉, 서로 다른 4개에서 6개를 택하는 중복조합의 수와 같으므로 ${}_4H_6$이다.

how? ❸ 방정식 $a+k_4+k_5+k_6=11$에서 자연수해의 개수는 $a,\ k_4,\ k_5,\ k_6$을 1개씩 먼저 택한 후 중복을 허락하여 나머지 7개를 택하는 경우의 수와 같다. 즉, 서로 다른 4개에서 7개를 택하는 중복조합의 수와 같으므로 ${}_4H_7$이다.

5

2017학년도 수능 나 27 [정답률 31%] 변형 | 정답 ⑤

출제영역 중복조합+방정식의 해의 개수+지수법칙

지수법칙, 중복조합을 이용하여 방정식의 자연수해의 개수를 구할 수 있는지를 묻는 문제이다.

다음 조건을 만족시키는 자연수 $x,\ y,\ z$❶의 모든 순서쌍 $(x,\ y,\ z)$의 개수는?

(가) $xyz=720$❷
(나) x는 2의 배수❸이다.

① 160 ② 165 ③ 170
④ 175 ✓⑤ 180

출제코드 x, y, z를 2, 3, 5의 거듭제곱의 곱으로 나타내기

❶ 방정식의 해의 범위에 주목한다.
➡ $x,\ y,\ z$가 자연수이므로 $x\ge1,\ y\ge1,\ z\ge1$

❷ 720을 소인수분해하면 $x,\ y,\ z$를 720의 소인수를 이용하여 나타낼 수 있다.

❸ x는 2를 반드시 인수로 갖는다.
➡ x가 2의 거듭제곱으로 나타내어진다. 즉, 2의 지수가 1 이상이어야 한다.

해설 **|1단계| 720을 소인수분해하여 x, y, z를 720의 소인수를 이용하여 나타내기**

$720=2^4\times3^2\times5$이므로 조건 (가)에서

$xyz=2^4\times3^2\times5$

즉, 세 수 $x,\ y,\ z$는 다음과 같이 나타낼 수 있다.

$x=2^{a_1}\times3^{b_1}\times5^{c_1},\ y=2^{a_2}\times3^{b_2}\times5^{c_2},\ z=2^{a_3}\times3^{b_3}\times5^{c_3}$

(단, $i=1,\ 2,\ 3$이고 $a_i,\ b_i,\ c_i$는 음이 아닌 정수) **why? ❶**

이때 조건 (나)에서 x는 2의 배수이므로

$a_1\ge1$ **why? ❷**

|2단계| xyz를 2, 3, 5의 거듭제곱의 곱으로 나타내고 지수법칙을 이용하여 방정식 세우기

$xyz=2^{a_1+a_2+a_3}\times3^{b_1+b_2+b_3}\times5^{c_1+c_2+c_3}$이므로 음이 아닌 정수 $a_i,\ b_i,\ c_i$ $(i=1,\ 2,\ 3)$에 대하여

$a_1+a_2+a_3=4$ (단, $a_1\ge1$) …… ㉠

$b_1+b_2+b_3=2$ …… ㉡

$c_1+c_2+c_3=1$ …… ㉢

|3단계| |2단계|에서 지수를 이용하여 세운 방정식의 해의 개수 구하기

㉠에서 $a_1=a_1'+1$ (a_1'은 음이 아닌 정수)로 놓으면

└ 음이 아닌 정수해를 갖는 문자로 놓는다.

$(a_1'+1)+a_2+a_3=4$

$\therefore a_1'+a_2+a_3=3$

이 방정식을 만족시키는 음이 아닌 정수 $a_1',\ a_2,\ a_3$의 순서쌍 $(a_1',\ a_2,\ a_3)$의 개수는 서로 다른 3개에서 3개를 택하는 중복조합의 수와 같으므로 **how? ❸**

${}_3H_3={}_{3+3-1}C_3={}_5C_3={}_5C_2=10$

방정식 ㉡을 만족시키는 음이 아닌 정수 $b_1,\ b_2,\ b_3$의 순서쌍 $(b_1,\ b_2,\ b_3)$의 개수는 서로 다른 3개에서 2개를 택하는 중복조합의 수와 같으므로

${}_3H_2={}_{3+2-1}C_2={}_4C_2=6$

방정식 ㉢을 만족시키는 음이 아닌 정수 c_1, c_2, c_3의 순서쌍 (c_1, c_2, c_3)의 개수는 서로 다른 3개에서 1개를 택하는 중복조합의 수와 같으므로

${}_3H_1={}_{3+1-1}C_1={}_3C_1=3$

|4단계| 조건을 만족시키는 순서쌍 (x, y, z)의 개수 구하기

구하는 순서쌍 (x, y, z)의 개수는 $10\times6\times3=180$ **why? ❹**

해설특강

why? ❶ $xyz=2^4\times3^2\times5$에서 세 자연수 x, y, z는 2 또는 3 또는 5의 거듭제곱의 곱의 꼴이 된다.

why? ❷ x가 2의 배수이므로 x의 인수 중 2가 적어도 하나 있어야 한다. 즉, 2의 지수가 1 이상이어야 한다.

how? ❸ 방정식 $a_1+a_2+a_3=4$에서 $a_1\ge1$인 해의 개수는 a_1을 1개 먼저 택한 후 중복을 허락하여 나머지 3개를 택하는 경우의 수와 같다. 즉, 서로 다른 3개에서 3개를 택하는 중복조합의 수와 같으므로 ${}_3H_3$이다.

why? ❹ 세 방정식 ㉠, ㉡, ㉢의 해의 개수가 각각 10, 6, 3이고, 세 방정식이 동시에 성립해야 하므로 곱의 법칙을 이용한다.

6

2018년 4월 교육청 나 21 [정답률 41%] 변형 | **정답 324**

출제영역 두 직선의 위치 관계+중복조합+방정식의 해의 개수

두 직선의 위치 관계 조건이 주어질 때, 중복조합을 이용하여 주어진 방정식의 자연수해의 개수를 구할 수 있는지를 묻는 문제이다.

다음 조건을 만족시키는 자연수 a, b, c, d, e❶의 모든 순서쌍 (a, b, c, d, e)의 개수를 구하시오. 324

(가) $a+b+c+d+e=12$❶

(나) 두 직선 $(a+b)x+y+a=0$, $2x-(a+b+4)y-1=0$은 서로 수직이 아니거나❷ 두 직선 $(c-d)x+ey+1=0$, $x-y-1=0$은 서로 평행하지 않다.❷

출제코드 조건 (나)의 여사건을 만족시키는 a, b, c, d, e 사이의 관계 찾기

❶ 방정식의 해의 범위에 주목한다.

➡ a, b, c, d, e가 자연수이므로 중복조합을 이용하기 위하여 음이 아닌 정수해를 갖는 방정식 꼴로 변형한다.

❷ '~가 아닌 경우'를 따질 때는 여사건을 떠올린다.

➡ 모든 순서쌍의 개수에서 두 직선 $(a+b)x+y+a=0$, $2x-(a+b+4)y-1=0$은 서로 수직이고 두 직선 $(c-d)x+ey+1=0$, $x-y-1=0$은 서로 평행하게 하는 순서쌍의 개수를 뺀다.

해설 **|1단계| 조건 (가)를 만족시키는 자연수 a, b, c, d, e의 순서쌍 (a, b, c, d, e)의 개수 구하기**

조건 (가)에서 ($a+b+c+d+e=12$)

$a=a'+1$, $b=b'+1$, $c=c'+1$, $d=d'+1$, $e=e'+1$

(a', b', c', d', e'은 음이 아닌 정수)

로 놓으면

$(a'+1)+(b'+1)+(c'+1)+(d'+1)+(e'+1)=12$

$\therefore a'+b'+c'+d'+e'=7$

이 방정식을 만족시키는 음이 아닌 정수 a', b', c', d', e'의 순서쌍 (a', b', c', d', e')의 개수는 서로 다른 5개에서 7개를 택하는 중복조합의 수와 같으므로

${}_5H_7={}_{5+7-1}C_7={}_{11}C_7={}_{11}C_4=330$

|2단계| 조건 (나)를 만족시키지 않는 자연수 a, b, c, d, e의 조건 구하기

조건 (나)에서 두 직선 $(a+b)x+y+a=0$, $2x-(a+b+4)y-1=0$이 서로 수직이면

$2\times(a+b)+1\times\{-(a+b+4)\}=0$ **why? ❶**

$\therefore a+b=4$ …… ㉠

또, 두 직선 $(c-d)x+ey+1=0$, $x-y-1=0$이 서로 평행하면

$\frac{c-d}{1}=\frac{e}{-1}\neq\frac{1}{-1}$ **why? ❷**

$\therefore c+e=d$, $e\neq1$ …… ㉡

두 직선 $(a+b)x+y+a=0$, $2x-(a+b+4)y-1=0$은 서로 수직이고, 두 직선 $(c-d)x+ey+1=0$, $x-y-1=0$은 서로 평행하려면 ㉠, ㉡을 동시에 만족시켜야 하므로 **why? ❸**

$a+b+c+d+e=12$에서 $4+2d=12$

$\therefore d=4$

|3단계| 조건 (나)를 만족시키지 않는 순서쌍 (a, b, c, d, e)의 개수 구하기

조건 (나)를 만족시키지 않는 자연수 a, b, c, d, e의 순서쌍 (a, b, c, d, e)의 개수는 $a+b=4$, $c+e=4$, $d=4$, $e\neq1$을 만족시키는 순서쌍 $(a, b, c, 4, e)$의 개수와 같다.

(i) $a+b=4$를 만족시키는 자연수 a, b의 순서쌍 (a, b)의 개수는

${}_2H_2={}_{2+2-1}C_2={}_3C_2=3$ **how? ❹**

(ii) $c+e=4$를 만족시키는 자연수 c, e의 순서쌍 (c, e)의 개수는

${}_2H_2={}_{2+2-1}C_2={}_3C_2=3$

그런데 (c, e)가 $(3, 1)$인 경우는 제외해야 하므로 자연수 c, e의 순서쌍 (c, e)의 개수는 $3-1=2$

(i), (ii)에 의하여 $a+b=4$, $c+e=4$, $d=4$, $e\neq1$을 만족시키는 순서쌍 $(a, b, c, 4, e)$의 개수는 $3\times2=6$

|4단계| 조건을 만족시키는 순서쌍 (a, b, c, d, e)의 개수 구하기

구하는 순서쌍 (a, b, c, d, e)의 개수는

$330-6=324$

해설특강

why? ❶ 두 직선 $mx+ny+k=0$, $m'x+n'y+k'=0$이 서로 수직일 조건은 $mm'+nn'=0$이다. ← 두 직선의 기울기의 곱이 -1이다.

why? ❷ 두 직선 $mx+ny+k=0$, $m'x+n'y+k'=0$이 서로 평행할 조건은 $\frac{m}{m'}=\frac{n}{n'}\neq\frac{k}{k'}$이다. ← 기울기는 같고, y절편은 다르다.

why? ❸ ㉠을 만족시키는 사건을 A, ㉡을 만족시키는 사건을 B라 하면 조건 (나)를 만족시키는 사건은 $A^C\cup B^C$이다. 이때 $A^C\cup B^C=(A\cap B)^C$이므로 $A\cap B$를 구한 후 여사건을 이용하는 것이 더 쉽다.

how? ❹ $a=a'+1$, $b=b'+1$ (a', b'은 음이 아닌 정수)로 놓으면

$(a'+1)+(b'+1)=4$ $\therefore a'+b'=2$

이를 만족시키는 음이 아닌 정수 a', b'의 순서쌍 (a', b')의 개수는

${}_2H_2={}_{2+2-1}C_2={}_3C_2=3$

7

| 정답 416

출제영역 중복조합+방정식의 해의 개수

중복조합을 이용하여 절댓값이 포함된 방정식의 정수해의 개수를 구할 수 있는지를 묻는 문제이다.

다음 조건을 만족시키는 정수 a, b, c, d, e의 모든 순서쌍 (a, b, c, d, e)의 개수를 구하시오. 416

(가) abc는 홀수인 정수이다. ❶
(나) $(|a|+|b|+|c|)(|d|+|e|)=9$ ❷

출제코드 세 수 a, b, c의 특징을 파악하고, a, b, c, d, e의 부호에 따른 경우의 수 구하기

❶ 세 정수의 곱이 홀수이기 위해서는 세 정수가 모두 홀수이어야 한다.
❷ $|a|$, $|b|$, $|c|$, $|d|$, $|e|$는 각각 음이 아닌 정수이고, 각 값이 0이 아닌 수로 정해지면 a, b, c, d, e는 양수 또는 음수인 두 가지 경우가 존재한다.

해설 **|1단계|** 조건 (가)를 만족시키는 세 수 a, b, c의 특징 파악하기

조건 (가)에서 abc가 홀수인 정수이므로 세 수 a, b, c는 모두 홀수인 정수이어야 한다.

|2단계| 조건 (나)를 만족시키는 $|a|+|b|+|c|$, $|d|+|e|$의 값 구하기

$(|a|+|b|+|c|)(|d|+|e|)=9$에서 $|a|$, $|b|$, $|c|$는 양의 홀수, $|d|$, $|e|$는 음이 아닌 정수이므로

$|a|+|b|+|c|=9$, $|d|+|e|=1$

또는 $|a|+|b|+|c|=3$, $|d|+|e|=3$ why? ❶

|3단계| 조건 (나)를 만족시키는 순서쌍 (a, b, c, d, e)의 개수 구하기

(i) $|a|+|b|+|c|=9$, $|d|+|e|=1$일 때

방정식 $|a|+|b|+|c|=9$에서

$|a|=2a'+1$, $|b|=2b'+1$, $|c|=2c'+1$

(a', b', c'은 음이 아닌 정수)

로 놓으면 why? ❷

$(2a'+1)+(2b'+1)+(2c'+1)=9$

$\therefore a'+b'+c'=3$

순서쌍 $(|a|, |b|, |c|)$의 개수는 위의 방정식을 만족시키는 음이 아닌 정수 a', b', c'의 순서쌍 (a', b', c')의 개수와 같다. 즉, 서로 다른 3개에서 3개를 택하는 중복조합의 수와 같으므로

${}_3H_3={}_{3+3-1}C_3={}_5C_3={}_5C_2=10$

이때 하나의 순서쌍 $(|a|, |b|, |c|)$에 대하여 a, b, c의 값은 각각 양수와 음수 2개씩 가능하므로 순서쌍 (a, b, c)의 개수는

$10\times2^3=80$ why? ❸

또, 방정식 $|d|+|e|=1$을 만족시키는 음이 아닌 정수 $|d|$, $|e|$의 순서쌍 $(|d|, |e|)$는 $(0, 1)$, $(1, 0)$이므로 순서쌍 (d, e)는

$(0, -1)$, $(0, 1)$, $(-1, 0)$, $(1, 0)$

의 4개이다. why? ❹

따라서 순서쌍 (a, b, c, d, e)의 개수는

$80\times4=320$

(ii) $|a|+|b|+|c|=3$, $|d|+|e|=3$일 때

$|a|+|b|+|c|=3$에서

$|a|=2a'+1$, $|b|=2b'+1$, $|c|=2c'+1$

(a', b', c'은 음이 아닌 정수)

로 놓으면

$(2a'+1)+(2b'+1)+(2c'+1)=3$

$\therefore a'+b'+c'=0$

이를 만족시키는 음이 아닌 정수 a', b', c'의 순서쌍 (a', b', c')은 $(0, 0, 0)$의 1개뿐이므로 순서쌍 $(|a|, |b|, |c|)$는 $(1, 1, 1)$의 1개이다.

이때 a, b, c의 값은 각각 양수와 음수 2개씩 가능하므로 순서쌍 (a, b, c)의 개수는

$1\times2^3=8$

또, 방정식 $|d|+|e|=3$을 만족시키는 음이 아닌 정수 $|d|$, $|e|$의 순서쌍 $(|d|, |e|)$는 $(0, 3)$, $(1, 2)$, $(2, 1)$, $(3, 0)$이므로 순서쌍 (d, e)는

$(0, -3)$, $(0, 3)$, $(-1, -2)$, $(-1, 2)$, $(1, -2)$, $(1, 2)$, $(-2, -1)$, $(-2, 1)$, $(2, -1)$, $(2, 1)$, $(-3, 0)$, $(3, 0)$

의 12개이다. why? ❹

따라서 순서쌍 (a, b, c, d, e)의 개수는

$8\times12=96$

|4단계| 조건을 만족시키는 순서쌍 (a, b, c, d, e)의 개수 구하기

(i), (ii)에 의하여 구하는 순서쌍 (a, b, c, d, e)의 개수는

$320+96=416$

해설특강

why? ❶ $|a|$, $|b|$, $|c|$는 모두 양의 홀수이므로
$|a|\geq1$, $|b|\geq1$, $|c|\geq1$
즉, $|a|+|b|+|c|\geq3$이므로 $|a|+|b|+|c|=1$, $|d|+|e|=9$는 주어진 방정식을 만족시키지 않는다.

why? ❷ $|a|$, $|b|$, $|c|$는 자연수인 홀수이므로 $|a|=2a'+1$, $|b|=2b'+1$, $|c|=2c'+1$ (a', b', c'은 음이 아닌 정수)로 놓고 주어진 방정식을 음이 아닌 정수해를 갖는 방정식 꼴로 변형한 후 중복조합의 수를 이용한다.

why? ❸ 예를 들어, $|a|=1$, $|b|=3$, $|c|=5$이면 $|a|$, $|b|$, $|c|$ 각각에 대하여 a, b, c의 값은 ±1, ±3, ±5의 2개씩 존재한다. 따라서 순서쌍 $(|a|, |b|, |c|)$ 하나에 대응하는 순서쌍 (a, b, c)의 개수는 $2\times2\times2=2^3$이다.

why? ❹ $|d|+|e|=1$, $|d|+|e|=3$에서 $|d|$ 또는 $|e|$의 값이 0인 경우는 해가 양수, 음수로 나오지 않음에 주의한다.

8

| 정답 559

출제영역 중복조합+부등식의 해의 개수

중복조합을 이용하여 부등식을 만족시키는 음이 아닌 정수해의 개수를 구할 수 있는지를 묻는 문제이다.

다음 조건을 만족시키는 음이 아닌 정수 a, b, c, d, e의 모든 순서쌍 (a, b, c, d, e)의 개수❸를 구하시오. 559

(가) $a+b+c+d+e\geq5$ ❶

(나) $a+b+c+4d+4e\leq11$ ❷

출제코드 $a+b+c$의 값의 범위를 $d+e$를 이용하여 나타내기

❶, ❷ 두 부등식은 $a+b+c$를 기준으로 부등호의 방향이 다르다. 또, $a+b+c$는 공통이고 d, e는 계수가 다르므로 $a+b+c$의 값의 범위는 $d+e$로 나타낼 수 있다.

$$\begin{cases} a+b+c\geq5-(d+e) \\ a+b+c\leq11-4(d+e) \end{cases}$$

➡ $5-(d+e)\leq a+b+c\leq11-4(d+e)$

❸ $d+e=0, 1, 2, \cdots$일 때로 나누어 순서쌍 (a, b, c, d, e)의 개수를 구한다.

해설 **|1단계| $d+e=0$일 때, 순서쌍 (a, b, c, d, e)의 개수 구하기**

주어진 조건에서 $d+e$의 값에 따라 $a+b+c$의 값의 범위를 구하여 순서쌍 (a, b, c, d, e)의 개수를 구해 보자. why? ❶

(i) $d+e=0$일 때

조건 (가), (나)에서 $5\leq a+b+c\leq11$

$a+b+c$의 값이 5, 6, 7, 8, 9, 10, 11이 되는 경우의 수는 각각 서로 다른 3개에서 5개, 6개, 7개, 8개, 9개, 10개, 11개를 택하는 중복조합의 수와 같으므로

$_3H_5+_3H_6+_3H_7+_3H_8+_3H_9+_3H_{10}+_3H_{11}$

$={}_7C_5+{}_8C_6+{}_9C_7+{}_{10}C_8+{}_{11}C_9+{}_{12}C_{10}+{}_{13}C_{11}$

$={}_7C_2+{}_8C_2+{}_9C_2+{}_{10}C_2+{}_{11}C_2+{}_{12}C_2+{}_{13}C_2$

$={}_7C_3+{}_7C_2+{}_8C_2+{}_9C_2+{}_{10}C_2+{}_{11}C_2+{}_{12}C_2+{}_{13}C_2-{}_7C_3$ how? ❷

$={}_8C_3+{}_8C_2+{}_9C_2+\cdots+{}_{13}C_2-{}_7C_3$

$={}_9C_3+{}_9C_2+{}_{10}C_2+\cdots+{}_{13}C_2-{}_7C_3$

⋮

$={}_{13}C_3+{}_{13}C_2-{}_7C_3$

$={}_{14}C_3-{}_7C_3$

$=364-35=329$

이때 $d+e=0$을 만족시키는 음이 아닌 정수 d, e의 순서쌍 (d, e)는 $(0, 0)$의 1개이므로 순서쌍 (a, b, c, d, e)의 개수는

$329\times1=329$

|2단계| $d+e=1$일 때, 순서쌍 (a, b, c, d, e)의 개수 구하기

(ii) $d+e=1$일 때

조건 (가), (나)에서 $4\leq a+b+c\leq7$

$a+b+c$의 값이 4, 5, 6, 7이 되는 경우의 수는 각각 서로 다른 3개에서 4개, 5개, 6개, 7개를 택하는 중복조합의 수와 같으므로

$_3H_4+_3H_5+_3H_6+_3H_7={}_6C_4+{}_7C_5+{}_8C_6+{}_9C_7$

$={}_6C_2+{}_7C_2+{}_8C_2+{}_9C_2$

$={}_6C_3+{}_6C_2+{}_7C_2+{}_8C_2+{}_9C_2-{}_6C_3$ how? ❷

$={}_7C_3+{}_7C_2+{}_8C_2+{}_9C_2-{}_6C_3$

⋮

$={}_9C_3+{}_9C_2-{}_6C_3$

$={}_{10}C_3-{}_6C_3$

$=120-20=100$

이때 $d+e=1$을 만족시키는 음이 아닌 정수 d, e의 순서쌍 (d, e)는 $(1, 0)$, $(0, 1)$의 2개이므로 순서쌍 (a, b, c, d, e)의 개수는

$100\times2=200$

|3단계| $d+e=2$일 때와 $d+e\geq3$일 때, 순서쌍 (a, b, c, d, e)의 개수 구하기

(iii) $d+e=2$일 때

조건 (가), (나)에서 $a+b+c=3$

이 방정식을 만족시키는 음이 아닌 정수 a, b, c의 순서쌍 (a, b, c)의 개수는 서로 다른 3개에서 3개를 택하는 중복조합의 수와 같으므로

$_3H_3={}_{3+3-1}C_3={}_5C_3={}_5C_2=10$

이때 $d+e=2$를 만족시키는 음이 아닌 정수 d, e의 순서쌍 (d, e)는 $(2, 0)$, $(1, 1)$, $(0, 2)$의 3개이므로 순서쌍 (a, b, c, d, e)의 개수는

$10\times3=30$

(iv) $d+e\geq3$일 때

주어진 조건을 만족시키는 음이 아닌 정수 a, b, c가 존재하지 않는다. why? ❸

|4단계| 조건을 만족시키는 순서쌍 (a, b, c, d, e)의 개수 구하기

(i)~(iv)에 의하여 구하는 순서쌍 (a, b, c, d, e)의 개수는

$329+200+30=559$

해설 특강

why? ❶ 조건 (가)와 (나)에서 $d+e$의 값에 따라 $a+b+c$의 값의 범위가 정해지므로 $d+e$의 값이 0, 1, 2, 3, …인 경우를 차례로 대입하면서 순서쌍의 개수를 구해 나간다.

how? ❷ (i), (ii)의 계산 과정에서 조합의 성질 ${}_nC_r+{}_nC_{r+1}={}_{n+1}C_{r+1}$을 이용하여 식을 간단히 할 수 있도록 각각 ${}_7C_3$, ${}_6C_3$을 더하고 뺀다.

why? ❸ $d+e=3$이면 조건 (나)에서 $a+b+c\leq-1$이므로 이를 만족시키는 음이 아닌 정수 a, b, c가 존재하지 않는다.

핵심 개념 파스칼의 삼각형

n, r가 자연수이고 $1\leq r\leq n-1$일 때, 등식 ${}_nC_r={}_{n-1}C_{r-1}+{}_{n-1}C_r$가 성립함을 이용하면 조합의 수 ${}_nC_r$를 다음 그림과 같이 구할 수 있다.

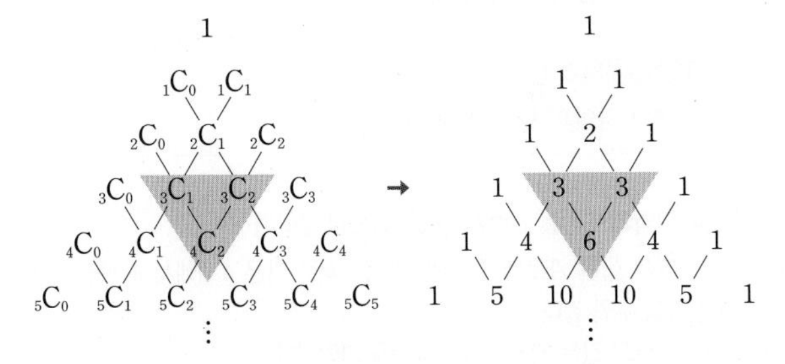

위의 그림과 같이 조합의 수를 배열한 것을 파스칼의 삼각형이라 한다.

THEME

03 여러 가지 확률의 계산

본문 21쪽

기출예시 1 | 정답 12

같은 숫자가 적혀 있는 공이 서로 이웃하게 나열되는 사건을 A라 하면 A^C은 같은 숫자가 적혀 있는 공이 서로 이웃하지 않게 나열되는 사건이다.

7개의 공을 일렬로 나열하는 경우의 수는 $7!$

4가 적혀 있는 흰 공과 4가 적혀 있는 검은 공을 하나로 생각하여 6개의 공을 일렬로 나열하는 경우의 수는 $6!$

4가 적혀 있는 흰 공과 검은 공의 위치를 서로 바꾸는 경우의 수는 $2!$

$\therefore \mathrm{P}(A)=\frac{6!\times2!}{7!}=\frac{2}{7}$

따라서 같은 숫자가 적혀 있는 공이 서로 이웃하지 않게 나열될 확률은

$\mathrm{P}(A^C)=1-\mathrm{P}(A)=1-\frac{2}{7}=\frac{5}{7}$

즉, $p=7$, $q=5$이므로 $p+q=7+5=12$

주의 4가 적혀 있는 흰 공과 검은 공에 적혀 있는 수가 같아도 색이 다르므로 $2!$을 곱하는 것을 빠뜨리지 않도록 주의한다.

1등급 완성 3단계 문제연습

본문 22~25쪽

1 15	2 22	3 ②	4 ④
5 ②	6 ③	7 ④	8 151

1

2021학년도 6월 평가원 나 29 [정답률 42%] | 정답 15

출제영역 순열+중복순열+함수의 개수+확률

순열, 중복순열의 수를 이용하여 함수의 특정한 조건을 만족시킬 확률을 구할 수 있는지를 묻는 문제이다.

집합 $A=\{1, 2, 3, 4\}$에 대하여 A에서 A로의 모든 함수 f❶ 중에서 임의로 하나를 선택할 때, 이 함수가 다음 조건을 만족시킬 확률은 p이다. $120p$의 값을 구하시오. 15

> (가) $f(1)\times f(2)\geq9$❷
> (나) 함수 f의 치역의 원소의 개수는 3❸이다.

출제코드 치역의 조건을 만족시키도록 함숫값 정하기

❶ 집합 A에서 집합 A로의 함수의 개수는 서로 다른 4개에서 4개를 택하는 중복순열의 수와 같다.
❷ $f(1)$, $f(2)$의 값은 각각 3 또는 4임을 파악한다.
❸ 정의역의 원소에 대응하는 서로 다른 함숫값의 개수가 3임을 파악한다.

해설 | 1단계 | 모든 함수 f의 개수 구하기

집합 A에서 A로의 모든 함수 f의 개수는

${}_4\Pi_4=4^4=256$

| 2단계 | 조건을 만족시키는 함수 f의 개수 구하기

조건 (가)에 의하여

$f(1)=f(2)=3$ 또는 $f(1)=f(2)=4$

또는 $f(1)=3$, $f(2)=4$ 또는 $f(1)=4$, $f(2)=3$ why? ❶

(i) $f(1)=f(2)=3$인 경우

조건 (나)를 만족시키려면 $f(3)$, $f(4)$의 값은 1, 2, 4 중에서 서로 다른 2개를 택하여 순서대로 대응시키면 되므로 이 경우의 수는

${}_3\mathrm{P}_2=6$

(ii) $f(1)=f(2)=4$인 경우

(i)과 같은 방법으로 하면 이 경우의 수는 6이다.

(iii) $f(1)=3$, $f(2)=4$인 경우

조건 (나)를 만족시키려면 치역의 원소의 개수가 3이어야 하므로 다음과 같이 경우를 나누어 생각할 수 있다.

㉠ $f(3)$의 값이 3 또는 4인 경우

$f(4)$의 값은 1 또는 2가 되어야 하므로 이 경우의 수는

$2\times2=4$

㉡ $f(4)$의 값이 3 또는 4인 경우

$f(3)$의 값은 1 또는 2가 되어야 하므로 이 경우의 수는

$2\times2=4$

㉢ $f(3)$, $f(4)$의 값이 모두 1이거나 모두 2인 경우의 수는

$1+1=2$

㉠, ㉡, ㉢에 의하여 $4+4+2=10$

(iv) $f(1)=4$, $f(2)=3$인 경우

(iii)과 같은 방법으로 하면 이 경우의 수는 10이다.

(i)~(iv)에 의하여 조건을 만족시키는 함수 f의 개수는

$6+6+10+10=32$

| 3단계 | 조건을 만족시킬 확률을 구하여 $120p$의 값 계산하기

$p=\frac{32}{256}=\frac{1}{8}$이므로

$120p=120\times\frac{1}{8}=15$

해설 특강

why? ❶ 조건 (가)에 의하여 $f(1)=1$이면 $f(2)\geq9$이므로 $f(2)$의 값은 존재하지 않는다.

$f(1)=2$이면 $f(2)\geq\frac{9}{2}$이므로 $f(2)$의 값은 존재하지 않는다.

$f(1)=3$이면 $f(2)\geq3$이므로 $f(2)=3$ 또는 $f(2)=4$

$f(1)=4$이면 $f(2)\geq\frac{9}{4}$이므로 $f(2)=3$ 또는 $f(2)=4$

핵심 개념 함수의 개수

두 집합 X, Y에 대하여 $n(X)=a$, $n(Y)=b$일 때

(1) 일대일함수 $f: X\rightarrow Y$의 개수는 ${}_b\mathrm{P}_a$ (단, $b\geq a$)

(2) 함수 $f: X\rightarrow Y$의 개수는 ${}_b\Pi_a$

2 2020학년도 6월 평가원 가 27 [정답률 33%] | 정답 22

출제영역 같은 것이 있는 순열+확률

전체 경우가 같은 것이 있는 숫자를 나열하는 순열일 때, 특정한 조건을 만족시킬 확률을 구할 수 있는지를 묻는 문제이다.

숫자 1, 1, 2, 2, 3, 3이 하나씩 적혀 있는 6개의 공이 들어 있는 주머니가 있다. 이 주머니에서 한 개의 공을 임의로 꺼내어 공에 적힌 수를 확인한 후 다시 넣지 않는다.❶ 이와 같은 시행을 6번 반복할 때, k $(1\leq k\leq 6)$번째 꺼낸 공에 적힌 수를 a_k라 하자. 두 자연수 m, n을

$m=a_1\times 100+a_2\times 10+a_3$,❷

$n=a_4\times 100+a_5\times 10+a_6$❷

이라 할 때, $m>n$❷일 확률은 $\frac{q}{p}$이다. $p+q$의 값을 구하시오. 22

(단, p와 q는 서로소인 자연수이다.)

출제코드 두 자연수 m, n에 대하여 $m>n$을 만족시키는 a_1과 a_4, a_2와 a_5, a_3과 a_6 사이의 관계 파악하기

❶ 주머니에서 꺼낸 공을 다시 넣지 않고 6개의 공을 모두 꺼내므로 a_k $(1\leq k\leq 6)$를 정하는 경우의 수는 6개의 숫자 1, 1, 2, 2, 3, 3을 일렬로 나열하는 경우의 수와 같다.

➡ n개 중에서 같은 것이 각각 p개, q개, $\cdots$, r개씩 있을 때, n개를 일렬로 나열하는 순열의 수는

$\frac{n!}{p!q!\cdots r!}$ (단, $p+q+\cdots+r=n$)

❷ $m>n$이 되기 위한 각 자리의 숫자를 비교한다.

➡ $m>n$이려면 $a_1>a_4$ 또는 $a_1=a_4$, $a_2>a_5$이어야 한다.

해설 **|1단계|** **전체 경우의 수 구하기**

a_k $(1\leq k\leq 6)$를 순서쌍 $(a_1, a_2, a_3, a_4, a_5, a_6)$으로 나타내면 이 순서쌍의 개수는 1, 1, 2, 2, 3, 3을 일렬로 나열하는 경우의 수와 같으므로

$\frac{6!}{2!2!2!}=90$

|2단계| **$m>n$인 경우의 수 구하기**

$m>n$이려면 $a_1>a_4$ 또는 $a_1=a_4$, $a_2>a_5$이어야 한다. **why?** ❶

(i) $a_1>a_4$일 때

순서쌍 $(a_1, a_2, a_3, a_4, a_5, a_6)$은

$(2, a_2, a_3, 1, a_5, a_6)$ 또는 $(3, a_2, a_3, 1, a_5, a_6)$

또는 $(3, a_2, a_3, 2, a_5, a_6)$

순서쌍 $(2, a_2, a_3, 1, a_5, a_6)$의 개수는 1, 1, 2, 2, 3, 3 중 1, 2를 제외한 1, 2, 3, 3을 일렬로 나열하는 경우의 수와 같으므로

$\frac{4!}{2!}=12$

같은 방법으로 하면 순서쌍 $(3, a_2, a_3, 1, a_5, a_6)$, $(3, a_2, a_3, 2, a_5, a_6)$의 개수도 각각 12이므로 이때의 순서쌍 $(a_1, a_2, a_3, a_4, a_5, a_6)$의 개수는

$12\times 3=36$

(ii) $a_1=a_4$, $a_2>a_5$일 때

순서쌍 $(a_1, a_2, a_3, a_4, a_5, a_6)$은

$(1, 3, a_3, 1, 2, a_6)$ 또는 $(2, 3, a_3, 2, 1, a_6)$

또는 $(3, 2, a_3, 3, 1, a_6)$

순서쌍 $(1, 3, a_3, 1, 2, a_6)$의 개수는 1, 1, 2, 2, 3, 3 중 1, 1, 2, 3을 제외한 2, 3을 일렬로 나열하는 경우의 수와 같으므로

$2!=2$

같은 방법으로 하면 순서쌍 $(2, 3, a_3, 2, 1, a_6)$, $(3, 2, a_3, 3, 1, a_6)$의 개수도 각각 2이므로 이때의 순서쌍 $(a_1, a_2, a_3, a_4, a_5, a_6)$의 개수는

$2\times 3=6$

(i), (ii)에 의하여 $m>n$인 경우의 수는

$36+6=42$

|3단계| **$m>n$일 확률을 구하여 $p+q$의 값 계산하기**

따라서 $m>n$일 확률은 $\frac{42}{90}=\frac{7}{15}$이므로

$p=15$, $q=7$

$\therefore p+q=15+7=22$

해설특강

why? ❶ $m>n$이려면 m의 백의 자리 숫자가 n의 백의 자리 숫자보다 크거나 m, n의 백의 자리 숫자는 같고 m의 십의 자리 숫자가 n의 십의 자리 숫자보다 크면 된다. 즉, $a_1>a_4$ 또는 $a_1=a_4$, $a_2>a_5$이면 된다.
이때 m, n의 백의 자리와 십의 자리 숫자가 같으면 일의 자리 숫자도 같아지므로 이러한 경우는 생각하지 않는다.

3 2019학년도 6월 평가원 가 18 [정답률 57%] 변형 | 정답 ②

출제영역 삼각함수의 그래프+확률

삼각함수의 그래프를 이용하여 특정한 조건을 만족시킬 확률을 구할 수 있는지를 묻는 문제이다.

한 개의 주사위를 두 번 던질 때, 나오는 눈의 수를 차례로 a, b❶라 하자. $0\leq x\leq 2\pi$에서 함수 $f(x)=a\sin\frac{ax}{2}$의 그래프❷와 직선 $y=b$가 만나는 서로 다른 점의 개수가 1 이상 4 이하일 확률은?

① $\frac{1}{4}$　✓② $\frac{1}{3}$　③ $\frac{5}{12}$

④ $\frac{1}{2}$　⑤ $\frac{7}{12}$

출제코드 삼각함수의 주기와 최댓값, 최솟값을 이용하여 조건을 만족시키는 a, b의 순서쌍 (a, b)의 개수 구하기

❶ 두 수 a, b의 순서쌍 (a, b)의 개수를 구한다.

➡ $6\times 6=36$

❷ 삼각함수의 주기와 최댓값, 최솟값을 파악한다.

➡ 함수 $f(x)=a\sin\frac{ax}{2}$의 주기는 $\frac{2\pi}{\frac{a}{2}}=\frac{4\pi}{a}$이고, 최댓값은 a, 최솟값은 $-a$이다.

해설 **|1단계| 전체 경우의 수 구하기**

두 수 a, b의 순서쌍 (a, b)의 개수는

$6\times6=36$

|2단계| 함수 $f(x)$의 주기와 최댓값, 최솟값 구하기

함수 $f(x)=a\sin\frac{ax}{2}$의 주기는

$\frac{2\pi}{\frac{a}{2}}=\frac{4\pi}{a}$

이고, 함수 $f(x)$의 최댓값은 a, 최솟값은 $-a$이다.

|3단계| 조건을 만족시키는 두 수 a, b의 순서쌍 (a, b)의 개수 구하기

함수 $y=f(x)$의 그래프와 직선 $y=b$가 만나는 서로 다른 점의 개수가 1 이상 4 이하가 되도록 하는 두 수 a, b의 순서쌍 (a, b)의 개수를 a의 값에 따라 구하면 다음과 같다.

(i) $a=1$일 때

함수 $f(x)$의 주기는 4π이고, 최댓값은 1, 최솟값은 -1이다.

$0\le x\le2\pi$에서 함수 $y=f(x)$의 그래프와 직선 $y=b$가 만나는 서로 다른 점은

$b=1$일 때, 1개

$b\ge2$일 때, 0개

이므로 순서쌍 (a, b)는

$(1, 1)$

의 1개이다.

(ii) $a=2$일 때

함수 $f(x)$의 주기는 2π이고, 최댓값은 2, 최솟값은 -2이다.

$0\le x\le2\pi$에서 함수 $y=f(x)$의 그래프와 직선 $y=b$가 만나는 서로 다른 점은

$b=1$일 때, 2개

$b=2$일 때, 1개

$b\ge3$일 때, 0개

이므로 순서쌍 (a, b)는

$(2, 1)$, $(2, 2)$

의 2개이다.

(iii) $a=3$일 때

함수 $f(x)$의 주기는 $\frac{4}{3}\pi$이고, 최댓값은 3, 최솟값은 -3이다.

$0\le x\le2\pi$에서 함수 $y=f(x)$의 그래프와 직선 $y=b$가 만나는 서로 다른 점은

$b=1$, 2일 때, 4개

$b=3$일 때, 2개

$b\ge4$일 때, 0개

이므로 순서쌍 (a, b)는

$(3, 1)$, $(3, 2)$, $(3, 3)$

의 3개이다.

(iv) $a=4$일 때

함수 $f(x)$의 주기는 π이고, 최댓값은 4, 최솟값은 -4이다.

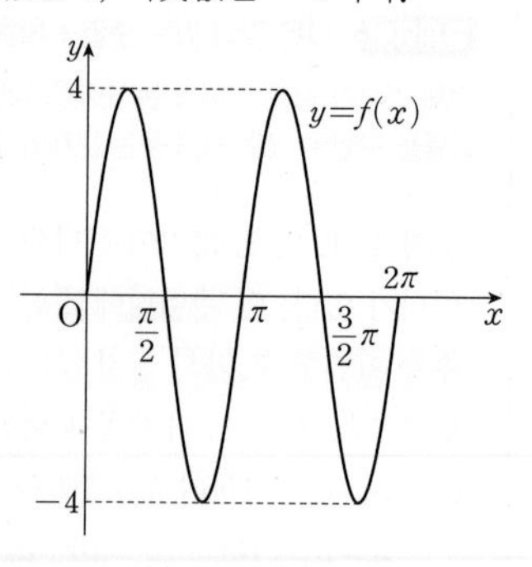

$0\le x\le2\pi$에서 함수 $y=f(x)$의 그래프와 직선 $y=b$가 만나는 서로 다른 점은

$b=1$, 2, 3일 때, 4개

$b=4$일 때, 2개

$b\ge5$일 때, 0개

이므로 순서쌍 (a, b)는

$(4, 1)$, $(4, 2)$, $(4, 3)$, $(4, 4)$

의 4개이다.

(v) $a=5$일 때

함수 $f(x)$의 주기는 $\frac{4}{5}\pi$이고, 최댓값은 5, 최솟값은 -5이다.

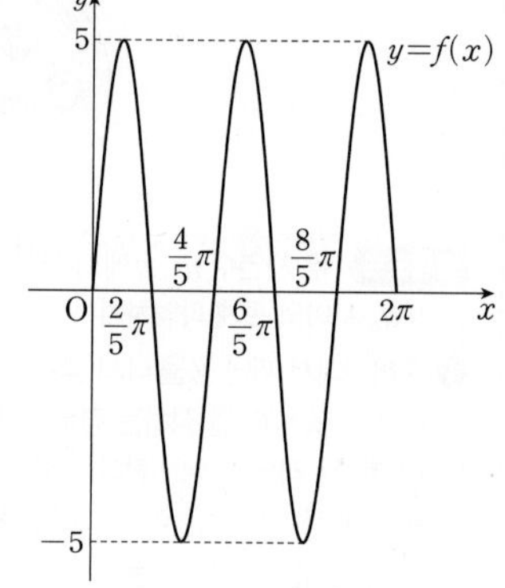

$0\le x\le2\pi$에서 함수 $y=f(x)$의 그래프와 직선 $y=b$가 만나는 서로 다른 점은

$b=1$, 2, 3, 4일 때, 6개

$b=5$일 때, 3개

$b=6$일 때, 0개

이므로 순서쌍 (a, b)는

$(5, 5)$의 1개이다.

(vi) $a=6$일 때

함수 $f(x)$의 주기는 $\frac{2}{3}\pi$이고, 최댓값은 6, 최솟값은 -6이다.

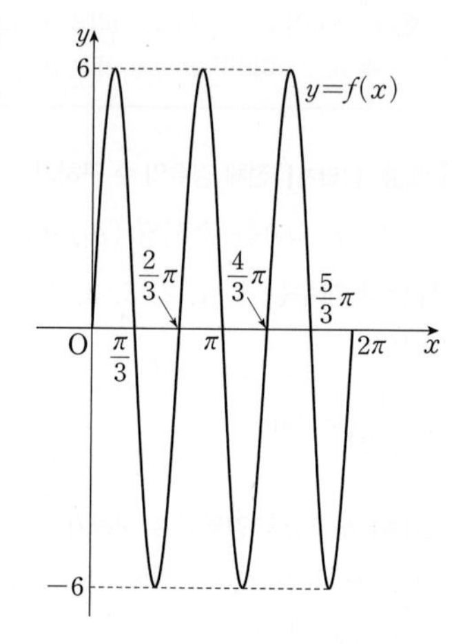

$0\le x\le2\pi$에서 함수 $y=f(x)$의 그래프와 직선 $y=b$가 만나는 서로 다른 점은

$b=1$, 2, 3, 4, 5일 때, 6개

$b=6$일 때, 3개

이므로 순서쌍 (a, b)는

$(6, 6)$의 1개이다.

(i)~(vi)에 의하여 조건을 만족시키는 두 수 a, b의 순서쌍 (a, b)의 개수는

$1+2+3+4+1+1=12$

|4단계| 조건을 만족시킬 확률 구하기

따라서 구하는 확률은 $\frac{12}{36}=\frac{1}{3}$

핵심 개념 **삼각함수의 최대, 최소와 주기 (수학 I)**

삼각함수	주기	최댓값	최솟값
$y=a\sin(bx+c)+d$	$\frac{2\pi}{\lvert b\rvert}$	$\lvert a\rvert+d$	$-\lvert a\rvert+d$
$y=a\cos(bx+c)+d$	$\frac{2\pi}{\lvert b\rvert}$	$\lvert a\rvert+d$	$-\lvert a\rvert+d$
$y=a\tan(bx+c)+d$	$\frac{\pi}{\lvert b\rvert}$	없다.	없다.

4 2016학년도 9월 평가원 B 15 [정답률 67%] 변형 | 정답 ④

출제영역 같은 것이 있는 순열+조합+확률의 덧셈정리

같은 것이 있는 순열의 수를 이용하여 특정한 조건을 만족시킬 확률을 구할 수 있는지를 묻는 문제이다.

주머니에 1, 1, 1, 2, 2, 3의 숫자가 하나씩 적혀 있는 6개의 공이 들어 있다. 이 주머니에서 임의로 4개의 공을 동시에 꺼내어 일렬로 나열할 때, 첫 번째 공에 적힌 숫자가 두 번째 공에 적힌 숫자보다 작거나 같을 확률은?

(1이 3개, 2가 2개, 3이 1개)

① $\frac{7}{12}$ ② $\frac{3}{5}$ ③ $\frac{37}{60}$

✓④ $\frac{19}{30}$ ⑤ $\frac{13}{20}$

출제코드 1, 2가 적힌 공의 개수에 따라 경우 나누기

❶ 꺼낸 공 중에서 1이 적힌 공은 반드시 1개 이상 포함된다.

❷ 나열된 순서대로 공에 적힌 숫자를 각각 a, b, c, d라 하면 구하는 확률은 $a \le b$일 확률이다.

➡ $a \le b$인 경우를 따지는 것보다 여사건 $a > b$인 경우를 따지는 것이 간단하다.

해설 **|1단계|** 1이 적힌 공을 3개 꺼내는 경우의 확률 구하기

꺼낸 4개의 공에 적힌 숫자를 차례대로 a, b, c, d라 하자.

꺼낸 공에 적힌 숫자에 따라 다음과 같이 경우를 나눌 수 있다. why? ❶

(i) 꺼낸 공에 적힌 숫자가 1, 1, 1, 2인 경우

1이 적힌 공 3개, 2가 적힌 공 1개를 꺼낼 확률은

$\frac{{}_3C_3 \times {}_2C_1}{{}_6C_4} = \frac{1 \times 2}{15}$

$= \frac{2}{15}$

꺼낸 4개의 공을 일렬로 나열하는 경우의 수는

$\frac{4!}{3!} = 4$

이때 $a > b$인 경우는 $a=2$, $b=1$일 때 1가지이므로 $a \le b$인 경우의 수는

(2, 1, 1, 1)

(첫 번째 공에 적힌 숫자가 두 번째 공에 적힌 숫자보다 큰 경우)

(첫 번째 공에 적힌 숫자가 두 번째 공에 적힌 숫자보다 작거나 같은 경우)

$4-1=3$

즉, 꺼낸 4개의 공을 일렬로 나열할 때, $a \le b$일 확률은

$\frac{3}{4}$ how? ❷

따라서 꺼낸 공에 적힌 숫자가 1, 1, 1, 2이고 $a \le b$일 확률은

$\frac{2}{15} \times \frac{3}{4} = \frac{1}{10}$

(ii) 꺼낸 공에 적힌 숫자가 1, 1, 1, 3인 경우

1이 적힌 공 3개, 3이 적힌 공 1개를 꺼낼 확률은

$\frac{{}_3C_3 \times {}_1C_1}{{}_6C_4} = \frac{1}{15}$

꺼낸 4개의 공을 일렬로 나열할 때, $a \le b$일 확률은 (i)과 같으므로

$\frac{3}{4}$

따라서 꺼낸 공에 적힌 숫자가 1, 1, 1, 3이고 $a \le b$일 확률은

$\frac{1}{15} \times \frac{3}{4} = \frac{1}{20}$

|2단계| 1과 2가 적힌 공을 2개씩 꺼내는 경우의 확률 구하기

(iii) 꺼낸 공에 적힌 숫자가 1, 1, 2, 2인 경우

1이 적힌 공 2개, 2가 적힌 공 2개를 꺼낼 확률은

$\frac{{}_3C_2 \times {}_2C_2}{{}_6C_4} = \frac{3 \times 1}{15}$

$= \frac{1}{5}$

꺼낸 4개의 공을 일렬로 나열하는 경우의 수는

$\frac{4!}{2!2!} = 6$

이때 $a > b$인 경우는 $a=2$, $b=1$일 때 2가지이므로 $a \le b$인 경우의 수는

(2, 1, 1, 2), (2, 1, 2, 1)

$6-2=4$

즉, 꺼낸 4개의 공을 일렬로 나열할 때, $a \le b$일 확률은

$\frac{4}{6} = \frac{2}{3}$ how? ❸

따라서 꺼낸 공에 적힌 숫자가 1, 1, 2, 2이고 $a \le b$일 확률은

$\frac{1}{5} \times \frac{2}{3} = \frac{2}{15}$

|3단계| 같은 숫자가 적힌 공 2개와 다른 숫자가 적힌 공 2개를 꺼내는 경우의 확률 구하기

(iv) 꺼낸 공에 적힌 숫자가 1, 1, 2, 3인 경우

1이 적힌 공 2개, 2가 적힌 공 1개, 3이 적힌 공 1개를 꺼낼 확률은

$\frac{{}_3C_2 \times {}_2C_1 \times {}_1C_1}{{}_6C_4} = \frac{3 \times 2 \times 1}{15}$

$= \frac{2}{5}$

꺼낸 4개의 공을 일렬로 나열하는 경우의 수는

$\frac{4!}{2!} = 12$

이때 $a > b$인 경우는 $a=2$, $b=1$일 때 2가지, $a=3$, $b=1$일 때 2가지, $a=3$, $b=2$일 때 1가지이므로 $a \le b$인 경우의 수는

(2, 1, 1, 3), (2, 1, 3, 1) / (3, 1, 1, 2), (3, 1, 2, 1) / (3, 2, 1, 1)

$12-(2+2+1)=7$

즉, 꺼낸 4개의 공을 일렬로 나열할 때, $a \le b$일 확률은

$\frac{7}{12}$ how? ❹

따라서 꺼낸 공에 적힌 숫자가 1, 1, 2, 3이고 $a \le b$일 확률은

$\frac{2}{5} \times \frac{7}{12} = \frac{7}{30}$

(v) 꺼낸 공에 적힌 숫자가 1, 2, 2, 3인 경우

1이 적힌 공 1개, 2가 적힌 공 2개, 3이 적힌 공 1개를 꺼낼 확률은

$\frac{{}_3C_1 \times {}_2C_2 \times {}_1C_1}{{}_6C_4} = \frac{3 \times 1 \times 1}{15}$

$= \frac{1}{5}$

꺼낸 4개의 공을 일렬로 나열하는 경우의 수는

$\frac{4!}{2!} = 12$

이때 $a > b$인 경우는 $a=2$, $b=1$일 때 2가지, $a=3$, $b=1$일 때 1가지, $a=3$, $b=2$일 때 2가지이므로 $a \le b$인 경우의 수는

(2, 1, 2, 3), (2, 1, 3, 2) / (3, 1, 2, 2) / (3, 2, 1, 2), (3, 2, 2, 1)

$12-(2+1+2)=7$

즉, 꺼낸 4개의 공을 일렬로 나열할 때, $a \le b$일 확률은

$\frac{7}{12}$

따라서 꺼낸 공에 적힌 숫자가 1, 2, 2, 3이고 $a \le b$일 확률은

$\frac{1}{5} \times \frac{7}{12} = \frac{7}{60}$

|4단계| 확률의 덧셈정리를 이용하여 확률 구하기

(i)~(v)에 의하여 구하는 확률은

$\frac{1}{10} + \frac{1}{20} + \frac{2}{15} + \frac{7}{30} + \frac{7}{60} = \frac{19}{30}$

└(i)~(v)의 사건이 서로 배반사건이므로 확률의 덧셈정리가 성립한다.

해설 특강

why?❶ 1이 적힌 공이 3개, 2가 적힌 공이 2개, 3이 적힌 공이 1개이므로 이 중에서 4개의 공을 꺼내면 1이 적힌 공은 적어도 한 개가 포함된다. 1이 적힌 공 1개를 제외한 나머지 5개의 공 중에서 3개를 꺼내는 경우로 생각할 수 있다. 이때 3이 적힌 공의 포함 여부에 따라 경우를 나누면 다음과 같다.

㉠ 3이 적힌 공이 포함되는 경우: 3이 적힌 공을 제외한 나머지 1, 1, 2, 2가 적힌 공 중에서 2개를 꺼내야 하므로 꺼낸 공에 적힌 숫자는 (1, 1), (1, 2), (2, 2)의 3가지

㉡ 3이 적힌 공이 포함되지 않는 경우: 1, 1, 2, 2가 적힌 공 중에서 3개를 꺼내야 하므로 꺼낸 공에 적힌 숫자는 (1, 1, 2), (1, 2, 2)의 2가지

㉠, ㉡에 의하여 꺼낸 공에 적힌 숫자는 다음과 같이 나눌 수 있다.

(1, 1, 1, 3), (1, 1, 2, 3), (1, 2, 2, 3), ←㉠의 경우
(1, 1, 1, 2), (1, 1, 2, 2) ←㉡의 경우

how?❷ 1, 1, 1, 2를 일렬로 나열하는 경우는
(1, 1, 1, 2), (1, 1, 2, 1), (1, 2, 1, 1), (2, 1, 1, 1)
의 4가지이고, 이 중에서 $a > b$인 경우는 1가지이므로 그 확률은 $\frac{1}{4}$이다.
따라서 $a \le b$일 확률은 여사건의 확률을 이용하면 $1 - \frac{1}{4} = \frac{3}{4}$과 같이 구할 수 있다.

how?❸ 1, 1, 2, 2를 일렬로 나열할 때 $a > b$인 경우는
(2, 1, 1, 2), (2, 1, 2, 1)
의 2가지이므로 그 확률은 $\frac{2}{6} = \frac{1}{3}$이다.
따라서 $a \le b$일 확률은 여사건의 확률을 이용하면 $1 - \frac{1}{3} = \frac{2}{3}$와 같이 구할 수 있다.

how?❹ 1, 1, 2, 3을 일렬로 나열할 때 $a > b$인 경우는
(2, 1, 1, 3), (2, 1, 3, 1), (3, 1, 1, 2), (3, 1, 2, 1), (3, 2, 1, 1)
의 5가지이므로 그 확률은 $\frac{5}{12}$이다.
따라서 $a \le b$일 확률은 여사건의 확률을 이용하면 $1 - \frac{5}{12} = \frac{7}{12}$과 같이 구할 수 있다.

5

| 정답 ②

출제영역 같은 것이 있는 순열+확률

같은 것이 있는 순열의 수를 이용하여 특정한 조건을 만족시킬 확률을 구할 수 있는지를 묻는 문제이다.

A, B, C, C, D, D, D의 문자가 하나씩 적혀 있는 7장의 카드가 있다. 이 카드를 모두 한 번씩 사용하여 왼쪽부터 일렬로 나열한 것 중 하나를 선택❶할 때, 다음 조건을 만족시키도록 나열될 확률은?

(가) A가 적혀 있는 카드의 양옆에는 B 또는 C가 적혀 있는 카드만 놓일 수 있다.
(나) B가 적혀 있는 카드의 양옆에는 A 또는 D가 적혀 있는 카드만 놓일 수 있다.
(다) 양 끝에는 같은 문자가 적혀 있는 카드가 놓여 있다.❷

① $\frac{1}{70}$ ✓② $\frac{1}{35}$ ③ $\frac{3}{70}$
④ $\frac{2}{35}$ ⑤ $\frac{1}{14}$

출제코드 양 끝에 놓인 카드에 적힌 문자에 따라 경우 나누기

❶ A, B, C, C, D, D, D의 문자가 하나씩 적혀 있는 7장의 카드를 일렬로 나열하는 경우의 수는 $\frac{7!}{2!3!}$이다.

❷ 양 끝에는 C 또는 D가 적힌 카드가 놓여야 한다.

해설 **|1단계| 전체 경우의 수 구하기**

A, B, C, C, D, D, D의 문자가 하나씩 적혀 있는 7장의 카드를 왼쪽부터 일렬로 나열하는 경우의 수는

$\frac{7!}{2!3!} = 420$

|2단계| 양 끝에 놓인 카드에 적힌 문자에 따라 조건을 만족시키는 경우의 수 구하기

조건 (다)에 의하여 양 끝에는 C 또는 D가 적힌 카드가 놓여야 한다.

(i) 양 끝에 C가 적힌 카드가 놓인 경우
조건 (가), (나)를 만족시키는 경우는 CABDDDC, CDDDBAC의 2가지이다.

(ii) 양 끝에 D가 적힌 카드가 놓인 경우
조건 (가), (나)를 만족시키는 경우는 다음과 같다. **why?❶**

㉠ 문자열 DBAC를 포함하는 경우
DBAC□□D 꼴에서 □□에 문자 C, D가 적혀 있는 2장의 카드를 일렬로 나열하는 경우의 수는
$2! = 2$
또, DDBACCD, DCDBACD의 2가지가 더 있으므로 이때의 경우의 수는
$2 + 2 = 4$

㉡ 문자열 CABD를 포함하는 경우
D□□CABD 꼴에서 □□에 문자 C, D가 적혀 있는 2장의 카드를 일렬로 나열하는 경우의 수는
$2! = 2$
또, DCABDCD, DCCABDD의 2가지가 더 있으므로 이때의 경우의 수는
$2 + 2 = 4$

㉢ 문자열 CAC를 포함하는 경우

DCACDBD, DBDCACD의 2가지다.

㉠, ㉡, ㉢에 의하여 양 끝에 D가 적힌 카드가 놓인 경우의 수는

$4+4+2=10$

(i), (ii)에 의하여 조건을 만족시키도록 7장의 카드를 나열하는 경우의 수는

$2+10=12$

|3단계| 조건을 만족시킬 확률을 구하여 $p+q$의 값 계산하기

따라서 조건을 만족시킬 확률은

$\frac{12}{420}=\frac{1}{35}$

해설 특강

why? ❶ 조건 (가)에 의하여 A를 포함한 문자열은 BAC 또는 CAB 또는 CAC를 포함해야 하고, 조건 (나)에 의하여 B를 포함한 문자열은 ABD 또는 DBA 또는 DBD를 포함해야 한다.
따라서 A 또는 B를 포함하는 문자열은 DBAC 또는 CABD 또는 CAC 또는 DBD를 포함해야 한다.

6

|정답 ③

출제영역 조합+중복순열+확률의 덧셈정리

중복순열, 조합의 수를 이용하여 특정한 조건을 만족시킬 확률을 구할 수 있는지를 묻는 문제이다.

집합 $A=\{1, 2, 3, 4, 5\}$에서 집합 $B=\{1, 2, 3, 4\}$로의 함수❶ f 중에서 임의로 선택한 한 함수가 다음 조건을 만족시킬 확률은?

(가) $1 \le f(1)+f(3) \le 3$❷
(나) 함수 f의 치역의 원소의 개수는 3❸이다.

① $\frac{2}{32}$ ② $\frac{13}{128}$ ✓③ $\frac{7}{64}$ ④ $\frac{15}{128}$ ⑤ $\frac{1}{8}$

출제코드 치역의 원소의 개수 조건을 만족시키도록 함숫값 정하기

❶ 집합 $\{a_1, a_2, a_3, \cdots, a_m\}$에서 집합 $\{b_1, b_2, b_3, \cdots, b_n\}$으로의 함수의 개수는 서로 다른 n개에서 m개를 택하는 중복순열의 수와 같다. 즉, ${}_n\Pi_m=n^m$
❷ $f(1)$, $f(3)$의 값은 자연수이므로 주어진 범위에서 $f(1)+f(3)$의 값으로 가능한 값을 찾는다.
❸ 정의역의 원소에 대응하는 서로 다른 함숫값의 개수가 3이어야 한다.

해설 |1단계| 함수 f의 개수 구하기

집합 A에서 집합 B로의 함수 f의 개수는 서로 다른 4개에서 5개를 택하는 중복순열의 수와 같으므로

${}_4\Pi_5=4^5=1024$

|2단계| $f(1)+f(3)$의 값 구하기

$f(1)\ge 1$, $f(3)\ge 1$이므로 $f(1)+f(3)\ge 2$

즉, 조건 (가)에 의하여

$f(1)+f(3)=2$ 또는 $f(1)+f(3)=3$

|3단계| $f(1)+f(3)=2$일 확률 구하기

(i) $f(1)+f(3)=2$일 때 (치역은 $\{1, ■, ▲\}$ 꼴)

$f(1)=f(3)=1$이므로 조건 (나)를 만족시키려면 $f(2)$, $f(4)$, $f(5)$의 값 중에서 치역의 원소 2, 3, 4 중 2개에 대응되는 값이 반드시 있어야 한다.

㉠ $f(2)$, $f(4)$, $f(5)$의 값이 모두 1이 아닌 경우

$f(2)$, $f(4)$, $f(5)$의 값을 2, 3, 4 중 2개에 대응시켜야 하므로 이때의 경우의 수는

${}_3C_2\times({}_2\Pi_3-2)=3\times(2^3-2)=18$ how? ❶

㉡ $f(2)$, $f(4)$, $f(5)$의 값 중 하나가 1인 경우

$f(2)$, $f(4)$, $f(5)$의 값 중 하나를 1에 대응시키는 경우의 수는 3

$f(2)$, $f(4)$, $f(5)$의 값 중 1에 대응시키고 남은 2개를 2, 3, 4 중 2개에 대응시켜야 하므로 이때의 경우의 수는

${}_3C_2\times({}_2\Pi_2-2)=3\times(2^2-2)=6$

즉, $f(2)$, $f(4)$, $f(5)$의 값 중 하나가 1인 경우의 수는

$3\times6=18$

㉠, ㉡에 의하여 $f(1)+f(3)=2$인 경우의 수는

$18+18=36$ how? ❷

이므로 이때의 확률은 $\frac{36}{1024}=\frac{9}{256}$

|4단계| $f(1)+f(3)=3$일 확률 구하기

(ii) $f(1)+f(3)=3$일 때

$f(1)$과 $f(3)$의 값은 $f(1)=1$, $f(3)=2$ 또는 $f(1)=2$, $f(3)=1$의 2가지이다. (치역은 $\{1, 2, ★\}$ 꼴)

이때 조건 (나)를 만족시키려면 치역의 나머지 원소는 3, 4 중에서 1개를 택해야 하므로 경우의 수는 2

$f(2)$, $f(4)$, $f(5)$의 값을 세 숫자($\{1, 2, ★\}$)에 대응시키는 경우의 수에서 1, 2에만 대응시키는 경우의 수를 빼야 하므로

${}_3\Pi_3-{}_2\Pi_3=3^3-2^3=19$

따라서 $f(1)+f(3)=3$인 경우의 수는 $2\times2\times19=76$

이므로 이때의 확률은 $\frac{76}{1024}=\frac{19}{256}$

|5단계| 조건을 만족시킬 확률 구하기

(i), (ii)에 의하여 구하는 확률은

$\frac{9}{256}+\frac{19}{256}=\frac{28}{256}=\frac{7}{64}$

(i), (ii)의 두 사건은 서로 배반사건이므로 확률의 덧셈정리를 이용한다.

해설 특강

how? ❶ 2, 3, 4 중에서 $f(2)$, $f(4)$, $f(5)$의 값이 될 2개를 택하는 경우의 수는 ${}_3C_2$이다. 이때 $\{2, 3\}$이 선택되었다고 하면 $\{2, 4, 5\}$에서 $\{2, 3\}$으로의 함수의 개수 ${}_2\Pi_3$에서 $\{2\}$ 또는 $\{3\}$으로의 함수의 개수를 빼야 한다.
따라서 함숫값 2개에 대응시키는 경우의 수는 ${}_2\Pi_3-2$이다.

how? ❷ $f(1)+f(3)=2$인 경우의 수는 $\{2, 4, 5\}$에서 $\{1, ■, ▲\}$로의 함수의 개수에서 $\{1, ■\}$, $\{1, ▲\}$로의 함수의 개수를 빼야 한다. 이때 $\{1\}$로의 함수의 개수가 중복되므로
${}_3C_2\times({}_3\Pi_3-2\times{}_2\Pi_3+1)=36$
과 같이 구할 수도 있다.

핵심 개념 **함수의 개수**

(1) 원소의 개수가 n인 집합 X에 대하여 함수 $f: X \longrightarrow X$일 때, 일대일대응인 함수 f의 개수 (일대일함수이면서 공역과 치역이 같은 함수)

➡ ${}_n\mathrm{P}_n=n!$

(2) 두 집합 $X=\{x_1, x_2, x_3, \cdots, x_m\}$, $Y=\{y_1, y_2, y_3, \cdots, y_n\}$에 대하여

① 집합 X에서 집합 Y로의 함수의 개수 ➡ ${}_n\Pi_m=n^m$

② 집합 X에서 집합 Y로의 일대일함수, 즉 $x_i \neq x_j$이면 $f(x_i) \neq f(x_j)$인 함수의 개수 ➡ ${}_n\mathrm{P}_m$ (단, $n \geq m$)

③ $x_i < x_j$이면 $f(x_i) < f(x_j)$인 함수의 개수 ➡ ${}_n\mathrm{C}_m$ (단, $n \geq m$)

④ $x_i < x_j$이면 $f(x_i) \leq f(x_j)$인 함수의 개수 ➡ ${}_n\mathrm{H}_m$

7

| 정답 ④

출제영역 순열＋확률의 덧셈정리

순열의 수를 이용하여 특정한 조건을 만족시킬 확률을 구할 수 있는지를 묻는 문제이다.

1부터 7까지의 자연수 중에서 임의로 서로 다른 4개의 수를 선택한 후 일렬로 나열❶하여 네 자리의 자연수를 만들 때, 천의 자리의 숫자와 백의 자리의 숫자의 곱이 홀수이거나 십의 자리의 숫자와 일의 자리의 숫자의 합이 짝수일 확률❷은?

① $\frac{3}{10}$ ② $\frac{2}{5}$ ③ $\frac{1}{2}$

✓④ $\frac{3}{5}$ ⑤ $\frac{7}{10}$

출제코드 천의 자리의 숫자와 백의 자리의 숫자의 곱이 홀수인 사건을 A, 십의 자리의 숫자와 일의 자리의 숫자의 합이 짝수인 사건을 B라 하고, $\mathrm{P}(A\cup B)$의 값 구하기

❶ 서로 다른 7개 중에서 서로 다른 4개를 선택하여 일렬로 나열하므로 순열의 수를 이용한다.

❷ 천의 자리의 숫자와 백의 자리의 숫자의 곱이 홀수인 사건을 A, 십의 자리의 숫자와 일의 자리의 숫자의 합이 짝수인 사건을 B라 하고, $\mathrm{P}(A\cup B)$의 값을 구한다.

➡ $\mathrm{P}(A\cup B)=\mathrm{P}(A)+\mathrm{P}(B)-\mathrm{P}(A\cap B)$

해설 **|1단계|** **전체 경우의 수 구하기**

1부터 7까지의 자연수 중에서 임의로 서로 다른 4개의 수를 선택한 후 일렬로 나열하여 만들 수 있는 네 자리의 자연수의 개수는

${}_7\mathrm{P}_4=840$

|2단계| 천의 자리의 숫자와 백의 자리의 숫자의 곱이 홀수인 사건을 A, 십의 자리의 숫자와 일의 자리의 숫자의 합이 짝수인 사건을 B라 하고, $\mathrm{P}(A)$, $\mathrm{P}(B)$, $\mathrm{P}(A\cap B)$의 값 구하기

천의 자리의 숫자와 백의 자리의 숫자의 곱이 홀수인 사건을 A, 십의 자리의 숫자와 일의 자리의 숫자의 합이 짝수인 사건을 B라 하면 구하는 확률은 $\mathrm{P}(A\cup B)$이다.

(i) 천의 자리의 숫자와 백의 자리의 숫자의 곱이 홀수인 경우

천의 자리의 숫자와 백의 자리의 숫자가 모두 홀수이므로 네 수 1, 3, 5, 7 중에서 2개를 선택하여 나열하는 경우의 수는

${}_4\mathrm{P}_2=12$

십의 자리와 일의 자리에는 남은 5개의 수 중에서 2개를 선택하여 나열하면 되므로 이때의 경우의 수는

${}_5\mathrm{P}_2=20$

$\therefore \mathrm{P}(A)=\frac{12\times 20}{840}=\frac{2}{7}$

(ii) 십의 자리의 숫자와 일의 자리의 숫자의 합이 짝수인 경우

십의 자리의 숫자와 일의 자리의 숫자가 모두 짝수이거나 모두 홀수이다.

㉠ 십의 자리의 숫자와 일의 자리의 숫자가 모두 짝수인 경우

세 수 2, 4, 6 중에서 2개를 선택하여 나열하는 경우의 수는

${}_3\mathrm{P}_2=6$

천의 자리와 백의 자리에는 남은 5개의 수 중에서 2개를 선택하여 나열하면 되므로 이때의 경우의 수는

${}_5\mathrm{P}_2=20$

따라서 십의 자리의 숫자와 일의 자리의 숫자가 모두 짝수인 경우의 수는

$6\times 20=120$

㉡ 십의 자리의 숫자와 일의 자리의 숫자가 모두 홀수인 경우

네 수 1, 3, 5, 7 중에서 2개를 선택하여 나열하는 경우의 수는

${}_4\mathrm{P}_2=12$

천의 자리와 백의 자리에는 남은 5개의 수 중에서 2개를 선택하여 나열하면 되므로 이때의 경우의 수는

${}_5\mathrm{P}_2=20$

따라서 십의 자리의 숫자와 일의 자리의 숫자가 모두 홀수인 경우의 수는

$12\times 20=240$

㉠, ㉡에 의하여 $\mathrm{P}(B)=\frac{120+240}{840}=\frac{3}{7}$

(iii) 천의 자리의 숫자와 백의 자리의 숫자의 곱은 홀수이고 십의 자리의 숫자와 일의 자리의 숫자의 합은 짝수인 경우

㉠ 천의 자리의 숫자와 백의 자리의 숫자는 모두 홀수이고 십의 자리의 숫자와 일의 자리의 숫자는 모두 짝수인 경우

네 수 1, 3, 5, 7 중에서 2개를 선택하여 나열하는 경우의 수는

${}_4\mathrm{P}_2=12$

세 수 2, 4, 6 중에서 2개를 선택하여 나열하는 경우의 수는

${}_3\mathrm{P}_2=6$

따라서 이때의 경우의 수는

$12\times 6=72$

㉡ 모든 자리의 숫자가 홀수인 경우

네 수 1, 3, 5, 7을 일렬로 나열하는 경우의 수는

$4!=24$

㉠, ㉡에 의하여 $\mathrm{P}(A\cap B)=\frac{72+24}{840}=\frac{4}{35}$

|3단계| 조건을 만족시킬 확률 구하기

(i), (ii), (iii)에 의하여 구하는 확률은

$$\mathrm{P}(A\cup B)=\mathrm{P}(A)+\mathrm{P}(B)-\mathrm{P}(A\cap B)$$
$$=\frac{2}{7}+\frac{3}{7}-\frac{4}{35}=\frac{3}{5}$$

8 | 정답 151

출제영역 조합+확률의 덧셈정리

주머니에서 카드를 꺼내는 시행을 반복할 때, 특정한 조건을 만족시킬 확률을 구할 수 있는지를 묻는 문제이다.

두 주머니 A와 B에 숫자 1, 2, 3, 4, 5가 하나씩 적혀 있는 5장의 카드가 각각 들어 있다. 두 주머니 A와 B에서 동시에 임의로 한 장씩 카드를 꺼내어 확인하고 버리는 시행을 할 때, ❶ 5번의 시행 중 두 주머니에서 꺼낸 카드에 적힌 숫자가 같은 횟수가 2 이상일 확률 ❷ 은 $\frac{q}{p}$이다. $p+q$의 값을 구하시오. 151

(단, p와 q는 서로소인 자연수이다.)

킬러코드 꺼낸 숫자가 같은 횟수가 2 또는 3일 때 각 경우에서 나머지 숫자가 다른 경우의 수 구하기

❶ 두 주머니 A, B에서 카드를 한 장씩 꺼내는 경우의 수는 A 주머니에서 꺼낸 카드에 적힌 숫자에 B 주머니에서 나온 카드에 적힌 숫자를 대응시키는 경우의 수와 같다.
즉, 서로 다른 5개를 일렬로 나열하는 순열의 수와 같다.

❷ 같은 횟수가 2, 3, 4, 5인 경우로 나누어 생각한다.
이때 같은 숫자가 4번 나오면 나머지 한 숫자도 같아지므로 같은 숫자가 4번 나오는 경우는 없다.

해설 **|1단계| 전체 경우의 수 구하기**

주머니 A에서 숫자 1, 2, 3, 4, 5가 적힌 카드를 순서대로 꺼낸다고 하면 전체 경우의 수는 주머니 B에서 꺼내는 카드의 순서를 정하는 경우의 수와 같으므로

$5!=120$ how? ❶

|2단계| 두 주머니에서 꺼낸 카드에 적힌 숫자가 같은 횟수가 2 이상인 경우의 수 구하기

두 주머니에서 꺼낸 카드에 적힌 숫자가 같은 횟수가 2, 3, 4, 5인 경우로 나누어 확률을 구하면 다음과 같다. why? ❷

(i) 꺼낸 카드에 적힌 숫자가 같은 횟수가 2인 경우

먼저 두 주머니에서 같은 숫자가 적힌 카드 2개를 택하는 경우의 수는

${}_5C_2=10$

이때 나머지 3개의 숫자를 a, b, c라 하면 각 시행에서 꺼낸 카드에 적힌 숫자가 다른 경우는 다음의 2가지이다. how? ❸

	꺼낸 카드에 적힌 숫자						
주머니 A	a	b	c	또는	a	b	c
주머니 B	b	c	a		c	a	b

따라서 꺼낸 카드에 적힌 숫자가 같은 횟수가 2일 확률은

$\frac{10\times2}{120}=\frac{1}{6}$

(ii) 꺼낸 카드에 적힌 숫자가 같은 횟수가 3인 경우

먼저 두 주머니에서 같은 숫자가 적힌 카드 3개를 택하는 경우의 수는

${}_5C_3={}_5C_2=10$

이때 나머지 2개의 숫자를 a, b라 하면 각 시행에서 꺼낸 카드에 적힌 숫자가 다른 경우는 다음의 1가지이다.

	꺼낸 카드에 적힌 숫자	
주머니 A	a	b
주머니 B	b	a

따라서 꺼낸 카드에 적힌 숫자가 같은 횟수가 3일 확률은

$\frac{10\times1}{120}=\frac{1}{12}$

(iii) 꺼낸 카드에 적힌 숫자가 같은 횟수가 4인 경우

두 주머니에서 꺼낸 카드에 적힌 숫자가 같은 횟수가 4이고 다른 횟수가 1인 경우는 존재하지 않는다.

따라서 이 경우의 확률은 0이다.

(iv) 꺼낸 카드에 적힌 숫자가 같은 횟수가 5인 경우

두 주머니에서 모두 같은 숫자가 적힌 카드가 나오는 경우의 수는 1이므로 꺼낸 카드에 적힌 숫자가 같은 횟수가 5일 확률은

$\frac{1}{120}$

|3단계| 확률의 덧셈정리를 이용하여 확률을 구하고 $p+q$의 값 구하기

(i)~(iv)에 의하여 꺼낸 카드에 적힌 숫자가 같은 횟수가 2 이상일 확률은

$\frac{1}{6}+\frac{1}{12}+\frac{1}{120}=\frac{31}{120}$

└ (i)~(iv)의 사건이 서로 배반사건이므로 확률의 덧셈정리가 성립한다.

따라서 $p=120$, $q=31$이므로

$p+q=120+31=151$

해설특강

how? ❶ 주머니 A에서 꺼내는 카드 5장이 정해질 때마다 주머니 B에서 꺼내는 카드 5장의 순서를 정하는 경우는 수는 $5!$이다. 따라서 주머니 A에서 꺼낸 카드에 적힌 숫자를 1, 2, 3, 4, 5라 생각하고 주머니 B에서 꺼내는 카드의 배열을 생각하면 된다.
이때 전체 경우의 수는 다음과 같이 생각할 수도 있다.
➡ 집합 $X=\{1, 2, 3, 4, 5\}$일 때,
X에서 X로의 일대일대응의 개수는 $5!$

why? ❷ 꺼낸 카드에 적힌 숫자가 같은 횟수가 2 이상인 사건의 여사건은 같은 횟수가 1 이하인 사건이다. 그런데 같은 횟수가 1인 경우와 0인 경우를 구하기가 어려우므로 같은 횟수가 2, 3, 4, 5인 경우를 직접 구한다.
➡ 같은 횟수가 4 또는 5인 경우는 상황이 간단하므로 쉽게 구할 수 있다.

how? ❸ 예를 들어, 같은 숫자가 4, 5인 경우 나머지 3개의 숫자가 다른 경우는 다음의 2가지이다.

	꺼낸 카드에 적힌 숫자						
주머니 A	1	2	3	또는	1	2	3
주머니 B	2	3	1		3	1	2

같은 숫자가 1, 2 또는 3, 4인 경우도 마찬가지로 생각할 수 있다.
따라서 같은 숫자를 택하는 경우의 수가 ${}_5C_2$이고 각각에 대하여 나머지 숫자가 다른 경우는 2가지이다.

조건부확률

본문 26~27쪽

기출예시 1 | 정답 ④

$P(A)=\frac{2}{5}$,

$P(B)=1-P(B^C)=1-\frac{3}{10}=\frac{7}{10}$

이므로 확률의 덧셈정리에 의하여

$$P(A\cup B)=P(A)+P(B)-P(A\cap B)=\frac{2}{5}+\frac{7}{10}-\frac{1}{5}=\frac{9}{10}$$

$$\therefore P(A^C\cap B^C)=P((A\cup B)^C)=1-P(A\cup B)=1-\frac{9}{10}=\frac{1}{10}$$

$$\therefore P(A^C|B^C)=\frac{P(A^C\cap B^C)}{P(B^C)}=\frac{\frac{1}{10}}{\frac{3}{10}}=\frac{1}{3}$$

기출예시 2 | 정답 ②

주어진 조건을 표로 나타내면 다음과 같다.

(단위: 명)

	여학생	남학생	합계
축구	30	40	70
야구	10	20	30
합계	40	60	100

임의로 뽑은 학생이 야구를 선택한 학생인 사건을 A, 여학생인 사건을 B라 하면

$P(A)=\frac{30}{100}=\frac{3}{10}$, $P(A\cap B)=\frac{10}{100}=\frac{1}{10}$

이므로 구하는 확률은

$$P(B|A)=\frac{P(A\cap B)}{P(A)}=\frac{\frac{1}{10}}{\frac{3}{10}}=\frac{1}{3}$$

다른 풀이 $P(B|A)=\frac{n(A\cap B)}{n(A)}=\frac{10}{30}=\frac{1}{3}$

핵심 개념 조건부확률

표본공간 S에서 사건 A가 일어났을 때, 사건 B의 조건부확률은

$$P(B|A)=\frac{P(A\cap B)}{P(A)}=\frac{\frac{n(A\cap B)}{n(S)}}{\frac{n(A)}{n(S)}}=\frac{n(A\cap B)}{n(A)}$$

즉, $P(B|A)$는 표본공간을 A로 할 때, 사건 $A\cap B$가 일어날 확률이다.

기출예시 3 | 정답 ④

주사위에서 3의 배수의 눈이 나와서 주머니 A에서 카드를 꺼내는 사건을 E, 꺼낸 카드에 적힌 수가 짝수인 사건을 F라 하면

$P(E)=\frac{1}{3}$, $P(F|E)=\frac{2}{5}$, $P(F|E^C)=\frac{3}{6}=\frac{1}{2}$

주사위에서 3의 배수의 눈이 나오고 주머니 A에서 꺼낸 카드에 적힌 수가 짝수인 사건은 $E\cap F$이므로

$$P(E\cap F)=P(E)P(F|E)=\frac{1}{3}\times\frac{2}{5}=\frac{2}{15}$$

주사위에서 3의 배수가 아닌 눈이 나오고 주머니 B에서 꺼낸 카드에 적힌 수가 짝수인 사건은 $E^C\cap F$이므로

$$P(E^C\cap F)=P(E^C)P(F|E^C)=\{1-P(E)\}P(F|E^C)=\frac{2}{3}\times\frac{1}{2}=\frac{1}{3}$$

$$\therefore P(F)=P(E\cap F)+P(E^C\cap F)=\frac{2}{15}+\frac{1}{3}=\frac{7}{15}$$

따라서 주머니에서 꺼낸 카드에 적힌 수가 짝수일 때, 그 카드가 주머니 A에서 꺼낸 카드일 확률은

$$P(E|F)=\frac{P(E\cap F)}{P(F)}=\frac{\frac{2}{15}}{\frac{7}{15}}=\frac{2}{7}$$

1등급 완성 3단계 문제연습

본문 28~31쪽

1 46	2 48	3 60	4 ③
5 26	6 49	7 ③	8 41

1 2021학년도 6월 평가원 가 27 / 나 20 [정답률 40% / 58%] | 정답 46

출제영역 조합+조건부확률

조합을 이용하여 조건부확률을 구할 수 있는지를 묻는 문제이다.

주머니에 숫자 1, 2, 3, 4가 하나씩 적혀 있는 흰 공 4개와 숫자 3, 4, 5, 6이 하나씩 적혀 있는 검은 공 4개가 들어 있다. 이 주머니에서 임의로 4개의 공을 동시에 꺼내는 시행을 한다. 이 시행에서 꺼낸 공에 적혀 있는 수가 같은 것이 있을 때, 꺼낸 공 중 검은 공이 2개일 확률❶은 $\frac{q}{p}$이다. $p+q$의 값을 구하시오. 46

(단, p와 q는 서로소인 자연수이다.)

출제코드 같은 수가 적혀 있는 검은 공에 따른 나머지 1개의 검은 공이 정해지는 경우로 나누어 생각하기

❶ '사건 A일 때, 사건 B일 확률'이므로 두 사건 A, B를 정하여 조건부확률을 이용한다.

➡ 주머니에서 임의로 4개의 공을 동시에 꺼내는 시행을 할 때

A: 꺼낸 공에 적혀 있는 수가 같은 것이 있는 사건,

B: 꺼낸 공 중 검은 공이 2개인 사건

해설 **|1단계|** **전체 경우의 수 구하기**

주머니에 있는 8개의 공 중에서 4개의 공을 임의로 꺼내는 경우의 수는

${}_8C_4=70$

|2단계| **주머니에서 꺼낸 공에 적혀 있는 수가 같은 것이 있을 확률 구하기**

주머니에서 임의로 4개의 공을 동시에 꺼내는 시행을 할 때, 꺼낸 공에 적혀 있는 수가 같은 사건을 A, 꺼낸 공 중 검은 공이 2개인 사건을 B라 하자.

사건 A가 일어나는 경우는 적혀 있는 수가 같은 것이 3, 4 중 하나만 있을 때와 3, 4가 모두 있을 때이다.

3이 적힌 공이 2개가 나오는 경우는 나머지 6개의 공 중에서 2개의 공을 꺼낼 때 4가 적힌 공 2개가 나오는 경우를 빼면 되므로 그 경우의 수는

${}_6C_2-1=15-1=14$

따라서 이때의 경우의 수는

$14\times2+1=29$

(1: 꺼낸 공이 3, 3, 4, 4인 경우 / 2: 3이 적힌 공이 2개 나오는 경우와 4가 적힌 공이 2개 나오는 경우)

이므로

$\mathrm{P}(A)=\frac{29}{70}$

|3단계| **꺼낸 공에 적혀 있는 수가 같은 것이 있으면서 꺼낸 공 중 검은 공이 2개일 확률 구하기**

두 사건 A, B가 동시에 일어나는 경우는 적혀 있는 수가 같은 것이 3, 4 중 하나만 있고 검은 공이 2개 있을 때와 적혀 있는 수가 같은 것이 3, 4 모두 있을 때이다.

3이 적힌 공이 2개 나오는 경우 중 검은 공이 2개인 경우는 나머지 검은 공 중 4가 적힌 공을 제외한 2개의 공 중 1개를 꺼내고 흰 공 중 3이 적힌 공을 제외한 3개의 공 중 한 개를 꺼내거나, 나머지 검은 공 중 4가 적힌 공을 꺼내고 흰 공 중 4가 적힌 공을 제외한 2개의 공 중에서 한 개의 공을 꺼내면 되므로 그 경우의 수는

${}_2C_1\times{}_3C_1+1\times{}_2C_1=6+2=8$

따라서 이때의 경우의 수는

$8\times2+1=17$

(1: 꺼낸 공이 3, 3, 4, 4인 경우 / 2: 3이 적힌 공이 2개 나오는 경우와 4가 적힌 공이 2개 나오는 경우)

이므로

$\mathrm{P}(A\cap B)=\frac{17}{70}$

|4단계| **조건부확률을 구하여 $p+q$의 값 구하기**

따라서 꺼낸 공에 적혀 있는 수가 같은 것이 있을 때, 꺼낸 공 중 검은 공이 2개일 확률은

$$\mathrm{P}(B|A)=\frac{\mathrm{P}(A\cap B)}{\mathrm{P}(A)}=\frac{\frac{17}{70}}{\frac{29}{70}}=\frac{17}{29}$$

즉, $p=29$, $q=17$이므로

$p+q=29+17=46$

2 2019학년도 6월 평가원 가 28 [정답률 27%] | 정답 48

출제영역 조건부확률

배수의 성질을 이용하여 조건부확률을 구할 수 있는지를 묻는 문제이다.

자연수 n $(n\geq3)$에 대하여 집합 A를

$A=\{(x, y)\,|\,1\leq x\leq y\leq n$❷, x와 y는 자연수$\}$

라 하자. 집합 A에서 임의로 선택된 한 개의 원소 (a, b)에 대하여 b가 3의 배수일 때, $a=b$일 확률❶이 $\frac{1}{9}$이 되도록 하는 모든 자연수 n의 값의 합을 구하시오. 48

출제코드 자연수 n을 $n=3k$ 또는 $n=3k+1$ 또는 $n=3k+2$ (k는 자연수)인 경우로 나누어 생각하기

❶ '사건 X일 때, 사건 Y일 확률'이므로 두 사건 X, Y를 정하여 조건부확률을 이용한다.

➡ 집합 A에서 임의로 한 개의 원소를 택할 때

X: b가 3의 배수, 즉 $b=3k$ (k는 자연수) 꼴인 사건,

Y: $a=b$인 사건

❷ $n=3k$ 또는 $n=3k+1$ 또는 $n=3k+2$ (k는 자연수)인 경우로 나누어 생각한다.

해설 **|1단계|** **b가 3의 배수인 경우의 수와 $a=b$이고 b가 3의 배수인 경우의 수 구하기**

집합 A의 원소 중에서 선택된 한 개의 원소 (a, b)에 대하여 b가 3의 배수인 사건을 X, $a=b$인 사건을 Y라 하자.

자연수 n에 대하여

$n=3k$ 또는 $n=3k+1$ 또는 $n=3k+2$ (k는 자연수)

로 경우를 나누어 생각할 수 있다.

(i) $n=3k$ (k는 자연수)인 경우

$b=3$일 때, $(1, 3)$, $(2, 3)$, $(3, 3)$의 3개 ($1\le a\le 3$)

$b=6$일 때, $(1, 6)$, $(2, 6)$, $(3, 6)$, $\cdots$, $(6, 6)$의 6개 ($1\le a\le 6$)

⋮

$b=3k$일 때, $(1, 3k)$, $(2, 3k)$, $(3, 3k)$, $\cdots$, $(3k, 3k)$의 $3k$개 ($1\le a\le 3k$)

따라서 집합 A의 원소 (a, b)에 대하여 $1\le a\le b\le n=3k$를 만족시키고, b가 3의 배수인 경우의 수는

$$3+6+9+\cdots+3k=3(1+2+3+\cdots+k)$$
$$=\frac{3}{2}k(k+1) \quad \textbf{how? ❶}$$

집합 A의 원소 (a, b)에 대하여 $a=b$이고 b가 3의 배수인 경우는

$(3, 3)$, $(6, 6)$, $(9, 9)$, $\cdots$, $(3k, 3k)$

의 k가지이다.

(ii) $n=3k+1$ 또는 $n=3k+2$ (k는 자연수)인 경우

$1\le a\le b\le n=3k+1$을 만족시키고, b가 3의 배수인 경우의 수는

$\frac{3}{2}k(k+1)$

$a=b$이고 b가 3의 배수인 경우의 수는

k **why? ❷**

같은 방법으로 하면 $n=3k+2$일 때도 b가 3의 배수인 경우의 수와 $a=b$이고 b가 3의 배수인 경우의 수는 각각

$\frac{3}{2}k(k+1)$, k

(i), (ii)에 의하여

$$n(X)=\frac{3}{2}k(k+1),\ n(X\cap Y)=k$$

|2단계| $\mathrm{P}(Y|X)=\frac{1}{9}$을 만족시키는 k의 값 구하기

b가 3의 배수일 때, $a=b$일 확률이 $\frac{1}{9}$이므로

$$\mathrm{P}(Y|X)=\frac{\mathrm{P}(X\cap Y)}{\mathrm{P}(X)}$$
$$=\frac{n(X\cap Y)}{n(X)} \quad \textbf{how? ❸}$$
$$=\frac{k}{\frac{3}{2}k(k+1)}$$
$$=\frac{2}{3(k+1)}=\frac{1}{9}$$

$3(k+1)=18$, $k+1=6$

$\therefore k=5$

|3단계| 모든 자연수 n의 값의 합 구하기

따라서 조건을 만족시키는 자연수 n의 값은

$3k=3\times5=15$, $3k+1=3\times5+1=16$, $3k+2=3\times5+2=17$

이므로 모든 자연수 n의 값의 합은

$15+16+17=48$

해설 특강

how? ❶ 자연수 n에 대하여

$$1+2+3+\cdots+n=\sum_{k=1}^{n}k=\frac{n(n+1)}{2}$$

why? ❷ 자연수 k에 대하여

$n=3k$일 때, $1\le a\le b\le 3k$

$n=3k+1$일 때, $1\le a\le b\le 3k+1$

$n=3k+2$일 때, $1\le a\le b\le 3k+2$

→ 3의 배수인 b의 최댓값은 $3k$로 모두 같다.

즉, $n=3k$ 또는 $n=3k+1$ 또는 $n=3k+2$일 때, 조건을 만족시키는 원소 (a, b)가 모두 같다.

이때 $n=3k+1$ 또는 $n=3k+2$를 빠뜨리지 않도록 주의한다.

how? ❸ 전사건을 S라 하면

$$\mathrm{P}(Y|X)=\frac{\mathrm{P}(X\cap Y)}{\mathrm{P}(X)}=\frac{\frac{n(X\cap Y)}{n(S)}}{\frac{n(X)}{n(S)}}=\frac{n(X\cap Y)}{n(X)}$$

3

2016학년도 9월 평가원 A 26 [정답률 70%] 변형 | 정답 60

출제영역 조건부확률

표로 주어진 자료를 이용하여 조건부확률을 구할 수 있는지를 묻는 문제이다.

어느 상점 고객 500명을 대상으로 각 연령대별, 성별 이용 현황을 조사한 결과는 다음과 같다.

(단위: 명)

구분	19세 이하	20대	30대	40세 이상	계
남성	20	a	30	$100-a$	150
여성	b	$90-b$	100	160	350

이 상점 고객 500명의 16%가 20대❶이다. 이 상점 고객 500명 중에서 임의로 선택한 1명이 남성일 때 이 고객이 40세 이상일 확률❷은 이 상점 고객 500명 중에서 임의로 선택한 1명이 여성일 때 이 고객이 19세 이하일 확률❷의 5배❸이다. $a+b$의 값을 구하시오. 60

출제코드 a, b 사이의 두 관계식 찾기

❶ 20대 고객 수는 $a+(90-b)$이고, 이 수가 전체 고객의 16%이다.
→ a, b 사이의 관계식을 세운다.

❷ '~일 때, ~일 확률'이므로 조건부확률이다.

❸ 두 조건부확률을 구하여 비교한다.
→ a, b 사이의 관계식을 세운다.

해설 **|1단계| 20대가 차지하는 비율을 이용하여 a, b 사이의 관계식 구하기**

상점 고객 500명 중에서 20대가 차지하는 비율이 16%이므로 20대 고객 수는

$500\times0.16=80$

즉, $a+(90-b)=80$이므로

$a-b=-10$ ⋯⋯ ㉠

|2단계| 두 조건부확률에 대한 조건을 이용하여 a, b 사이의 관계식 구하기

상점 고객 500명 중에서 임의로 선택한 1명이 남성인 사건을 A, 40세 이상인 사건을 B, 19세 이하인 사건을 C라 하자.

상점 고객 500명 중에서 임의로 선택한 1명이 남성일 때 이 고객이 40세 이상일 확률은 이 상점 고객 500명 중에서 임의로 선택한 1명이 여성일 때 이 고객이 19세 이하일 확률의 5배이므로

($\mathrm{P}(B|A)$, $\mathrm{P}(C|A^C)$)

$\mathrm{P}(B|A)=5\times\mathrm{P}(C|A^C)$ **why? ❶**

이때 $\mathrm{P}(B|A)=\dfrac{\mathrm{P}(A\cap B)}{\mathrm{P}(A)}$, $\mathrm{P}(C|A^C)=\dfrac{\mathrm{P}(A^C\cap C)}{\mathrm{P}(A^C)}$이고, 주어진 표에서

$\mathrm{P}(A)=\dfrac{150}{500}$,

$\mathrm{P}(A\cap B)=\dfrac{100-a}{500}$,

$\mathrm{P}(A^C)=\dfrac{350}{500}$,

$\mathrm{P}(A^C\cap C)=\dfrac{b}{500}$

따라서 $\dfrac{\mathrm{P}(A\cap B)}{\mathrm{P}(A)}=5\times\dfrac{\mathrm{P}(A^C\cap C)}{\mathrm{P}(A^C)}$에서

$\dfrac{\frac{100-a}{500}}{\frac{150}{500}}=5\times\dfrac{\frac{b}{500}}{\frac{350}{500}}$ **how? ❷**

$\dfrac{100-a}{15}=\dfrac{b}{7}$

$\therefore 7a+15b=700$ …… ㉡

|3단계| $a+b$의 값 구하기

㉠, ㉡을 연립하여 풀면 **how? ❸**

$a=25$, $b=35$

$\therefore a+b=25+35=60$

해설 특강

why? ❶ 두 개 이상의 조건부확률에서 사건을 정할 때, 서로 여사건 관계인 사건이 있는지 살핀다.

→ 임의로 선택한 1명이 남성인 사건과 여성인 사건은 서로 여사건이므로 이 중 한 사건을 A로 놓으면 다른 사건은 A^C이다.

how? ❷ ① $\mathrm{P}(A)$: 전체 고객 500명 중 남성은 150명이므로

$\mathrm{P}(A)=\dfrac{150}{500}$

② $\mathrm{P}(A\cap B)$: 전체 고객 500명 중 40세 이상인 남성은 $(100-a)$명이므로

$\mathrm{P}(A\cap B)=\dfrac{100-a}{500}$

③ $\mathrm{P}(A^C)$: 전체 고객 500명 중 여성은 350명이므로

$\mathrm{P}(A^C)=\dfrac{350}{500}$

④ $\mathrm{P}(A^C\cap C)$: 전체 고객 500명 중 19세 이하인 여성은 b명이므로

$\mathrm{P}(A^C\cap C)=\dfrac{b}{500}$

how? ❸ ㉠×7−㉡을 하면

$-22b=-770$ $\therefore b=35$

$b=35$를 ㉠에 대입하면

$a-35=-10$ $\therefore a=25$

4

2013년 7월 교육청 A 19 [정답률 59%] 변형 | 정답 ③

출제영역 약수와 배수+조건부확률

수의 성질을 이용하여 조건부확률을 구할 수 있는지를 묻는 문제이다.

상자 A에는 1, 3, 5, 7, 9가 하나씩 적혀 있는 5개의 공이 들어 있고, 상자 B에는 6, 8, 10, 12, 14가 하나씩 적혀 있는 5개의 공이 들어 있다.❶ 두 상자 A, B 중에서 임의로 선택한 하나의 상자에서 임의로 3개의 공을 동시에 꺼낼 때, 꺼낸 공에 적혀 있는 수를 각각 a, b, c $(a<b<c)$라 하자. $\dfrac{bc}{a}$가 자연수일 때, 택한 상자에 남아 있는 공에 적혀 있는 수의 곱이 홀수일 확률은❷?

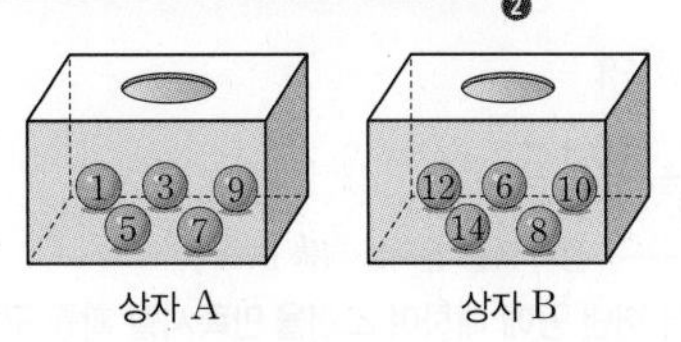

① $\dfrac{6}{13}$ ② $\dfrac{7}{13}$ ✓③ $\dfrac{8}{13}$ ④ $\dfrac{9}{13}$ ⑤ $\dfrac{10}{13}$

출제코드 남아 있는 공에 적힌 수의 곱이 홀수인 사건은 상자 A에서 공을 꺼내는 사건과 같음을 파악하기

❶ 두 상자에 들어 있는 공에 적힌 숫자의 특징을 파악한다.

→ 상자 A에는 홀수가 적힌 공만 들어 있고 상자 B에는 짝수가 적힌 공만 들어 있다.

❷ '~일 때, ~일 확률'이므로 조건부확률이다.

→ 조건부확률에서의 사건을 정한다.

① 상자 A에서 공을 꺼내는 사건

② 상자 B에서 공을 꺼내는 사건

③ $\dfrac{bc}{a}$가 자연수인 사건

→ bc는 a의 배수이다.

④ 남은 공에 적혀 있는 수의 곱이 홀수인 사건

→ 상자 A에서 공을 꺼낼 때만 가능하다.

해설 **|1단계| 상자 A(또는 상자 B)에서 3개의 공을 동시에 꺼내는 경우의 수 구하기**

상자 A에서 공을 꺼내는 사건을 X, 상자 B에서 공을 꺼내는 사건을 Y, $\dfrac{bc}{a}$가 자연수인 사건을 Z라 하자.

택한 상자에 남아 있는 공에 적혀 있는 수의 곱이 홀수이려면 홀수가 적혀 있는 공만 남아 있어야 하므로 상자 A에서 공을 꺼내야 한다. **why? ❶**

즉, 구하는 확률은 $\mathrm{P}(X|Z)$이다.

상자 A(또는 상자 B)의 5개의 공 중에서 3개의 공을 꺼내는 경우의 수는

${}_5\mathrm{C}_3={}_5\mathrm{C}_2=10$

|2단계| 상자 A에서 꺼낸 공에 대하여 조건을 만족시킬 확률 구하기

상자 A에서 공을 3개 꺼낼 때, $\dfrac{bc}{a}$가 자연수가 되는 경우는 다음과 같다. **how? ❷**

(i) $a=1$일 때

$\dfrac{bc}{a}$는 항상 자연수이므로 4개의 공 중에서 어느 2개를 꺼내도 된다.

즉, 이때의 경우의 수는

${}_{4}C_{2}=6$

(ii) $a=3$일 때

$\frac{bc}{a}$가 자연수이려면 5, 7, 9가 적혀 있는 3개의 공 중에서 9가 적혀 있는 공은 반드시 꺼내고 5, 7이 적혀 있는 공 중 하나를 꺼내면 되므로 이때의 경우의 수는

${}_{2}C_{1}=2$

(iii) $a=5$일 때

$\frac{bc}{a}$가 자연수인 경우는 없다.

(i), (ii), (iii)에 의하여

$P(X\cap Z)=\frac{1}{2}\times\frac{6+2}{10}=\frac{2}{5}$

└ 상자 A를 선택할 확률 $P(X)$

|3단계| 상자 B에서 꺼낸 공에 대하여 조건을 만족시킬 확률 구하기

상자 B에서 공을 3개 꺼낼 때, $\frac{bc}{a}$가 자연수가 되는 경우는 다음과 같다. **how?❸**

(iv) $a=6$일 때

$\frac{bc}{a}$가 자연수이려면 8, 10, 12, 14가 적혀 있는 4개의 공 중에서 12가 적혀 있는 공은 반드시 꺼내고 8, 10, 14가 적혀 있는 공 중 하나를 꺼내면 되므로 이때의 경우의 수는

${}_{3}C_{1}=3$

(v) $a=8$일 때

$\frac{bc}{a}$가 자연수이려면 10, 12, 14가 적혀 있는 3개의 공 중에서 12가 적혀 있는 공은 반드시 꺼내고 10, 14가 적혀 있는 공 중 하나를 꺼내면 되므로 이때의 경우의 수는

${}_{2}C_{1}=2$

(vi) $a=10$일 때

$\frac{bc}{a}$가 자연수인 경우는 없다.

(iv), (v), (vi)에 의하여

$P(Y\cap Z)=\frac{1}{2}\times\frac{3+2}{10}=\frac{1}{4}$

└ 상자 B를 선택할 확률 $P(Y)$

|4단계| 조건부확률 구하기

따라서 구하는 확률은

$$P(X|Z)=\frac{P(X\cap Z)}{P(Z)}$$

$$=\frac{P(X\cap Z)}{P(X\cap Z)+P(Y\cap Z)}$$

$$=\frac{\frac{2}{5}}{\frac{2}{5}+\frac{1}{4}}=\frac{\frac{2}{5}}{\frac{13}{20}}$$

$$=\frac{8}{13}$$

해설 특강

why?❶ 5개의 공이 들어 있는 상자에서 3개의 공을 꺼낸 후 남은 2개의 공에 적혀 있는 수의 곱이 홀수이려면 2개의 공에 적혀 있는 수가 모두 홀수이어야 한다. 이때 상자 A에는 홀수가 적혀 있는 공만 들어 있고, 상자 B에는 짝수가 적혀 있는 공만 들어 있으므로 남은 2개의 공에 적혀 있는 수가 모두 홀수이려면 상자 A에서 공을 꺼내야 하고, a, b, c도 모두 홀수이다.

how?❷ $a<b<c$이므로 $a=1, 3, 5$인 경우로 나누어 생각한다.

(i) $a=1$일 때, b, c는 남은 네 수 3, 5, 7, 9 모두 가능하고 $b<c$로 크기가 정해져 있으므로 조합을 이용한다.

(ii) $a=3$일 때, bc는 3의 배수가 되어야 하므로 9가 적힌 공은 반드시 꺼내야 한다. 따라서 $c=9$이고 b는 5, 7 중 하나이다.

(iii) $a=5$일 때, $b=7, c=9$가 되어 $\frac{bc}{a}$는 자연수가 아니다.

how?❸ $a<b<c$이므로 $a=6, 8, 10$인 경우로 나누어 생각한다.

(iv) $a=6$일 때, bc가 6의 배수가 되려면 12가 적힌 공은 반드시 꺼내야 한다. 따라서 6, 12가 적힌 공을 제외한 남은 3개의 공에서 한 개를 꺼내면 b, c가 결정된다.

(v) $a=8$일 때, bc가 8의 배수가 되려면 12가 적힌 공은 반드시 꺼내야 한다. 따라서 6, 8, 12가 적힌 공을 제외한 남은 2개의 공에서 한 개를 꺼내면 b, c가 결정된다.

(vi) $a=10$일 때, $b=12, c=14$가 되어 $\frac{bc}{a}$는 자연수가 아니다.

5

2021년 7월 교육청 확통 29 [정답률 21%] 변형 | 정답 26

출제영역 조건부확률

수학적 확률의 정의를 이해하고 조건부확률을 구할 수 있는지를 묻는 문제이다.

주머니 안에 1, 2, 3, 4의 숫자가 하나씩 적힌 카드가 각각 1장, 2장, 3장, 4장이 들어 있다. 이 주머니에서 임의로 3장의 카드를 동시에 꺼내어 일렬로 나열하고,❶ 나열된 순서대로 카드에 적혀 있는 수를 a_1, a_2, a_3이라 하자. $a_1\le a_2\le a_3$일 때, $a_1\ne a_2$이고 $a_2\ne a_3$일 확률은❷ $\frac{q}{p}$이다. $p+q$의 값을 구하시오. 26

(단, p와 q는 서로소인 자연수이다.)

출제코드 a_1의 값을 기준으로 경우를 나누고, 같은 숫자가 적혀 있는 공을 서로 다른 것으로 보고 조건부확률 구하기

❶ 전체 경우의 수를 구한다.

❷ '~일 때, ~일 확률'이므로 조건부확률이다. 조건부확률에서의 두 사건을 정한다.

① $a_1\le a_2\le a_3$인 사건

② $a_1\ne a_2$이고 $a_2\ne a_3$인 사건

해설 **|1단계| $a_1\le a_2\le a_3$일 확률 구하기**

$a_1\le a_2\le a_3$인 사건을 X, $a_1\ne a_2$이고 $a_2\ne a_3$인 사건을 Y라 하자.

└ 구하는 확률은 $P(Y|X)=\frac{P(X\cap Y)}{P(X)}$

a_1의 값에 따라 다음과 같이 경우를 나누어 생각할 수 있다.

(i) $a_1=1$인 경우

㉠ $a_2=2$일 때

$a_3=2$ 또는 $a_3=3$ 또는 $a_3=4$이므로 이때의 확률은

$$\frac{{}_1C_1\times{}_2C_1\times({}_1C_1+{}_3C_1+{}_4C_1)}{{}_{10}C_3\times3!}=\frac{1\times2\times8}{10\times9\times8}=\frac{1}{45}$$

㉡ $a_2=3$일 때

$a_3=3$ 또는 $a_3=4$이므로 이때의 확률은

$$\frac{{}_1C_1\times{}_3C_1\times({}_2C_1+{}_4C_1)}{{}_{10}C_3\times3!}=\frac{1\times3\times6}{10\times9\times8}=\frac{1}{40}$$

㉢ $a_2=4$일 때

$a_3=4$이므로 이때의 확률은

$$\frac{{}_1C_1\times{}_4C_1\times{}_3C_1}{{}_{10}C_3\times3!}=\frac{1\times4\times3}{10\times9\times8}=\frac{1}{60}$$

㉠, ㉡, ㉢에 의하여 $a_1=1$인 경우 $a_1\le a_2\le a_3$일 확률은

$$\frac{1}{45}+\frac{1}{40}+\frac{1}{60}=\frac{23}{360}$$

(ii) $a_1=2$인 경우

㉠ $a_2=2$일 때

$a_3=3$ 또는 $a_3=4$이므로 이때의 확률은

$$\frac{{}_2C_1\times{}_1C_1\times({}_3C_1+{}_4C_1)}{{}_{10}C_3\times3!}=\frac{2\times1\times7}{10\times9\times8}=\frac{7}{360}$$

㉡ $a_2=3$일 때

$a_3=3$ 또는 $a_3=4$이므로 이때의 확률은

$$\frac{{}_2C_1\times{}_3C_1\times({}_2C_1+{}_4C_1)}{{}_{10}C_3\times3!}=\frac{2\times3\times6}{10\times9\times8}=\frac{1}{20}$$

㉢ $a_2=4$일 때

$a_3=4$이므로 이때의 확률은

$$\frac{{}_2C_1\times{}_4C_1\times{}_3C_1}{{}_{10}C_3\times3!}=\frac{2\times4\times3}{10\times9\times8}=\frac{1}{30}$$

㉠, ㉡, ㉢에 의하여 $a_1=2$인 경우 $a_1\le a_2\le a_3$일 확률은

$$\frac{7}{360}+\frac{1}{20}+\frac{1}{30}=\frac{37}{360}$$

(iii) $a_1=3$인 경우

㉠ $a_2=3$일 때

$a_3=3$ 또는 $a_3=4$이므로 이때의 확률은

$$\frac{{}_3C_1\times{}_2C_1\times({}_1C_1+{}_4C_1)}{{}_{10}C_3\times3!}=\frac{3\times2\times5}{10\times9\times8}=\frac{1}{24}$$

㉡ $a_2=4$일 때

$a_3=4$이므로 이때의 확률은

$$\frac{{}_3C_1\times{}_4C_1\times{}_3C_1}{{}_{10}C_3\times3!}=\frac{3\times4\times3}{10\times9\times8}=\frac{1}{20}$$

㉠, ㉡에 의하여 $a_1=3$인 경우 $a_1\le a_2\le a_3$일 확률은

$$\frac{1}{24}+\frac{1}{20}=\frac{11}{120}$$

(iv) $a_1=4$인 경우

$a_2=a_3=4$이므로 이때의 확률은

$$\frac{{}_4C_1\times{}_3C_1\times{}_2C_1}{{}_{10}C_3\times3!}=\frac{4\times3\times2}{10\times9\times8}=\frac{1}{30}$$

(i)~(iv)에서 확률의 덧셈정리에 의하여

$$P(X)=\frac{23}{360}+\frac{37}{360}+\frac{11}{120}+\frac{1}{30}=\frac{7}{24}$$

|2단계| $a_1\le a_2\le a_3$이면서 $a_1\ne a_2$, $a_2\ne a_3$일 확률 구하기

두 사건 X와 Y를 동시에 만족시키는 경우는 세 수 a_1, a_2, a_3의 순서쌍 (a_1, a_2, a_3)이

$(1, 2, 3)$, $(1, 2, 4)$, $(1, 3, 4)$, $(2, 3, 4)$

인 경우이므로

$$P(X\cap Y)=\frac{{}_1C_1\times{}_2C_1\times{}_3C_1+{}_1C_1\times{}_2C_1\times{}_4C_1+{}_1C_1\times{}_3C_1\times{}_4C_1+{}_2C_1\times{}_3C_1\times{}_4C_1}{{}_{10}C_3\times3!}$$

$$=\frac{6+8+12+24}{10\times9\times8}=\frac{5}{72}$$

|3단계| 조건부확률을 구하여 $p+q$의 값 구하기

따라서 $a_1\le a_2\le a_3$일 때, $a_1\ne a_2$이고 $a_2\ne a_3$일 확률은

$$P(Y|X)=\frac{P(X\cap Y)}{P(X)}=\frac{\frac{5}{72}}{\frac{7}{24}}=\frac{5}{21}$$

즉, $p=21$, $q=5$이므로

$p+q=21+5=26$

6 2014학년도 5월 예비시행 A 29 변형 | 정답 49

출제영역 조합+확률의 곱셈정리+조건부확률

조합과 확률의 곱셈정리를 이용하여 조건부확률을 구할 수 있는지를 묻는 문제이다.

흰 구슬 3개와 검은 구슬 2개가 들어 있는 주머니에서 임의로 2개의 구슬을 동시에 꺼낸 후, 다음 규칙에 따른 시행을 한다.

(가) 꺼낸 2개의 구슬이 같은 색이면 꺼낸 구슬 2개와 흰 구슬 2개를 주머니에 넣는다.❶ └ 흰 구슬이 2개 늘어난다.

(나) 꺼낸 2개의 구슬이 다른 색이면 꺼낸 구슬 2개와 검은 구슬 2개를 주머니에 넣는다.❶ └ 검은 구슬이 2개 늘어난다.

이 시행 후 주머니에 들어 있는 7개의 구슬 중에서 임의로 동시에 꺼낸 2개의 구슬이 모두 흰 구슬이었을 때, 처음 주머니에서 꺼낸 2개의 구슬이 같은 색 구슬이었을 확률은❷ $\frac{q}{p}$이다. $p+q$의 값을 구하시오. (단, p와 q는 서로소인 자연수이다.) 49

출제코드 처음 시행 결과 주머니에 들어 있는 구슬의 종류 파악하기

❶ 처음 시행 결과에 따라 주머니에 들어 있는 구슬의 종류가 달라진다.
➡ 처음 꺼낸 구슬의 색이 같은 경우와 다른 경우로 나누어 생각한다.

❷ '~일 때, ~일 확률'이므로 조건부확률이다. 조건부확률에서의 두 사건을 정한다.
① 꺼낸 2개의 구슬이 모두 흰 구슬인 사건
② 처음 주머니에서 꺼낸 2개의 구슬이 서로 같은 색 구슬인 사건

해설 **|1단계| 처음 주머니에서 같은 색 구슬 2개를 꺼낼 확률 구하기**

처음 주머니에서 같은 색 구슬 2개를 꺼내는 사건을 A, 주어진 시행을 한 후 흰 구슬 2개를 꺼내는 사건을 B라 하자. └ 구하는 확률은 $P(A|B)=\frac{P(A\cap B)}{P(B)}$

처음 주머니에서 흰 구슬 2개를 꺼낼 확률은

$$\frac{{}_3C_2}{{}_5C_2}=\frac{3}{10}$$

처음 주머니에서 검은 구슬 2개를 꺼낼 확률은

$\frac{{}_2C_2}{{}_5C_2}=\frac{1}{10}$

따라서 처음 주머니에서 같은 색 구슬 2개를 꺼낼 확률은

$P(A)=\frac{3}{10}+\frac{1}{10}=\frac{2}{5}$

|2단계| 처음 시행 후 흰 구슬 2개를 꺼낼 확률 구하기

사건 B가 일어날 확률은 처음 주머니에서 같은 색 구슬 2개를 꺼내는 경우와 다른 색 구슬 2개를 꺼내는 경우로 나누어 구할 수 있다.
└ 사건 A
└ 사건 A^C

(i) 처음 주머니에서 같은 색 구슬 2개를 꺼내는 경우

주어진 시행 결과 주머니에는 흰 구슬 5개, 검은 구슬 2개가 들어 있게 된다.

이 시행 후 7개의 구슬 중에서 흰 구슬 2개를 꺼낼 확률은

$P(B|A)=\frac{{}_5C_2}{{}_7C_2}=\frac{10}{21}$

$\therefore P(A\cap B)=P(A)P(B|A)$

$=\frac{2}{5}\times\frac{10}{21}=\frac{4}{21}$

(ii) 처음 주머니에서 다른 색 구슬 2개를 꺼내는 경우

주어진 시행 결과 주머니에는 흰 구슬 3개, 검은 구슬 4개가 들어 있게 된다.

이 시행 후 7개의 구슬 중에서 흰 구슬 2개를 꺼낼 확률은

$P(B|A^C)=\frac{{}_3C_2}{{}_7C_2}=\frac{3}{21}=\frac{1}{7}$

$\therefore P(A^C\cap B)=P(A^C)P(B|A^C)$

$=\left(1-\frac{2}{5}\right)\times\frac{1}{7}$

$=\frac{3}{35}$ └ $P(A)=\frac{2}{5}$이므로 $P(A^C)=1-P(A)$

(i), (ii)에서 확률의 덧셈정리에 의하여

$P(B)=P(A\cap B)+P(A^C\cap B)$

$=\frac{4}{21}+\frac{3}{35}=\frac{29}{105}$

|3단계| 조건부확률을 구하여 $p+q$의 값 구하기

따라서 꺼낸 2개의 구슬이 모두 흰 구슬이었을 때, 처음 주머니에서 꺼낸 구슬이 같은 색 구슬이었을 확률은

$P(A|B)=\frac{P(A\cap B)}{P(B)}=\frac{\frac{4}{21}}{\frac{29}{105}}=\frac{20}{29}$

즉, $p=29$, $q=20$이므로 $p+q=29+20=49$

다른 풀이 처음 시행 결과에 따라 경우를 나누어 확률을 구하면 다음과 같다.

처음 시행에서 꺼낸 구슬		시행 결과 흰 구슬	시행 결과 검은 구슬	처음 시행 후 흰 구슬 2개를 꺼낼 확률
같은 색	흰 구슬 2개	5개	2개	$\frac{{}_3C_2}{{}_5C_2}\times\frac{{}_5C_2}{{}_7C_2}=\frac{1}{7}$
	검은 구슬 2개	5개	2개	$\frac{{}_2C_2}{{}_5C_2}\times\frac{{}_5C_2}{{}_7C_2}=\frac{1}{21}$
다른 색	흰 구슬 1개, 검은 구슬 1개	3개	4개	$\frac{{}_3C_1\times{}_2C_1}{{}_5C_2}\times\frac{{}_3C_2}{{}_7C_2}=\frac{3}{35}$

처음 주머니에서 같은 색 구슬 2개를 꺼내는 사건을 A, 주어진 시행을 한 후 흰 구슬 2개를 꺼내는 사건을 B라 하면 위의 표에서

$P(A\cap B)=\frac{1}{7}+\frac{1}{21}=\frac{4}{21}$, $P(B)=\frac{1}{7}+\frac{1}{21}+\frac{3}{35}=\frac{29}{105}$이므로

$P(A|B)=\frac{P(A\cap B)}{P(B)}=\frac{\frac{4}{21}}{\frac{29}{105}}=\frac{20}{29}$

핵심 개념 확률의 곱셈정리

두 사건 A, B가 동시에 일어날 확률은

$P(A\cap B)=P(A)P(B|A)$

$=P(B)P(A|B)$ (단, $P(A)>0$, $P(B)>0$)

7

|정답 ③

출제영역 확률의 덧셈정리+조건부확률

확률의 덧셈정리를 이용하여 조건부확률을 구할 수 있는지를 묻는 문제이다.

두 상자 A와 B에는 1부터 9까지의 자연수가 하나씩 적혀 있는 9개의 공이 각각 들어 있다. 두 상자 A와 B에서 각각 공을 임의로 한 개씩 꺼낼 때, 상자 A에서 꺼낸 공에 적힌 숫자를 a, 상자 B에서 꺼낸 공에 적힌 숫자를 b라 하자. 3^a+4^b의 일의 자리의 숫자가 7일 때, ❷ $3^a\times4^b$의 일의 자리의 숫자가 2일 확률은? ❶

① $\frac{13}{23}$ ② $\frac{14}{23}$ ✓③ $\frac{15}{23}$

④ $\frac{16}{23}$ ⑤ $\frac{17}{23}$

출제코드 3^a, 4^b의 일의 자리의 숫자가 반복되는 규칙성 파악하기

❶, ❷ '~일 때, ~일 확률'이므로 조건부확률이다. 조건부확률에서의 두 사건을 정한다.

① 3^a+4^b의 일의 자리의 숫자가 7인 사건

② $3^a\times4^b$의 일의 자리의 숫자가 2인 사건

❷ 3^a의 일의 자리의 숫자는 3, 9, 7, 1이 이 순서대로 반복된다.

4^b의 일의 자리의 숫자는 4, 6이 이 순서대로 반복된다.

➡ 3^a의 일의 자리의 숫자와 4^b의 일의 자리의 숫자 중에서 3^a+4^b의 일의 자리의 숫자가 7이 되는 경우를 찾는다.

해설 **|1단계| 3^a+4^b의 일의 자리의 숫자가 7인 경우 구하기**

3^a+4^b의 일의 자리의 숫자가 7인 사건을 A, $3^a\times4^b$의 일의 자리의 숫자가 2인 사건을 B라 하자. └ 구하는 확률은 $P(B|A)=\frac{P(A\cap B)}{P(A)}$

3^1의 일의 자리의 숫자는 3,

3^2의 일의 자리의 숫자는 9,

3^3의 일의 자리의 숫자는 7,

3^4의 일의 자리의 숫자는 1,

3^5의 일의 자리의 숫자는 3,

⋮ how? ❶

이므로 3^a의 일의 자리의 숫자는 3, 9, 7, 1이 이 순서대로 반복된다.

또,

4^1의 일의 자리의 숫자는 4,

4^2의 일의 자리의 숫자는 6,

4^3의 일의 자리의 숫자는 4,

⋮ how? ❷

이므로 4^b의 일의 자리의 숫자는 4, 6이 이 순서대로 반복된다.

이때 3^a+4^b의 일의 자리의 숫자가 7이 되려면 3^a과 4^b의 일의 자리의 숫자가 각각 3과 4 또는 1과 6이어야 한다.

└ 3, 9, 7, 1과 4, 6에서 각각 하나씩 택하여 더하였을 때 그 합이 7이 되는 경우는 3과 4 또는 1과 6뿐이다.

|2단계| 3^a+4^b의 일의 자리의 숫자가 7일 확률 구하기

(i) 3^a의 일의 자리의 숫자가 3이고 4^b의 일의 자리의 숫자가 4인 경우

a는 1, 5, 9 중 하나이고 b는 1, 3, 5, 7, 9 중 하나이어야 한다.

즉, 상자 A에서 1, 5, 9가 적힌 공 중 하나를 꺼내고 상자 B에서 1, 3, 5, 7, 9가 적힌 공 중 하나를 꺼내는 경우이므로 그 확률은

$\frac{3}{9}\times\frac{5}{9}=\frac{5}{27}$

└ 두 상자 A, B에서 각각 공을 하나씩 뽑는 사건은 서로 독립이다.

(ii) 3^a의 일의 자리의 숫자가 1이고 4^b의 일의 자리의 숫자가 6인 경우

a는 4, 8 중 하나이고 b는 2, 4, 6, 8 중 하나이어야 한다.

즉, 상자 A에서 4, 8이 적힌 공 중 하나를 꺼내고 상자 B에서 2, 4, 6, 8이 적힌 공 중 하나를 꺼내는 경우이므로 그 확률은

$\frac{2}{9}\times\frac{4}{9}=\frac{8}{81}$

└ 두 상자 A, B에서 각각 공을 하나씩 뽑는 사건은 서로 독립이다.

(i), (ii)에서 확률의 덧셈정리에 의하여

$P(A)=\frac{5}{27}+\frac{8}{81}=\frac{23}{81}$

|3단계| 3^a+4^b의 일의 자리의 숫자가 7이고 $3^a\times4^b$의 일의 자리의 숫자가 2일 확률 구하기

(i)의 경우 $3^a\times4^b$의 일의 자리의 숫자가 2이고 (ii)의 경우 $3^a\times4^b$의 일의 자리의 숫자가 6이다.

즉, 3^a+4^b의 일의 자리의 숫자가 7이고 $3^a\times4^b$의 일의 자리의 숫자가 2인 경우는 (i)의 경우이므로 이때의 확률은

$P(A\cap B)=\frac{5}{27}$

|4단계| 조건부확률 구하기

따라서 구하는 확률은

$$P(B|A)=\frac{P(A\cap B)}{P(A)}=\frac{\frac{5}{27}}{\frac{23}{81}}=\frac{15}{23}$$

해설특강

how? ❶ 4를 주기로 일의 자리의 숫자는 같은 값이 반복된다. 즉, k가 자연수일 때

$3^{4k-3}\to3$, $3^{4k-2}\to9$, $3^{4k-1}\to7$, $3^{4k}\to1$

따라서 9 이하의 자연수 a에 대하여

$a=1, 5, 9$일 때, 3^a의 일의 자리의 숫자는 3

$a=2, 6$일 때, 3^a의 일의 자리의 숫자는 9

$a=3, 7$일 때, 3^a의 일의 자리의 숫자는 7

$a=4, 8$일 때, 3^a의 일의 자리의 숫자는 1

how? ❷ 2를 주기로 일의 자리의 숫자는 같은 값이 반복된다. 즉, k가 자연수일 때

$4^{2k-1}\to4$, $4^{2k}\to6$

따라서 9 이하의 자연수 b에 대하여

$b=1, 3, 5, 7, 9$일 때, 4^b의 일의 자리의 숫자는 4

$b=2, 4, 6, 8$일 때, 4^b의 일의 자리의 숫자는 6

참고 경우의 수를 이용하여 $P(B|A)$의 값을 구할 수도 있다.

(i) 3^a의 일의 자리의 숫자가 3이고 4^b의 일의 자리의 숫자가 4인 경우의 수는

$3\times5=15$

(ii) 3^a의 일의 자리의 숫자가 1이고 4^b의 일의 자리의 숫자가 6인 경우의 수는

$2\times4=8$

이때 $3^a\times4^b$의 일의 자리의 숫자가 2인 경우는 (i)이므로 경우의 수는 15이다.

$\therefore P(B|A)=\frac{n(A\cap B)}{n(A)}=\frac{15}{15+8}=\frac{15}{23}$

핵심 개념 확률의 덧셈정리

(1) 배반사건: 어떤 시행에서 두 사건 A, B가 동시에 일어나지 않을 때, 즉 $A\cap B=\varnothing$일 때 두 사건 A, B는 서로 배반사건이다.

(2) 확률의 덧셈정리: 두 사건 A, B에 대하여 A, B가 서로 배반사건이면, 즉 $A\cap B=\varnothing$이면

$P(A\cup B)=P(A)+P(B)$

8

|정답 41

출제영역 같은 것이 있는 순열+조건부확률

확률의 덧셈정리와 같은 것이 있는 순열을 이용하여 조건부확률을 구할 수 있는지를 묻는 문제이다.

갑과 을 두 사람이 각각 30개의 공을 가지고 다음과 같은 규칙으로 가위바위보 게임을 한다.

(가) 한 번의 가위바위보에서 이긴 사람은 상대의 공 4개를 가져 온다.❹

(나) 한 번의 가위바위보에서 비긴 경우에는 두 사람 모두 2개의 공을 버린다.❹

가위바위보를 다섯 번 한 후❸에 갑이 가진 공의 개수가 20일 때,❶ 을이 갑보다 많이 이겼을 확률은❷ $\frac{q}{p}$이다. $p+q$의 값을 구하시오. 41

(단, p와 q는 서로소인 자연수이다.)

킬러코드 갑이 가진 공의 개수의 변화로부터 비긴 횟수 파악하기

❶, ❷ '~일 때, ~일 확률'이므로 조건부확률이다. 조건부확률에서의 두 사건을 정한다.

① 갑이 가진 공의 개수가 20인 사건

② 을이 갑보다 많이 이기는 사건

❸ 갑이 가진 공의 개수의 변화는 $20-30=-10$이다.

❹ 가위바위보 문제는 이기고 진 횟수를 문자로 나타낸 후 관계식을 세운다.

➜ ① 가위바위보를 한 횟수에 대한 관계식

② 이기고 비기고 졌을 때 얻은 점수에 대한 관계식

해설 **|1단계| 갑이 가진 공의 개수가 20일 조건 구하기**

가위바위보를 다섯 번 한 후에 갑이 가진 공의 개수가 20인 사건을 A, 을이 갑보다 많이 이기는 사건을 B라 하자.

└ 구하는 확률은 $P(B|A)=\frac{P(A\cap B)}{P(A)}$

가위바위보를 한 번 할 때마다 갑의 승, 무, 패가 결정되므로 가위바위보를 다섯 번 하였을 때 나올 수 있는 모든 경우의 수는

$3^5=243$

갑이 이긴 횟수, 비긴 횟수, 진 횟수를 각각 x, y, z라 하자.

가위바위보를 다섯 번 하므로

$x+y+z=5$ (단, x, y, z는 0 이상 5 이하의 정수) …… ㉠

갑이 x번 이기고 y번 비기고 z번 졌을 때 갑이 가진 공이 30개에서 20개로 10개가 줄었으므로

$4x-2y-4z=-10$ **how? ❶**

$\therefore 2x-y-2z=-5$ …… ㉡

㉡에서 5는 홀수이고 $2x$, $2z$는 짝수이므로 y는 홀수이어야 한다. **why? ❷**

$\therefore$ $y=1$ 또는 $y=3$ 또는 $y=5$ ($y\le5$)

|2단계| 갑이 가진 공의 개수가 20일 확률 구하기

(i) $y=1$인 경우

㉠, ㉡을 동시에 만족시키는 x, y, z의 순서쌍 (x, y, z)는 $(1, 1, 3)$이므로 갑이 1승 1무 3패를 해야 한다. **how? ❸**

이 경우의 수는 '승, 무, 패, 패, 패'의 다섯 개의 문자를 일렬로 나열하는 경우의 수와 같으므로

$\frac{5!}{3!}=20$

따라서 이때의 확률은 $\frac{20}{243}$

(ii) $y=3$인 경우

㉠, ㉡을 동시에 만족시키는 x, y, z의 순서쌍 (x, y, z)는 없다. **how? ❹**

(iii) $y=5$인 경우

㉠, ㉡을 동시에 만족시키는 x, y, z의 순서쌍 (x, y, z)는 $(0, 5, 0)$이므로 갑이 다섯 번의 가위바위보를 모두 비겨야 한다. **how? ❺**

이 경우의 수는 '무, 무, 무, 무, 무'의 다섯 개의 문자를 일렬로 나열하는 경우의 수와 같으므로 1이다.

따라서 이때의 확률은 $\frac{1}{243}$

(i), (ii), (iii)에서 확률의 덧셈정리에 의하여

$\mathrm{P}(A)=\frac{20}{243}+\frac{1}{243}=\frac{7}{81}$

|3단계| 갑이 가진 공의 개수가 20이고 을이 갑보다 많이 이겼을 확률 구하기

갑이 가진 공의 개수가 20이고 을이 갑보다 많이 이기는 경우는 (i)의 경우(갑이 1승 1무 3패를 한 경우)이므로 이때의 확률은 **why? ❻**

$\mathrm{P}(A\cap B)=\frac{20}{243}$

|4단계| 조건부확률을 구하여 $p+q$의 값 구하기

따라서 갑이 가진 공의 개수가 20일 때, 을이 갑보다 많이 이겼을 확률은

$$\mathrm{P}(B|A)=\frac{\mathrm{P}(A\cap B)}{\mathrm{P}(A)}=\frac{\frac{20}{243}}{\frac{7}{81}}=\frac{20}{21}$$

즉, $p=21$, $q=20$이므로

$p+q=21+20=41$

해설특강

how? ❶ 이기면 공을 4개를 얻고 비기면 공을 2개 버리고, 지면 공을 4개 잃기 때문에 x번 이기고 y번 비기고 z번 졌을 때 가진 공의 개수의 변화는 $4x-2y-4z$이다.

why? ❷ 이기고 질 때마다 공을 4개씩 얻거나 잃으므로 이기거나 진 경우만 있을 때 공의 개수의 변화는 4의 배수이다. 그런데 10은 4의 배수가 아니므로 비기는 경우가 있어야 한다. 이때 짝수 번 비기면 공의 개수의 변화가 4의 배수가 되므로 비긴 횟수는 홀수이어야 한다.

how? ❸ $y=1$이면 ㉠에서 $x+z=4$, ㉡에서 $x-z=-2$이므로 $x=1$, $z=3$

how? ❹ $y=3$이면 ㉠에서 $x+z=2$, ㉡에서 $x-z=-1$이므로 이를 만족시키는 정수 x, z는 존재하지 않는다.

how? ❺ $y=5$이면 ㉠에서 $x+z=0$, ㉡에서 $x-z=0$이므로 $x=0$, $z=0$

why? ❻ 갑이 이긴 횟수, 비긴 횟수, 진 횟수가 각각 x, y, z이므로 을이 이긴 횟수, 비긴 횟수, 진 횟수는 각각 z, y, x이다.
따라서 갑이 1승 1무 3패를 하면 을이 3승 1무 1패를 한 것이므로 을이 갑보다 많이 이겼다.

핵심 개념 같은 것이 있는 순열

n개 중에서 서로 같은 것이 각각 p개, q개, $\cdots$, r개씩 있을 때, n개를 일렬로 나열하는 순열의 수는

$\frac{n!}{p!q!\cdots r!}$ (단, $p+q+\cdots+r=n$)

THEME

05 독립시행의 확률

본문 32쪽

기출예시 1 | 정답 137

한 개의 주사위를 5번 던지므로 $0\le a\le 5$

한 개의 동전을 4번 던지므로 $0\le b\le 4$

이때 $a-b=3$을 만족시키는 a, b의 순서쌍 (a, b)는

$(3, 0)$, $(4, 1)$, $(5, 2)$

(i) $a=3$, $b=0$일 때

주사위를 5번 던질 때 홀수의 눈이 3번 나오고, 동전을 4번 던질 때 앞면이 0번 나와야 하므로 그 확률은

$${}_5C_3\left(\frac{1}{2}\right)^3\left(\frac{1}{2}\right)^2\times{}_4C_0\left(\frac{1}{2}\right)^0\left(\frac{1}{2}\right)^4$$

$$=\frac{10}{2^5}\times\frac{1}{2^4}$$

$$=\frac{5}{2^8}$$

(ii) $a=4$, $b=1$일 때

주사위를 5번 던질 때 홀수의 눈이 4번 나오고, 동전을 4번 던질 때 앞면이 1번 나와야 하므로 그 확률은

$${}_5C_4\left(\frac{1}{2}\right)^4\left(\frac{1}{2}\right)^1\times{}_4C_1\left(\frac{1}{2}\right)^1\left(\frac{1}{2}\right)^3$$

$$=\frac{5}{2^5}\times\frac{4}{2^4}$$

$$=\frac{5}{2^7}$$

(iii) $a=5$, $b=2$일 때

주사위를 5번 던질 때 홀수의 눈이 5번 나오고, 동전을 4번 던질 때 앞면이 2번 나와야 하므로 그 확률은

$${}_5C_5\left(\frac{1}{2}\right)^5\left(\frac{1}{2}\right)^0\times{}_4C_2\left(\frac{1}{2}\right)^2\left(\frac{1}{2}\right)^2$$

$$=\frac{1}{2^5}\times\frac{6}{2^4}$$

$$=\frac{3}{2^8}$$

(i), (ii), (iii)에 의하여 $a-b=3$일 확률은

$$\frac{5}{2^8}+\frac{5}{2^7}+\frac{3}{2^8}=\frac{9}{2^7}=\frac{9}{128}$$

따라서 $p=128$, $q=9$이므로

$p+q=128+9=137$

05-1 독립사건의 확률

1등급 완성 3단계 문제연습 본문 33~35쪽

1 587	**2** 8	**3** ④	**4** 45
5 221	**6** ①		

1 2021학년도 수능 나 29 [정답률 25%] | 정답 587

출제영역 확률의 곱셈정리+사건의 독립

공을 꺼낸 후, 주사위를 던지는 시행에서의 두 사건이 서로 독립임을 이용하여 조건을 만족시킬 확률을 구할 수 있는지를 묻는 문제이다.

숫자 3, 3, 4, 4, 4가 하나씩 적힌 5개의 공이 들어 있는 주머니가 있다. 이 주머니와 한 개의 주사위를 사용하여 다음 규칙에 따라 점수를 얻는 시행을 한다.

> 주머니에서 임의로 한 개의 공을 꺼내어 꺼낸 공에 적힌 수가 3이면 주사위를 3번 던져서 나오는 세 눈의 수의 합❶을 점수로 하고, 꺼낸 공에 적힌 수가 4이면 주사위를 4번 던져서 나오는 네 눈의 수의 합❷을 점수로 한다.

이 시행을 한 번 하여 얻은 점수가 10점❶, ❷일 확률은 $\frac{q}{p}$이다. $p+q$의 값을 구하시오. (단, p와 q는 서로소인 자연수이다.) 587

출제코드 꺼낸 공에 적힌 수만큼 주사위를 던지는 시행에서의 조건을 만족시킬 확률 구하기

❶ 주사위를 3번 던져서 나오는 세 눈의 수의 합이 10인 경우를 생각한다.

❷ 주사위를 4번 던져서 나오는 네 눈의 수의 합이 10인 경우를 생각한다.

해설 |1단계| 문제의 상황을 파악하고 경우 나누기

주사위를 3번 던져서 나오는 세 눈의 수의 합이 10인 경우와 주사위를 4번 던져서 나오는 네 눈의 수의 합이 10인 경우로 나누어 생각할 수 있다.

|2단계| 주사위를 3번 던져서 나오는 세 눈의 수의 합이 10일 확률 구하기

(i) 꺼낸 공에 적힌 수가 3인 경우

주머니에서 꺼낸 공에 적힌 수가 3일 확률은

$$\frac{2}{5}$$

또, 주사위를 3번 던져서 나오는 세 눈의 수의 합이 10이 되는 경우는

$(6, 3, 1)$, $(6, 2, 2)$, $(5, 4, 1)$, $(5, 3, 2)$, $(4, 4, 2)$, $(4, 3, 3)$

이므로 이때의 확률은

$$\left(3!\times 3+\frac{3!}{2!}\times 3\right)\times\left(\frac{1}{6}\right)^3=\frac{1}{8}$$ how? ❶

따라서 3이 적힌 공을 꺼내고 주사위의 눈의 수의 합이 10일 확률은

$$\frac{2}{5}\times\frac{1}{8}=\frac{1}{20}$$ why? ❷

|3단계| 주사위를 4번 던져서 나오는 네 눈의 수의 합이 10일 확률 구하기

(ii) 꺼낸 공에 적힌 수가 4인 경우

주머니에서 꺼낸 공에 적힌 수가 4일 확률은

$$\frac{3}{5}$$

또, 주사위를 4번 던져서 나오는 네 눈의 수의 합이 10이 되는 경우는

(6, 2, 1, 1), (5, 3, 1, 1), (5, 2, 2, 1), (4, 4, 1, 1), (4, 3, 2, 1), (4, 2, 2, 2), (3, 3, 3, 1), (3, 3, 2, 2)

이므로 이때의 확률은

$\left(\frac{4!}{2!}\times3+\frac{4!}{2!2!}\times2+4!+\frac{4!}{3!}\times2\right)\times\left(\frac{1}{6}\right)^4=\frac{5}{81}$ **how? ❸**

따라서 4가 적힌 공을 꺼내고 주사위의 눈의 수의 합이 10일 확률은

$\frac{3}{5}\times\frac{5}{81}=\frac{1}{27}$ **why? ❷**

|4단계| 확률을 구하여 $p+q$의 값 구하기

(i), (ii)에 의하여 얻은 점수가 10점일 확률은

$\frac{1}{20}+\frac{1}{27}=\frac{47}{540}$ **why? ❹**

따라서 $p=540$, $q=47$이므로

$p+q=540+47=587$

해설 특강

how?❶ 세 눈의 수가 (6, 3, 1)이 나오는 경우의 수는 6, 3, 1을 일렬로 나열하는 경우의 수와 같으므로 3!이고, (5, 4, 1), (5, 3, 2)가 나오는 경우의 수도 각각 3!이다.
세 눈의 수가 (6, 2, 2)가 나오는 경우의 수는 6, 2, 2를 일렬로 나열하는 경우의 수와 같으므로 $\frac{3!}{2!}$이고, (4, 4, 2), (4, 3, 3)이 나오는 경우의 수도 각각 $\frac{3!}{2!}$이다.
따라서 이때의 경우의 수는
$3!\times3+\frac{3!}{2!}\times3$

why?❷ 서로 독립인 두 사건 A, B에 대하여 $P(A\cap B)=P(A)P(B)$가 성립한다.

how?❸ 네 눈의 수가 (6, 2, 1, 1)이 나오는 경우의 수는 6, 2, 1, 1을 일렬로 나열하는 경우의 수와 같으므로 $\frac{4!}{2!}$이고, (5, 3, 1, 1), (5, 2, 2, 1)이 나오는 경우의 수도 각각 $\frac{4!}{2!}$이다.
네 눈의 수가 (4, 4, 1, 1)이 나오는 경우의 수는 4, 4, 1, 1을 일렬로 나열하는 경우의 수와 같으므로 $\frac{4!}{2!2!}$이고, (3, 3, 2, 2)가 나오는 경우의 수도 $\frac{4!}{2!2!}$이다.
네 눈의 수가 (4, 3, 2, 1)이 나오는 경우의 수는 4, 3, 2, 1을 일렬로 나열하는 경우의 수와 같으므로 4!
네 눈의 수가 (4, 2, 2, 2)가 나오는 경우의 수는 4, 2, 2, 2를 일렬로 나열하는 경우의 수와 같으므로 $\frac{4!}{3!}$이고, (3, 3, 3, 1)이 나오는 경우의 수도 $\frac{4!}{3!}$이다.
따라서 이때의 경우의 수는
$\frac{4!}{2!}\times3+\frac{4!}{2!2!}\times2+4!+\frac{4!}{3!}\times2$

why?❹ 두 사건 A, B에 대하여 $A\cap B=\varnothing$일 때, 확률의 덧셈정리에 의하여 $P(A\cup B)=P(A)+P(B)$가 성립한다.

2

2019학년도 수능 가 27 [정답률 75%] | 정답 8

출제영역 사건의 독립과 종속

주사위를 던지는 시행에서의 두 사건이 서로 독립이 되도록 하는 조건을 구할 수 있는지를 묻는 문제이다.

한 개의 주사위를 한 번 던진다. 홀수의 눈이 나오는 사건을 A, 6 이하의 자연수 m에 대하여 m의 약수의 눈이 나오는 사건을 B라 하자.❶ 두 사건 A와 B가 서로 독립❷이 되도록 하는 모든 m의 값의 합을 구하시오. 8

출제코드 m의 값에 따른 사건 A, B, $A\cap B$의 확률을 구하여 비교하기

❶ 가능한 m의 값에 따라 경우를 나누어 사건 B가 일어날 확률을 구한다.
❷ 두 사건이 서로 독립일 조건 $P(A\cap B)=P(A)P(B)$가 성립하는지 확인한다.

해설 **|1단계| $P(A)$의 값 구하기**

$A=\{1, 3, 5\}$이므로 $P(A)=\frac{3}{6}=\frac{1}{2}$

|2단계| 6 이하의 자연수 m에 대하여 두 사건 A, B가 서로 독립인지 조사하기

(i) $m=1$일 때
$B=\{1\}$이므로 $A\cap B=\{1\}$
$\therefore P(B)=\frac{1}{6}$, $P(A\cap B)=\frac{1}{6}$
따라서 $P(A\cap B)\neq P(A)P(B)$이므로 두 사건 A와 B는 서로 독립이 아니다.
└ $P(A)P(B)=\frac{1}{2}\times\frac{1}{6}=\frac{1}{12}$

(ii) $m=2$일 때
$B=\{1, 2\}$이므로 $A\cap B=\{1\}$
$\therefore P(B)=\frac{1}{3}$, $P(A\cap B)=\frac{1}{6}$
따라서 $P(A\cap B)=P(A)P(B)$이므로 두 사건 A와 B는 서로 독립이다.
└ $P(A)P(B)=\frac{1}{2}\times\frac{1}{3}=\frac{1}{6}$

(iii) $m=3$일 때
$B=\{1, 3\}$이므로 $A\cap B=\{1, 3\}$
$\therefore P(B)=\frac{1}{3}$, $P(A\cap B)=\frac{1}{3}$
따라서 $P(A\cap B)\neq P(A)P(B)$이므로 두 사건 A와 B는 서로 독립이 아니다.
└ $P(A)P(B)=\frac{1}{2}\times\frac{1}{3}=\frac{1}{6}$

(iv) $m=4$일 때
$B=\{1, 2, 4\}$이므로 $A\cap B=\{1\}$
$\therefore P(B)=\frac{1}{2}$, $P(A\cap B)=\frac{1}{6}$
따라서 $P(A\cap B)\neq P(A)P(B)$이므로 두 사건 A와 B는 서로 독립이 아니다.
└ $P(A)P(B)=\frac{1}{2}\times\frac{1}{2}=\frac{1}{4}$

(v) $m=5$일 때
$B=\{1, 5\}$이므로 $A\cap B=\{1, 5\}$
$\therefore P(B)=\frac{1}{3}$, $P(A\cap B)=\frac{1}{3}$
따라서 $P(A\cap B)\neq P(A)P(B)$이므로 두 사건 A와 B는 서로 독립이 아니다.
└ $P(A)P(B)=\frac{1}{2}\times\frac{1}{3}=\frac{1}{6}$

(vi) $m=6$일 때
$B=\{1, 2, 3, 6\}$이므로 $A\cap B=\{1, 3\}$

$\therefore$ $P(B)=\frac{2}{3}$, $P(A\cap B)=\frac{1}{3}$

따라서 $P(A\cap B)=P(A)P(B)$이므로 두 사건 A와 B는 서로 독립이다.
└ $P(A)P(B)=\frac{1}{2}\times\frac{2}{3}=\frac{1}{3}$

|3단계| 조건을 만족시키는 모든 m의 값의 합 구하기

(i)~(vi)에 의하여 두 사건 A, B가 서로 독립이 되도록 하는 m의 값은 2, 6이므로 모든 m의 값의 합은

$2+6=8$

3

2020학년도 6월 평가원 나 19 [정답률 57%] 변형 | 정답 ④

출제영역 부정방정식+사건의 독립

두 사건이 독립이기 위한 필요충분조건을 알고 조건을 만족시키는 순서쌍의 개수를 구할 수 있는지를 묻는 문제이다.

1부터 10까지의 자연수가 하나씩 적혀 있는 10장의 카드가 있다. 이 카드를 모두 한 번씩 사용하여 그림과 같은 10개의 자리에 각각 한 장씩 임의로 놓을 때, 10 이하의 자연수 k에 대하여 k번째 이하의 자리에 놓인 카드에 적힌 수들이 모두 k 이하인 사건을 A_k라 하자. ❶

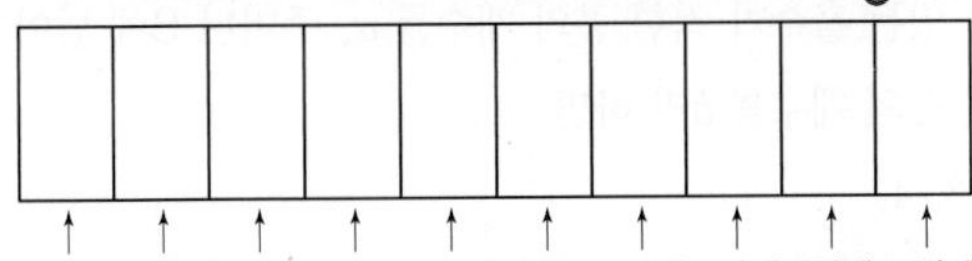

두 자연수 m, n $(1\le m<n\le 10)$에 대하여 두 사건 A_m과 A_n이 서로 독립이 되도록 하는 m, n의 모든 순서쌍 (m, n)의 개수는? ❷

① 6 ② 7 ③ 8 ④ 9 ⑤ 10

출제코드 사건 A_m, A_n, $A_m\cap A_n$이 일어날 확률을 m, n에 대한 식으로 나타내기

❶ 사건 A_k는 k번째 이하의 자리에 모두 k 이하의 자연수가 적힌 카드가 각각 놓여 있고, $(10-k)$개의 자리에 나머지 $(10-k)$장의 카드가 각각 놓여 있는 사건이다.

❷ 두 사건 A_m, A_n이 서로 독립이 되려면 $P(A_m\cap A_n)=P(A_m)P(A_n)$이 성립해야 한다.

해설 **|1단계| $P(A_k)$를 k에 대하여 나타내고 $P(A_m\cap A_n)$을 m, n에 대하여 나타내기**

사건 A_k는 k번째 이하의 자리에 모두 k 이하의 자연수가 적힌 카드가 각각 놓여 있고, $(10-k)$개의 자리에 나머지 $(10-k)$장의 카드가 각각 놓여 있는 사건이므로

$P(A_k)=\frac{k!(10-k)!}{10!}$

사건 $A_m\cap A_n$ $(m<n)$은 m번째 이하의 자리에 모두 m 이하의 자연수가 적힌 카드가 각각 놓여 있고, $(m+1)$번째, $(m+2)$번째, $\cdots$, n번째 자리에 모두 m보다 크고 n보다 작거나 같은 수가 적힌 카드가 각각 놓여 있고, $(10-n)$개의 자리에 나머지 $(10-n)$장의 카드가 각각 놓여 있는 사건이므로

$P(A_m\cap A_n)=\frac{m!(n-m)!(10-n)!}{10!}$

|2단계| 두 사건 A_m, A_n이 서로 독립이 될 조건을 이용하여 순서쌍 (m, n) 구하기

한편, 두 사건 A_m과 A_n이 서로 독립이기 위해서는 $P(A_m\cap A_n)=P(A_m)P(A_n)$이어야 하므로

$\frac{m!(n-m)!(10-n)!}{10!}=\frac{m!(10-m)!}{10!}\times\frac{n!(10-n)!}{10!}$

$(n-m)!=\frac{(10-m)!n!}{10!}$

$\therefore$ $(n-m)!10!=(10-m)!n!$ $\cdots\cdots$ ㉠

$n=10$을 ㉠에 대입하면 $(10-m)!10!=(10-m)!10!$ why? ❶

위의 등식은 m에 대한 항등식이고 $m<n$이므로

$m=1, 2, 3, \cdots, 9$

$n=9$를 ㉠에 대입하면 $(9-m)!10!=(10-m)!9!$

즉, $10=10-m$에서 $m=0$이므로 m이 자연수라는 조건을 만족시키지 않는다.

같은 방법으로 하면 $n=8, 7, 6, \cdots, 2$를 ㉠에 대입했을 때, ㉠을 만족시키는 자연수 m의 값은 존재하지 않는다.

따라서 두 자연수 m, n의 모든 순서쌍 (m, n)은

$(1, 10), (2, 10), (3, 10), \cdots, (9, 10)$

의 9개이다.

해설 특강

why? ❶ ㉠은 두 자연수 m, n에 대한 부정방정식이므로 $n=10$부터 차례로 대입하여 등식을 만족시키는 자연수 m의 값을 구하면 된다.
또는 $m=1$부터 차례로 대입해도 같은 결과를 얻을 수 있다.
$m=1$을 ㉠에 대입하면
$(n-1)!10!=9!n!$ $\therefore$ $n=10$

4

2019학년도 수능 가 27 [정답률 75%] 변형 | 정답 45

출제영역 부정방정식+사건의 독립

두 사건이 독립이기 위한 필요충분조건을 알고 조건을 만족시키는 자연수를 구할 수 있는지를 묻는 문제이다.

1부터 10까지의 자연수가 하나씩 적혀 있는 10장의 카드가 있다. 이 10장의 카드 중에서 1장의 카드를 임의로 택할 때, m 이상 $2m$ 이하의 자연수가 적혀 있는 카드가 나오는 사건을 A_m, ❶ 2 이상 n 이하의 자연수가 적혀 있는 카드가 나오는 사건을 B_n이라 하자. ❷ $m<n\le 2m$일 때, 두 사건 A_m과 B_n이 서로 독립이 되도록 하는 ❸ 자연수 m, n에 대하여 $10m+n$의 값을 구하시오. 45

(단, $2\le m\le 5$, $2\le n\le 10$)

출제코드 사건 A_m, B_n, $A_m\cap B_n$이 일어날 확률을 m, n에 대한 식으로 나타내기

❶ 사건 A_m에 대하여 $A_m=\{m, m+1, m+2, \cdots, 2m\}$이므로 $n(A_m)=m+1$이다.

❷ 사건 B_n에 대하여 $B_n=\{2, 3, 4, \cdots, n\}$이므로 $n(B_n)=n-1$이다.

❸ 두 사건 A_m, B_n이 서로 독립이 되려면 $P(A_m\cap B_n)=P(A_m)P(B_n)$이 성립해야 한다.

해설 **|1단계| $P(A_m)$, $P(B_n)$, $P(A_m \cap B_n)$의 값 구하기**

$2 \le m \le 5$인 자연수 m에 대하여

$A_m = \{m, m+1, m+2, \cdots, 2m\}$

즉, $n(A_m) = 2m - m + 1 = m + 1$이므로

$P(A_m) = \frac{m+1}{10}$

$2 \le n \le 10$인 자연수 n에 대하여

$B_n = \{2, 3, 4, \cdots, n\}$

즉, $n(B_n) = n - 1$이므로

$P(B_n) = \frac{n-1}{10}$

이때 $m < n$이므로

$A_m \cap B_n = \{m, m+1, m+2, \cdots, n\}$ **why? ❶**

즉, $n(A_m \cap B_n) = n - m + 1$이므로

$P(A_m \cap B_n) = \frac{n-m+1}{10}$

|2단계| 두 사건 A_m, B_n이 서로 독립이 될 조건을 이용하여 m, n 사이의 관계식 구하기

두 사건 A_m, B_n이 서로 독립이려면 $P(A_m \cap B_n) = P(A_m)P(B_n)$이어야 하므로

$\frac{n-m+1}{10} = \frac{m+1}{10} \times \frac{n-1}{10}$

$10(n-m+1) = (m+1)(n-1)$

$\therefore mn + 9m - 9n = 11 \quad \cdots\cdots$ ㉠

|3단계| 자연수 m, n에 대한 방정식을 풀고 $10m+n$의 값 구하기

㉠에서 $m(n+9) - 9(n+9) = -70$

$\therefore (m-9)(n+9) = -70$ **how? ❷**

$2 \le m \le 5$, $2 \le n \le 10$이므로

$-7 \le m-9 \le -4$, $11 \le n+9 \le 19$

이때 $m-9$, $n+9$는 모두 정수이므로

$m-9 = -5$, $n+9 = 14$

$\therefore m = 4$, $n = 5$ **how? ❸**

$\therefore 10m + n = 10 \times 4 + 5 = 45$

해설 특강

why? ❶ 사건 $A_m \cap B_n$은 m 이상 n 이하의 자연수가 적혀 있는 카드를 택하는 사건이다.

how? ❷ 두 자연수에 대한 부정방정식은
(일차식)×(일차식)=(정수)
꼴로 변형한 후, 곱하여 (정수)가 되는 각 (일차식)의 값을 구하여 해결한다.

how? ❸ 두 자연수 m, n에 대한 부정방정식 $(m-9)(n+9) = -70$에서 $m-9$, $n+9$는 곱이 -70이 되는 정수이다.
이때 $-7 \le m-9 \le -4$, $11 \le n+9 \le 19$이므로 m, n의 값은 다음과 같이 구할 수 있다.

$m-9$	-7	-5
$n+9$	10	14

➡

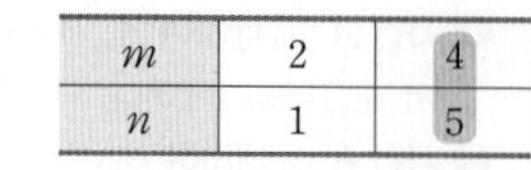

m	2	4
n	1	5

$\therefore m = 4$, $n = 5$

5

|정답 221

출제영역 조합+배반사건의 확률+독립사건의 확률

서로 독립인 두 사건에 대한 확률을 구할 수 있는지를 묻는 문제이다.

주머니 A에는 1이 하나씩 적힌 공 4개, 2가 하나씩 적힌 공 4개가 들어 있고, 주머니 B에는 1이 하나씩 적힌 공 5개, 2가 하나씩 적힌 공 3개가 들어 있다. 두 주머니 A, B에서 각각 임의로 3개의 공을 동시에 꺼낼 때, 주머니 A에 남아 있는 홀수가 적힌 공의 개수가 주머니 B에 남아 있는 홀수가 적힌 공의 개수보다 클❶ 확률은 $\frac{q}{p}$❷이다.
$p+q$의 값을 구하시오. (단, p와 q는 서로소인 자연수이다.) 221

출제코드 각 주머니 A, B에서 조건을 만족시키도록 공을 꺼내는 사건은 서로 독립임을 파악하기

❶ 홀수가 적힌 공의 개수는 1이 적힌 공의 개수이다. 주머니 A에 1이 적힌 공이 몇 개 남는지에 따라 경우를 나누어 생각해야 한다.
❷ 주머니 A에서 공을 꺼내는 사건과 주머니 B에서 공을 꺼내는 사건은 서로 독립임을 이용하여 확률을 구한다.

해설 **|1단계| 문제의 상황을 파악하고 경우 나누기**

두 주머니 A, B에서 각각 임의로 3개의 공을 동시에 꺼낼 때, 주머니 A에 남아 있는 홀수가 적힌 공의 개수를 a, 주머니 B에 남아 있는 홀수가 적힌 공의 개수를 b라 하면

$a = 1, 2, 3, 4$,

$b = 2, 3, 4, 5$ **why? ❶**

이때 $a > b$이려면 $a = 3$ 또는 $a = 4$이어야 한다.

|2단계| 주머니 A에 남아 있는 홀수가 적힌 공의 개수가 3일 확률 구하기

(i) $a = 3$일 때

$a > b$이려면 $b = 2$이어야 한다.

주머니 A에서 1이 적힌 공 1개, 2가 적힌 공 2개를 꺼낼 확률은

$\frac{{}_4C_1 \times {}_4C_2}{{}_8C_3} = \frac{4 \times 6}{56} = \frac{3}{7}$

주머니 B에서 1이 적힌 공 3개를 꺼낼 확률은

$\frac{{}_5C_3}{{}_8C_3} = \frac{10}{56} = \frac{5}{28}$

위의 두 사건은 서로 독립이므로 $a = 3$일 확률은

$\frac{3}{7} \times \frac{5}{28} = \frac{15}{196}$ **why? ❷**

|3단계| 주머니 A에 남아 있는 홀수가 적힌 공의 개수가 4일 확률 구하기

(ii) $a = 4$일 때

$a > b$이려면 $b = 2$ 또는 $b = 3$이어야 한다.

주머니 A에서 2가 적힌 공 3개를 꺼낼 확률은

$\frac{{}_4C_3}{{}_8C_3} = \frac{4}{56} = \frac{1}{14}$

주머니 B에서 1이 적힌 공 3개를 꺼내거나 1이 적힌 공 2개, 2가 적힌 공 1개를 꺼낼 확률은

$\frac{{}_5C_3}{{}_8C_3} + \frac{{}_5C_2 \times {}_3C_1}{{}_8C_3} = \frac{10}{56} + \frac{10 \times 3}{56} = \frac{5}{7}$ **why? ❸**

위의 두 사건은 서로 독립이므로 $a = 4$일 확률은

$\frac{1}{14} \times \frac{5}{7} = \frac{5}{98}$ **why? ❷**

|4단계| 확률을 구하여 $p+q$의 값 구하기

(i), (ii)에 의하여 A에 남아 있는 홀수가 적힌 공의 개수가 B에 남아 있는 홀수가 적힌 공의 개수보다 클 확률은

$\frac{15}{196}+\frac{5}{98}=\frac{25}{196}$ **why? ❸**

따라서 $p=196$, $q=25$이므로

$p+q=196+25=221$

해설 특강

why? ❶ 주머니 A의 8개의 공에 적힌 숫자는
1, 1, 1, 1, 2, 2, 2, 2
A 주머니에는 1, 2가 적힌 공이 각각 3개 이상 있으므로 1이 적힌 공을 최소 0개부터 최대 3개까지 꺼낼 수 있다. 1이 적힌 공을 0개 꺼내면 $a=4$이고, 1이 적힌 공을 3개 꺼내면 $a=1$이므로 가능한 a의 값은 1, 2, 3, 4이다.
한편, 주머니 B의 8개의 공에 적힌 숫자는
1, 1, 1, 1, 1, 2, 2, 2
B 주머니에도 1, 2가 적힌 공이 각각 3개 이상 있으므로 1이 적힌 공을 최소 0개부터 최대 3개까지 꺼낼 수 있다. 1이 적힌 공을 0개 꺼내면 $b=5$이고, 3개 꺼내면 $b=2$이므로 가능한 b의 값은 2, 3, 4, 5이다.

why? ❷ 서로 독립인 두 사건 A, B에 대하여 $\mathrm{P}(A\cap B)=\mathrm{P}(A)\mathrm{P}(B)$가 성립한다.

why? ❸ 두 사건 A, B에 대하여 $A\cap B=\varnothing$일 때, 확률의 덧셈정리에 의하여 $\mathrm{P}(A\cup B)=\mathrm{P}(A)+\mathrm{P}(B)$가 성립한다.

6

|정답 ①

출제영역 부정방정식+독립사건의 확률

서로 독립인 두 사건에 대한 확률을 구할 수 있는지를 묻는 문제이다.

주머니 A에는 흰 공 2개, 나머지 검은 공을 포함하여 모두 m개의 공이 들어 있고,❶ 주머니 B에는 흰 공 n개, 검은 공 m개가 들어 있다.❷ 두 주머니 A, B에서 각각 임의로 1개의 공을 꺼낼 때, 꺼낸 공이 모두 검은 공일 확률이 $\frac{2}{n}$❸가 되도록 하는 10 이하의 자연수 m, n의 모든 순서쌍 (m, n)의 개수는?

✓① 3 ② 4 ③ 5
④ 6 ⑤ 7

출제코드 주머니 A, B에서 검은 공을 각각 꺼내는 사건은 서로 독립임을 이용하여 m, n에 대한 방정식 세우기

❶ 주머니 A에 들어 있는 검은 공의 개수는 $m-2$이다.
❷ 주머니 B에 들어 있는 모든 공의 개수는 $m+n$이다.
❸ 주머니 A에서 검은 공을 꺼내는 사건과 주머니 B에서 검은 공을 꺼내는 사건은 서로 독립임을 이용하여 확률을 구한다.

해설 **|1단계| 각 주머니에서 검은 공을 꺼낼 확률 구하기**

주머니 A에서 검은 공을 꺼내는 사건을 X, 주머니 B에서 검은 공을 꺼내는 사건을 Y라 하자.

주머니 A에는 흰 공이 2개, 검은 공이 $(m-2)$개 들어 있으므로

$\mathrm{P}(X)=\frac{m-2}{m}$

주머니 B에는 흰 공이 n개, 검은 공이 m개 들어 있으므로

$\mathrm{P}(Y)=\frac{m}{m+n}$

|2단계| 꺼낸 공이 모두 검은 공일 확률을 이용하여 m, n 사이의 관계식 구하기

두 주머니 A, B에서 각각 임의로 1개의 공을 꺼낼 때, 모두 검은 공일 확률은

$\mathrm{P}(X\cap Y)=\frac{2}{n}$

이때 두 사건 X, Y가 서로 독립이므로 $\mathrm{P}(X\cap Y)=\mathrm{P}(X)\mathrm{P}(Y)$에서

$\frac{2}{n}=\frac{m-2}{m}\times\frac{m}{m+n}$

$\frac{2}{n}=\frac{m-2}{m+n}$, $n(m-2)=2(m+n)$

$\therefore mn-2m-4n=0$ ...... ㉠

|3단계| 자연수 m, n에 대한 방정식을 풀고 순서쌍 (m, n)의 개수 구하기

㉠에서 $m(n-2)-4(n-2)=8$이므로

$(m-4)(n-2)=8$ **how? ❶**

$1\le m\le 10$, $1\le n\le 10$이므로

$-3\le m-4\le 6$, $-1\le n-2\le 8$

이때 $m-4$, $n-2$는 모두 정수이므로

$m-4=1$, $n-2=8$ 또는 $m-4=2$, $n-2=4$ 또는

$m-4=4$, $n-2=2$

$\therefore m=5$, $n=10$ 또는 $m=6$, $n=6$ 또는 $m=8$, $n=4$ **how? ❷**

따라서 조건을 만족시키는 10 이하의 자연수 m, n의 모든 순서쌍 (m, n)은

$(5, 10)$, $(6, 6)$, $(8, 4)$

의 3개이다.

해설 특강

how? ❶ 두 자연수에 대한 부정방정식은
(일차식)×(일차식)=(정수)
꼴로 변형한 후, 곱하여 (정수)가 되는 각 (일차식)의 값을 구하여 해결한다.

how? ❷ 10 이하의 두 자연수 m, n에 대한 부정방정식
$(m-4)(n-2)=8$에서 $m-4$, $n-2$는 곱이 8이 되는 정수이다.
이때 $-3\le m-4\le 6$, $-1\le n-2\le 8$이므로 m, n의 값은 다음과 같이 구할 수 있다.

$m-4$	-2	-1	1	2	4
$n-2$	-4	-8	8	4	2

↓

m	2	3	5	6	8
n	-2	-6	10	6	4

$\therefore m=5$, $n=10$ 또는 $m=6$, $n=6$ 또는 $m=8$, $n=4$

05-2 독립시행의 확률

1등급 완성 3단계 문제연습 본문 36~38쪽

1 ①	2 191	3 ⑤	4 ④
5 189	6 ②		

1

2020학년도 수능 가 20 [정답률 67%] | 정답 ①

출제영역 독립시행의 확률

독립시행의 확률을 이용하여 조건을 만족시킬 확률을 구할 수 있는지를 묻는 문제이다.

한 개의 동전을 7번 던질 때, ❶ 다음 조건을 만족시킬 확률은?

(가) 앞면이 3번 이상 나온다. ❷
(나) 앞면이 연속해서 나오는 경우가 있다. ❷

✓① $\frac{11}{16}$ ② $\frac{23}{32}$ ③ $\frac{3}{4}$
④ $\frac{25}{32}$ ⑤ $\frac{13}{16}$

출제코드 앞면이 연속하여 나오는 사건의 여사건과 그 여사건이 일어나는 경우의 수 파악하기

❶ 한 개의 동전을 여러 번 던지므로 독립시행임을 파악한다.
➡ 동전을 n번 던져서 앞면이 r번 나올 확률은
$${}_nC_r\left(\frac{1}{2}\right)^r\left(\frac{1}{2}\right)^{n-r}={}_nC_r\left(\frac{1}{2}\right)^n$$
❷ 앞면이 연속해서 나오는 경우의 수를 구하는 것보다 앞면이 연속해서 나오지 않는 경우의 수를 구하는 것이 더 간단하다.

해설 **| 1단계 | 문제 상황을 파악하기**

한 개의 동전을 7번 던질 때, 앞면이 3번 이상 나오고 앞면이 연속해서 나오는 경우가 있을 확률은 앞면이 3번 이상 나올 확률에서 앞면이 연속해서 나오지 않을 확률을 뺀 것과 같다.

| 2단계 | 앞면이 나오는 횟수에 따라 각 경우에서의 확률 구하기

(i) 앞면이 3번 나오는 경우

한 개의 동전을 7번 던질 때, 앞면이 3번, 뒷면이 4번 나오는 경우의 수는

${}_7C_3=35$

이때 앞면이 연속해서 나오지 않는 경우의 수는

${}_5C_3={}_5C_2=10$ **why?** ❶

따라서 앞면이 연속해서 나오는 경우가 있을 확률은

$(35-10)\times\left(\frac{1}{2}\right)^7=\frac{25}{2^7}$ **how?** ❷

(ii) 앞면이 4번 나오는 경우

한 개의 동전을 7번 던질 때, 앞면이 4번, 뒷면이 3번 나오는 경우의 수는

${}_7C_4={}_7C_3=35$

이때 앞면이 연속해서 나오지 않는 경우의 수는

${}_4C_4=1$ **why?** ❸

따라서 앞면이 연속해서 나오는 경우가 있을 확률은

$(35-1)\times\left(\frac{1}{2}\right)^7=\frac{34}{2^7}$

(iii) 앞면이 5번 이상 나오는 경우

한 개의 동전을 7번 던질 때, 앞면이 5번 이상 나오면 앞면이 연속해서 나오는 경우가 항상 있으므로 이 경우의 확률은

$$({}_7C_5+{}_7C_6+{}_7C_7)\times\left(\frac{1}{2}\right)^7=({}_7C_2+{}_7C_1+1)\times\left(\frac{1}{2}\right)^7$$ **how?** ❹
$$=(21+7+1)\times\left(\frac{1}{2}\right)^7$$
$$=\frac{29}{2^7}$$

| 3단계 | 조건을 만족시킬 확률 구하기

(i), (ii), (iii)에 의하여 구하는 확률은

$$\frac{25}{2^7}+\frac{34}{2^7}+\frac{29}{2^7}=\frac{88}{2^7}=\frac{11}{16}$$

해설 특강

why? ❶ 앞면이 3번, 뒷면이 4번 나올 때, 앞면이 연속해서 나오지 않는 경우는 다음과 같이 뒷면 사이사이와 양 끝의 5개 자리 중 3개의 자리에 앞면이 나오면 된다.

∨ 뒷면 ∨ 뒷면 ∨ 뒷면 ∨ 뒷면 ∨

how? ❷ 한 개의 동전을 7번 던질 때, 앞면이 3번 나올 확률은

${}_7C_3\left(\frac{1}{2}\right)^3\left(\frac{1}{2}\right)^4=35\times\left(\frac{1}{2}\right)^7$

앞면이 연속해서 나오지 않을 확률은

$\frac{{}_5C_3}{2^7}=\frac{{}_5C_2}{2^7}=10\times\left(\frac{1}{2}\right)^7$

따라서 앞면이 연속해서 나오는 경우가 있을 확률은

$35\times\left(\frac{1}{2}\right)^7-10\times\left(\frac{1}{2}\right)^7=(35-10)\times\left(\frac{1}{2}\right)^7=\frac{25}{2^7}$

why? ❸ 앞면이 4번, 뒷면이 3번 나올 때, 앞면이 연속해서 나오지 않는 경우는 다음과 같이 뒷면 사이사이와 양 끝의 4개의 자리에 모두 앞면이 나오면 된다.

how? ❹ 한 개의 동전을 7번 던질 때, 앞면이 5번, 6번, 7번 나올 확률은 각각

${}_7C_5\left(\frac{1}{2}\right)^5\left(\frac{1}{2}\right)^2={}_7C_2\left(\frac{1}{2}\right)^7$,

${}_7C_6\left(\frac{1}{2}\right)^6\left(\frac{1}{2}\right)^1={}_7C_1\left(\frac{1}{2}\right)^7$,

${}_7C_7\left(\frac{1}{2}\right)^7\left(\frac{1}{2}\right)^0=\left(\frac{1}{2}\right)^7$

이므로 앞면이 5번 이상 나올 확률은

${}_7C_2\left(\frac{1}{2}\right)^7+{}_7C_1\left(\frac{1}{2}\right)^7+\left(\frac{1}{2}\right)^7=({}_7C_2+{}_7C_1+1)\times\left(\frac{1}{2}\right)^7$

2 2022학년도 수능 확통 30 [정답률 7%] | 정답 191

출제영역 독립시행의 확률+조건부확률

독립시행의 확률을 이용하여 조건부확률을 구할 수 있는지를 묻는 문제이다.

흰 공과 검은 공이 각각 10개 이상 들어 있는 바구니와 비어 있는 주머니가 있다. 한 개의 주사위를 사용하여 다음 시행을 한다.

> 주사위를 한 번 던져 나온 눈의 수가 5 이상이면 바구니에 있는 흰 공 2개를 주머니에 넣고, 나온 눈의 수가 4 이하이면 바구니에 있는 검은 공 1개를 주머니에 넣는다.

위의 시행을 5번 반복할 때,❶ $n\ (1\le n\le 5)$번째 시행 후 주머니에 들어 있는 흰 공과 검은 공의 개수를 각각 a_n, b_n이라 하자. $a_5+b_5\ge 7$일 때, $a_k=b_k$인 자연수 $k\ (1\le k\le 5)$가 존재할 확률은❷ $\dfrac{q}{p}$이다. $p+q$의 값을 구하시오. 191

(단, p와 q는 서로소인 자연수이다.)

출제코드 $a_5+b_5=7, 8, 9, 10$일 때, $a_k=b_k$인 경우 찾기

❶ 주어진 시행을 5번 반복했을 때, 주머니에 들어 있는 공은 최소 5개, 최대 10개임을 파악한다.

❷ '~일 때, ~일 확률'이므로 조건부확률이다. 조건부확률에서의 두 사건을 정한다.

① $a_5+b_5\ge 7$, 즉 전체 공의 개수가 7, 8, 9, 10인 사건

② $a_k=b_k$인 자연수 $k\ (1\le k\le 5)$가 존재하는 사건

해설 |1단계| $a_5+b_5\ge 7$일 확률 구하기

$a_5+b_5\ge 7$인 사건을 A, $a_k=b_k$인 자연수 $k\ (1\le k\le 5)$가 존재하는 사건을 B라 하자.

└ 구하는 확률은 $\mathrm{P}(B|A)=\dfrac{\mathrm{P}(A\cap B)}{\mathrm{P}(A)}$

사건 A가 일어나는 경우는

$a_5+b_5=7=2+2+1+1+1$

$a_5+b_5=8=2+2+2+1+1$

$a_5+b_5=9=2+2+2+2+1$

$a_5+b_5=10=2+2+2+2+2$

이고, 주사위를 한 번 던져 나온 눈의 수가 5 이상일 확률은 $\dfrac{1}{3}$, 4 이하일 확률은 $\dfrac{2}{3}$이므로 각 경우의 확률은 다음과 같다. why? ❶

(i) $a_5+b_5=7$

$${}_5\mathrm{C}_2\left(\frac{1}{3}\right)^2\left(\frac{2}{3}\right)^3=\frac{80}{3^5}$$

(ii) $a_5+b_5=8$

$${}_5\mathrm{C}_3\left(\frac{1}{3}\right)^3\left(\frac{2}{3}\right)^2=\frac{40}{3^5}$$

(iii) $a_5+b_5=9$

$${}_5\mathrm{C}_4\left(\frac{1}{3}\right)^4\left(\frac{2}{3}\right)^1=\frac{10}{3^5}$$

(iv) $a_5+b_5=10$

$${}_5\mathrm{C}_5\left(\frac{1}{3}\right)^5\left(\frac{2}{3}\right)^0=\frac{1}{3^5}$$

(i)~(iv)에 의하여

$$\mathrm{P}(A)=\frac{80}{3^5}+\frac{40}{3^5}+\frac{10}{3^5}+\frac{1}{3^5}=\frac{131}{3^5}$$

|2단계| $a_5+b_5\ge 7$이면서 $a_k=b_k$인 자연수 $k\ (1\le k\le 5)$가 존재할 확률 구하기

사건 $A\cap B$가 일어나는 경우는 (i), (ii)의 경우에서 3번째 시행까지 5 이상의 눈의 수가 1번, 4 이하의 눈의 수가 2번 나오는 경우이다. why? ❷

(iii), (iv)의 경우에는 사건 $A\cap B$는 일어나지 않는다.

$$\therefore \mathrm{P}(A\cap B)={}_3\mathrm{C}_1\left(\frac{1}{3}\right)^1\left(\frac{2}{3}\right)^2\times{}_2\mathrm{C}_1\left(\frac{1}{3}\right)^1\left(\frac{2}{3}\right)^1+{}_3\mathrm{C}_1\left(\frac{1}{3}\right)^1\left(\frac{2}{3}\right)^2\times{}_2\mathrm{C}_2\left(\frac{1}{3}\right)^2\left(\frac{2}{3}\right)^0$$

$$=\frac{48}{3^5}+\frac{12}{3^5}=\frac{20}{3^4}$$

|3단계| 조건부확률을 구하여 $p+q$의 값 구하기

따라서 $a_5+b_5\ge 7$일 때, $a_k=b_k$인 자연수 k가 존재할 확률은

$$\mathrm{P}(B|A)=\frac{\mathrm{P}(A\cap B)}{\mathrm{P}(A)}=\frac{\frac{20}{3^4}}{\frac{131}{3^5}}=\frac{60}{131}$$

즉, $p=131$, $q=60$이므로

$p+q=131+60=191$

해설특강

why? ❶ 주사위를 한 번 던져 나온 눈의 수가 5 이상이면 흰 공 2개를 주머니에 넣고, 나온 눈의 수가 4 이하이면 검은 공 1개를 주머니에 넣으므로 전체 공의 개수인 7, 8, 9, 10을 2와 1의 합으로 나타낸다.

(i) $a_5+b_5=7=2+2+1+1+1$

→ 5 이상의 눈의 수가 2번, 4 이하의 눈의 수가 3번 나온 경우

(ii) $a_5+b_5=8=2+2+2+1+1$

→ 5 이상의 눈의 수가 3번, 4 이하의 눈의 수가 2번 나온 경우

(iii) $a_5+b_5=9=2+2+2+2+1$

→ 5 이상의 눈의 수가 4번, 4 이하의 눈의 수가 1번 나온 경우

(iv) $a_5+b_5=10=2+2+2+2+2$

→ 5 이상의 눈의 수가 5번 나온 경우

why? ❷ (i), (ii)의 경우에서 3번째 시행까지 5 이상의 눈의 수가 1번, 4 이하의 눈의 수가 2번 나오는 경우 중 1번째 시행에서 5 이상의 눈의 수가 나오는 경우, 흰 공과 검은 공의 개수는 다음 표와 같다.

	1번째	2번째	3번째
눈의 수	5 이상	4 이하	4 이하
흰 공	2개	2개	2개
검은 공	0개	1개	2개

따라서 $a_3=b_3=2$이므로 $a_k=b_k$인 자연수 $k=3$이 존재한다.

3 2019학년도 수능 나 18 [정답률 56%] 변형 | 정답 ⑤

출제영역 독립시행의 확률＋조건부확률

독립시행의 확률을 이용하여 조건부확률을 구할 수 있는지를 묻는 문제이다.

좌표평면의 원점에 점 A가 있다. 한 개의 주사위를 사용하여 다음 시행을 한다.

> 주사위를 한 번 던져 3의 배수의 눈의 수가 나오면❶ 점 A를 x축의 양의 방향으로 1만큼, 3의 배수가 아닌 눈의 수가 나오면❶ 점 A를 y축의 양의 방향으로 1만큼 이동시킨다.

위의 시행을 반복하여 점 A가 처음으로 원 $(x-2)^2+(y-3)^2=1$ 위에 있으면❷ 이 시행을 멈춘다. 이 시행을 멈추었을 때, 점 A의 x좌표가 2일 확률❸은?

① $\frac{7}{23}$ ② $\frac{1}{3}$ ③ $\frac{25}{69}$ ④ $\frac{9}{23}$ ✓⑤ $\frac{29}{69}$

출제코드 점 A가 원 $(x-2)^2+(y-3)^2=1$ 위에 있기 바로 전의 시행까지 주사위에서 나온 3의 배수의 눈의 수가 나온 횟수와 3의 배수가 아닌 눈의 수가 나온 횟수 파악하기

❶ 주사위를 한 번 던져 3의 배수의 눈의 수가 나올 확률은 $\frac{1}{3}$, 3의 배수가 아닌 눈의 수가 나올 확률은 $\frac{2}{3}$이다.

❷ 원점에서 출발한 점 A가 처음으로 원 $(x-2)^2+(y-3)^2=1$ 위에 있을 수 있는 점의 좌표를 파악한다. 이때 점 A의 x좌표와 y좌표는 모두 정수이다.

❸ '~일 때, ~일 확률'이므로 조건부확률이다. 조건부확률에서의 두 사건을 정한다.
① 점 A가 처음으로 원 $(x-2)^2+(y-3)^2=1$ 위에 있는 사건
② 점 A의 x좌표가 2인 사건

해설 **|1단계|** **점 A가 처음으로 원 $(x-2)^2+(y-3)^2=1$ 위에 있을 확률 구하기**

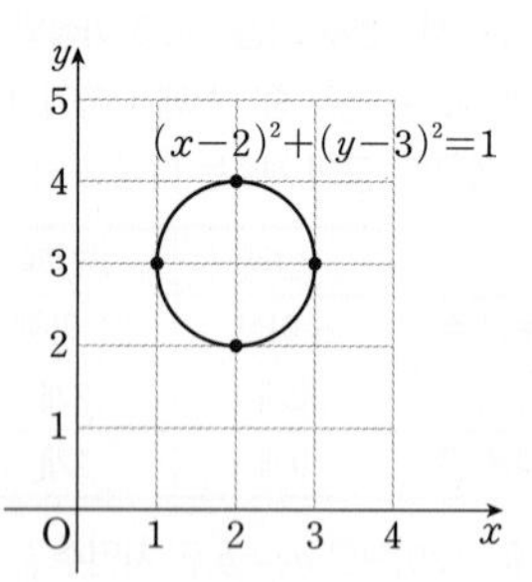

점 A가 처음으로 원 $(x-2)^2+(y-3)^2=1$ 위에 있는 사건을 A, 점 A의 x좌표가 2인 사건을 B라 하자. └ 구하는 확률은 $\mathrm{P}(B|A)=\frac{\mathrm{P}(A\cap B)}{\mathrm{P}(A)}$

사건 A가 일어나는 경우는 점 A가 처음으로 점 $(1, 3)$ 또는 $(2, 2)$ 또는 $(2, 4)$ 또는 $(3, 3)$에 위치하는 경우이므로 사건 A가 일어날 확률을 구하면 다음과 같다. why? ❶

(i) 점 A가 처음으로 점 $(1, 3)$에 위치하는 경우

$${}_4\mathrm{C}_1\left(\frac{1}{3}\right)^1\left(\frac{2}{3}\right)^3=\frac{32}{3^4}$$

(ii) 점 A가 처음으로 점 $(2, 2)$에 위치하는 경우

$${}_4\mathrm{C}_2\left(\frac{1}{3}\right)^2\left(\frac{2}{3}\right)^2=\frac{8}{3^3}$$

(iii) 점 A가 처음으로 점 $(2, 4)$에 위치하는 경우

점 A가 점 $(1, 4)$에 있을 때 3의 배수의 눈의 수가 나오는 경우이다.

이때 점 A가 점 $(2, 4)$에서 처음으로 원 위에 있으려면

원점 → 점 $(0, 4)$ → 점 $(1, 4)$ → 점 $(2, 4)$

와 같이 이동해야 한다.

따라서 이때의 확률은

$${}_4\mathrm{C}_0\left(\frac{1}{3}\right)^0\left(\frac{2}{3}\right)^4\times\frac{1}{3}\times\frac{1}{3}=\frac{16}{3^6}$$

(iv) 점 A가 처음으로 점 $(3, 3)$에 위치하는 경우

점 A가 점 $(3, 2)$에 있을 때 3의 배수가 아닌 눈의 수가 나오는 경우이다.

이때 점 A가 점 $(3, 3)$에서 처음으로 원 위에 있으려면

원점 → 점 $(3, 1)$ → 점 $(3, 2)$ → 점 $(3, 3)$

과 같이 이동해야 한다.

따라서 이때의 확률은

$${}_4\mathrm{C}_3\left(\frac{1}{3}\right)^3\left(\frac{2}{3}\right)^1\times\frac{2}{3}\times\frac{2}{3}=\frac{32}{3^6}$$

(i)~(iv)에 의하여

$$\mathrm{P}(A)=\frac{32}{3^4}+\frac{8}{3^3}+\frac{16}{3^6}+\frac{32}{3^6}=\frac{184}{3^5}$$

|2단계| **점 A가 원 위에 있으면서 점 A의 x좌표가 2일 확률 구하기**

사건 $A\cap B$는 점 A가 원 $(x-2)^2+(y-3)^2=1$ 위에 있으면서 점 A의 x좌표가 2인 경우, 즉 (ii) 또는 (iii)의 경우이므로 └ $(2, 2)$ 또는 $(2, 4)$

$$\mathrm{P}(A\cap B)=\frac{8}{3^3}+\frac{16}{3^6}=\frac{232}{3^6}$$

|3단계| **조건부확률 구하기**

따라서 구하는 확률은

$$\mathrm{P}(B|A)=\frac{\mathrm{P}(A\cap B)}{\mathrm{P}(A)}=\frac{\frac{232}{3^6}}{\frac{184}{3^5}}=\frac{29}{69}$$

해설특강

why? ❶ 음이 아닌 두 정수 a, b에 대하여 주사위를 한 번 던져서 3의 배수의 눈의 수가 a번, 3의 배수가 아닌 눈의 수가 b번 나왔다고 하면 전체 시행의 횟수는 $a+b$이고, 이때 점 A의 좌표는 (a, b)이다.
원점에서 출발한 점 A가 처음으로 원 $(x-2)^2+(y-3)^2=1$ 위에 있으려면 점 A가 처음으로 점 $(1, 3)$ 또는 $(2, 2)$ 또는 $(2, 4)$ 또는 $(3, 3)$에 위치해야 한다.

주의 점 A가 처음으로 점 $(2, 4)$ 또는 점 $(3, 3)$에 위치하는 경우, 점 A가 점 $(2, 3)$에 있을 수 없음에 주의한다. 점 A가 점 $(2, 3)$에 있으려면 바로 직전의 시행에서 점 $(2, 2)$ 또는 점 $(1, 3)$에 있어야 하는데 이때 처음으로 원 위에 있으므로 시행을 멈추게 된다. 즉, 점 A는 점 $(2, 4)$ 또는 점 $(3, 3)$에 위치할 수 없게 된다.

4 2019학년도 9월 평가원 가 15 [정답률 86%] 변형 | 정답 ④

출제영역 독립시행의 확률

두 가지 시행에서 나올 수 있는 결과에서 조건을 만족시키는 경우를 찾고, 독립시행의 확률을 이용하여 각 경우의 확률을 구할 수 있는지를 묻는 문제이다.

동전 A의 앞면과 뒷면에는 각각 1과 3❶이 적혀 있고 동전 B의 앞면과 뒷면에는 각각 5와 7❷이 적혀 있다. 동전 A를 세 번❶ 동전 B를 다섯 번❷ 던져 나온 8개의 수의 합이 40 이상❸일 확률은?

① $\frac{17}{128}$ ② $\frac{35}{256}$ ③ $\frac{9}{64}$
✓④ $\frac{37}{256}$ ⑤ $\frac{19}{128}$

출제코드 동전 A, B를 던질 때 나올 수 있는 수의 합을 구하여 조건을 만족시키는 경우를 찾고, 각 경우의 독립시행의 확률 구하기

❶ 동전 A를 세 번 던져 나올 수 있는 수의 합을 구한다.
❷ 동전 B를 다섯 번 던져 나올 수 있는 수의 합을 구한다.
❸ 동전 A를 세 번 던져 나온 3개의 수와 동전 B를 다섯 번 던져 나온 5개의 수의 합이 40 이상일 확률을 구한다.

해설 **|1단계|** **동전 A와 동전 B를 던져 나올 수 있는 수의 합 구하기**

동전 A를 세 번 던져 나올 수 있는 수의 합은 3, 5, 7, 9 중 하나이고, 동전 B를 다섯 번 던져 나올 수 있는 수의 합은 25, 27, 29, 31, 33, 35 중 하나이다. how? ❶

|2단계| **두 동전 A, B를 던져 나온 수의 합이 40 이상인 경우 구하기**

동전 A를 세 번 던져 나온 수의 합을 a, 동전 B를 다섯 번 던져 나온 수의 합을 b라 하면 $a+b\ge40$인 경우의 a, b의 순서쌍 (a, b)는
$(5, 35)$, $(7, 33)$, $(7, 35)$, $(9, 31)$, $(9, 33)$, $(9, 35)$

|3단계| **두 동전 A, B를 던져 나온 수의 합에 따라 확률 구하기**

(i) $a=5$, $b=35$인 경우
동전 A에서 앞면이 2번, 뒷면이 1번 나오고, 동전 B에서 뒷면이 5번 나오는 경우이므로 그 확률은

$${}_3C_2\left(\frac{1}{2}\right)^3\times\underbrace{{}_5C_0\left(\frac{1}{2}\right)^5}_{\text{앞면 0번, 뒷면 5번}}=\frac{3}{2^8}$$ why? ❷

(ii) $a=7$이고, $b=33$ 또는 $b=35$인 경우
동전 A에서 앞면이 1번, 뒷면이 2번 나오고, 동전 B에서 뒷면이 4번 이상 나오는 경우이므로 그 확률은

$${}_3C_1\left(\frac{1}{2}\right)^3\times\left\{\overbrace{{}_5C_1\left(\frac{1}{2}\right)^5}^{\text{앞면 1번, 뒷면 4번}}+\underbrace{{}_5C_0\left(\frac{1}{2}\right)^5}_{\text{앞면 0번, 뒷면 5번}}\right\}$$

$$=3\times\left(\frac{1}{2}\right)^3\times(5+1)\times\left(\frac{1}{2}\right)^5=\frac{18}{2^8}$$

(iii) $a=9$이고, $b=31$ 또는 $b=33$ 또는 $b=35$인 경우
동전 A에서 뒷면이 3번 나오고, 동전 B에서 뒷면이 3번 이상 나오는 경우이므로 그 확률은

$${}_3C_0\left(\frac{1}{2}\right)^3\times\left\{\underbrace{{}_5C_2\left(\frac{1}{2}\right)^5}_{\text{앞면 2번, 뒷면 3번}}+\overbrace{{}_5C_1\left(\frac{1}{2}\right)^5}^{\text{앞면 1번, 뒷면 4번}}+\underbrace{{}_5C_0\left(\frac{1}{2}\right)^5}_{\text{앞면 0번, 뒷면 5번}}\right\}$$

$$=\left(\frac{1}{2}\right)^3\times(10+5+1)\times\left(\frac{1}{2}\right)^5=\frac{16}{2^8}$$

|4단계| **확률의 덧셈정리를 이용하여 확률 구하기**

(i), (ii), (iii)에 의하여 구하는 확률은

$$\frac{3}{2^8}+\frac{18}{2^8}+\frac{16}{2^8}=\frac{37}{256}$$

해설특강

how? ❶ 동전 A의 앞면과 뒷면에는 각각 1과 3이 적혀 있으므로 동전 A를 3번 던질 때
1이 3번, 3이 0번 나오면 그 합은 3
1이 2번, 3이 1번 나오면 그 합은 5
1이 1번, 3이 2번 나오면 그 합은 7
1이 0번, 3이 3번 나오면 그 합은 9
또, 동전 B의 앞면과 뒷면에는 각각 5와 7이 적혀 있으므로 동전 B를 5번 던질 때
5가 5번, 7이 0번 나오면 그 합은 25
5가 4번, 7이 1번 나오면 그 합은 27
5가 3번, 7이 2번 나오면 그 합은 29
5가 2번, 7이 3번 나오면 그 합은 31
5가 1번, 7이 4번 나오면 그 합은 33
5가 0번, 7이 5번 나오면 그 합은 35

why? ❷ $a=5$인 경우는 동전 A를 세 번 던질 때, 1이 2번, 3이 1번 나오는 경우이므로 그 확률은

$${}_3C_2\left(\frac{1}{2}\right)^2\left(\frac{1}{2}\right)^1={}_3C_2\left(\frac{1}{2}\right)^3$$

$b=35$인 경우는 동전 B를 다섯 번 던질 때, 5가 0번, 7이 5번 나오는 경우이므로 그 확률은

$${}_5C_0\left(\frac{1}{2}\right)^0\left(\frac{1}{2}\right)^5={}_5C_0\left(\frac{1}{2}\right)^5$$

따라서 $a=5$, $b=35$일 확률은

$${}_3C_2\left(\frac{1}{2}\right)^3\times{}_5C_0\left(\frac{1}{2}\right)^5=\frac{3}{2^8}$$

5 | 정답 189

출제영역 독립시행의 확률+이항정리

두 가지 시행에서 나올 수 있는 결과에서 조건을 만족시키는 경우를 찾고, 독립시행의 확률을 이용하여 각 경우의 확률을 구할 수 있는지를 묻는 문제이다.

동전 6개와 주사위 1개를 동시에 던질 때, 앞면이 나오는 동전의 개수를 a, 주사위에서 나오는 눈의 수를 b❶라 하자. $|a-b|\le1$❷일 확률이 $\frac{q}{p}$일 때, $p+q$의 값을 구하시오. (단, p와 q는 서로소인 자연수이다.)
189

출제코드 앞면이 나오는 동전의 개수와 주사위에서 나오는 눈의 수의 차가 1 이하인 경우를 찾고, 각 경우의 독립시행의 확률 구하기

❶ $0\le a\le6$, $1\le b\le6$이고, 동전의 앞면이 나오는 횟수에 따른 독립시행의 확률과 주사위의 눈의 수가 나올 확률을 각각 구한다.
❷ $a-b$의 값은 -1, 0, 1이 될 수 있다.

해설 **|1단계| $|a-b|\le1$인 경우 나누기**

앞면이 나오는 동전의 개수 a의 값에 따라 $|a-b|\le1$을 만족시키는 b의 값을 표로 나타내면 다음과 같다. how? ❶

a	0	1	2	3	4	5	6
b	1	1, 2	1, 2, 3	2, 3, 4	3, 4, 5	4, 5, 6	5, 6

|2단계| a의 값에 따라 확률 구하기

(i) $a=0$인 경우

$b=1$이므로 앞면이 나오는 동전이 0개, 주사위에서 나오는 눈의 수가 1일 확률은

$${}_6C_0\left(\frac{1}{2}\right)^6\times\frac{1}{6}$$

(1이 나올 확률 / 앞면 0개, 뒷면 6개)

(ii) $a=1$인 경우

$b=1$ 또는 $b=2$이므로 앞면이 나오는 동전이 1개, 주사위에서 나오는 눈의 수가 1 또는 2일 확률은

$${}_6C_1\left(\frac{1}{2}\right)^6\times\frac{1}{6}\times2=2\times{}_6C_1\times\left(\frac{1}{2}\right)^6\times\frac{1}{6}$$

(1 또는 2가 나올 확률 / 앞면 1개, 뒷면 5개)

(iii) $a=2$인 경우

$b=1$ 또는 $b=2$ 또는 $b=3$이므로 앞면이 나오는 동전이 2개, 주사위에서 나오는 눈의 수가 1 또는 2 또는 3일 확률은

$${}_6C_2\left(\frac{1}{2}\right)^6\times\frac{1}{6}\times3=3\times{}_6C_2\times\left(\frac{1}{2}\right)^6\times\frac{1}{6}$$

(1 또는 2 또는 3이 나올 확률 / 앞면 2개, 뒷면 4개)

(iv) $a=3$인 경우

$b=2$ 또는 $b=3$ 또는 $b=4$이므로 앞면이 나오는 동전이 3개, 주사위에서 나오는 눈의 수가 2 또는 3 또는 4일 확률은

$${}_6C_3\left(\frac{1}{2}\right)^6\times\frac{1}{6}\times3=3\times{}_6C_3\times\left(\frac{1}{2}\right)^6\times\frac{1}{6}$$

(2 또는 3 또는 4가 나올 확률 / 앞면 3개, 뒷면 3개)

(v) $a=4$인 경우

$b=3$ 또는 $b=4$ 또는 $b=5$이므로 앞면이 나오는 동전이 4개, 주사위에서 나오는 눈의 수가 3 또는 4 또는 5일 확률은

$${}_6C_4\left(\frac{1}{2}\right)^6\times\frac{1}{6}\times3=3\times{}_6C_4\times\left(\frac{1}{2}\right)^6\times\frac{1}{6}$$

(3 또는 4 또는 5가 나올 확률 / 앞면 4개, 뒷면 2개)

(vi) $a=5$인 경우

$b=4$ 또는 $b=5$ 또는 $b=6$이므로 앞면이 나오는 동전이 5개, 주사위에서 나오는 눈의 수가 4 또는 5 또는 6일 확률은

$${}_6C_5\left(\frac{1}{2}\right)^6\times\frac{1}{6}\times3=3\times{}_6C_5\times\left(\frac{1}{2}\right)^6\times\frac{1}{6}$$

(4 또는 5 또는 6이 나올 확률 / 앞면 5개, 뒷면 1개)

(vii) $a=6$인 경우

$b=5$ 또는 $b=6$이므로 앞면이 나오는 동전이 6개, 주사위에서 나오는 눈의 수가 5 또는 6일 확률은

$${}_6C_6\left(\frac{1}{2}\right)^6\times\frac{1}{6}\times2=2\times{}_6C_6\times\left(\frac{1}{2}\right)^6\times\frac{1}{6}$$

(5 또는 6이 나올 확률 / 앞면 6개, 뒷면 0개)

|3단계| 이항계수의 성질을 이용하여 확률을 구하고 $p+q$의 값 구하기

(i)~(vii)에 의하여 $|a-b|\le1$일 확률은

$$({}_6C_0+2\times{}_6C_1+3\times{}_6C_2+3\times{}_6C_3+3\times{}_6C_4+3\times{}_6C_5+2\times{}_6C_6)\times\left(\frac{1}{2}\right)^6\times\frac{1}{6}$$

$$=\{3\times({}_6C_0+{}_6C_1+{}_6C_2+\cdots+{}_6C_6)-2\times{}_6C_0-{}_6C_1-{}_6C_6\}\times\frac{1}{384}$$

$$=(3\times2^6-2-6-1)\times\frac{1}{384}=\frac{183}{384}=\frac{61}{128}$$

따라서 $p=128$, $q=61$이므로

$p+q=128+61=189$

해설 특강

how? ❶ a, b는 $0\le a\le6$, $1\le b\le6$인 정수이다.
$|a-b|\le1$에서 $-1\le a-b\le1$이므로
$a-1\le b\le a+1$
이를 이용하여 a의 값에 따라 b의 값을 구할 수 있다.

핵심 개념 이항계수의 성질

(1) ${}_nC_0+{}_nC_1+{}_nC_2+\cdots+{}_nC_n=2^n$
(2) ${}_nC_0-{}_nC_1+{}_nC_2-\cdots+(-1)^n{}_nC_n=0$
(3) ${}_nC_0+{}_nC_2+{}_nC_4+\cdots={}_nC_1+{}_nC_3+{}_nC_5+\cdots=2^{n-1}$

6

| 정답 ②

출제영역 독립시행의 확률+조건부확률

독립시행의 확률을 이용하여 조건부확률을 구할 수 있는지를 묻는 문제이다.

숫자 1, 1, 2, 3이 하나씩 적힌 4개의 공이 들어 있는 주머니가 있다. 이 주머니와 한 개의 주사위를 사용하여 다음 규칙에 따라 점수를 얻는 시행을 한다.

> 주머니에서 임의로 두 개의 공을 동시에 꺼내어 꺼낸 두 개의 공에 적힌 수의 합만큼 주사위를 던져서 나오는 눈의 수의 합을 점수로 한다.
> 예를 들어, 주머니에서 꺼낸 두 개의 공에 적힌 수가 각각 1, 3일 때, 주사위를 4번 던져서 나오는 네 눈의 수의 합을 점수로 한다. ❶

이 시행을 한 번 하여 얻은 점수가 10점일 때, 3이 적힌 공을 꺼냈을 확률은? ❷

① $\frac{171}{613}$ ✓② $\frac{181}{613}$ ③ $\frac{191}{613}$
④ $\frac{201}{613}$ ⑤ $\frac{211}{613}$

출제코드 주머니에서 꺼낸 두 개의 공에 적힌 수의 합을 기준으로 경우를 나누고, 주사위를 던졌을 때 주사위 눈의 수의 합이 10일 확률 구하기

❶ 주머니에서 꺼낸 두 개의 공에 적힌 수가 각각 1, 3이므로 주사위를 총 $1+3=4$(번) 던지고, 이때 얻은 네 눈의 수의 합을 점수로 얻는다.
❷ '~일 때, ~일 확률'이므로 조건부확률이다. 조건부확률에서의 두 사건을 정한다.
① 시행을 한 번 하여 얻은 점수가 10점인 사건
② 주머니에서 임의로 두 개의 공을 꺼낼 때, 3이 적힌 공을 꺼낸 사건

해설 **|1단계| 시행을 한 번 하여 얻은 점수가 10점일 확률 구하기**

시행을 한 번 하여 얻은 점수가 10점인 사건을 A, 주머니에서 임의로 두 개의 공을 꺼낼 때, 3이 적힌 공을 꺼낸 사건을 B라 하자.

└ 구하는 확률은 $P(B|A)=\frac{P(A\cap B)}{P(A)}$

꺼낸 공에 적힌 수에 따라 경우를 나누어 사건 A가 일어날 확률을 구하면 다음과 같다.

(i) 꺼낸 두 개의 공에 적힌 수가 각각 1, 1인 경우

주머니에서 꺼낸 두 개의 공에 적힌 수가 각각 1, 1일 확률은

$\frac{{}_2C_2}{{}_4C_2}=\frac{1}{6}$

주사위를 두 번 던져서 나오는 두 눈의 수의 합이 10인 경우는 순서를 생각하지 않으면 (두 번: 1+1=2)

6, 4 또는 5, 5

이고, 각 경우의 수를 고려하면 이 확률은

$(2!+1)\times\left(\frac{1}{6}\right)^2=\frac{3}{6^2}$

따라서 이때의 확률은 $\frac{1}{6}\times\frac{3}{6^2}=\frac{3}{6^3}$

(ii) 꺼낸 두 개의 공에 적힌 수가 각각 1, 2인 경우

주머니에서 꺼낸 두 개의 공에 적힌 수가 각각 1, 2일 확률은

$\frac{{}_2C_1\times{}_1C_1}{{}_4C_2}=\frac{2}{6}=\frac{1}{3}$

주사위를 세 번 던져서 나오는 세 눈의 수의 합이 10인 경우는 순서를 생각하지 않으면 (세 번: 1+2=3)

6, 3, 1 또는 6, 2, 2 또는 5, 4, 1 또는 5, 3, 2 또는 4, 4, 2 또는 4, 3, 3

이고, 각 경우의 수를 고려하면 이 확률은

$\left(3!\times3+\frac{3!}{2!}\times3\right)\times\left(\frac{1}{6}\right)^3=\frac{27}{6^3}$

따라서 이때의 확률은 $\frac{1}{3}\times\frac{27}{6^3}=\frac{9}{6^3}$

(iii) 꺼낸 두 개의 공에 적힌 수가 각각 1, 3인 경우

주머니에서 꺼낸 두 개의 공에 적힌 수가 각각 1, 3일 확률은

$\frac{{}_2C_1\times{}_1C_1}{{}_4C_2}=\frac{2}{6}=\frac{1}{3}$

주사위를 네 번 던져서 나오는 네 눈의 수의 합이 10인 경우는 순서를 생각하지 않으면 (네 번: 1+3=4)

6, 2, 1, 1 또는 5, 3, 1, 1 또는 5, 2, 2, 1 또는 4, 4, 1, 1 또는 4, 3, 2, 1 또는 4, 2, 2, 2 또는 3, 3, 3, 1 또는 3, 3, 2, 2

이고, 각 경우의 수를 고려하면 이 확률은

$\left(\frac{4!}{2!}\times3+\frac{4!}{2!2!}\times2+4!+\frac{4!}{3!}\times2\right)\times\left(\frac{1}{6}\right)^4=\frac{80}{6^4}$

따라서 이때의 확률은 $\frac{1}{3}\times\frac{80}{6^4}=\frac{160}{6^5}$

(iv) 꺼낸 두 개의 공에 적힌 수가 각각 2, 3인 경우

주머니에서 꺼낸 두 개의 공에 적힌 수가 각각 2, 3일 확률은

$\frac{{}_1C_1\times{}_1C_1}{{}_4C_2}=\frac{1}{6}$

주사위를 다섯 번 던져서 나오는 다섯 눈의 수의 합이 10인 경우는 순서를 생각하지 않으면 (다섯 번: 2+3=5)

6, 1, 1, 1, 1 또는 5, 2, 1, 1, 1 또는 4, 3, 1, 1, 1 또는 4, 2, 2, 1, 1 또는 3, 3, 2, 1, 1 또는 3, 2, 2, 2, 1 또는 2, 2, 2, 2, 2

이고, 각 경우의 수를 고려하면 이 확률은

$\left(\frac{5!}{4!}+\frac{5!}{3!}\times3+\frac{5!}{2!2!}\times2+1\right)\times\left(\frac{1}{6}\right)^5=\frac{126}{6^5}$

따라서 이때의 확률은 $\frac{1}{6}\times\frac{126}{6^5}=\frac{21}{6^5}$

(i)~(iv)에 의하여

$P(A)=\frac{3}{6^3}+\frac{9}{6^3}+\frac{160}{6^5}+\frac{21}{6^5}=\frac{613}{6^5}$

|2단계| 조건부확률 구하기

사건 $A\cap B$는 (iii) 또는 (iv)의 경우이므로

$P(A\cap B)=\frac{160}{6^5}+\frac{21}{6^5}=\frac{181}{6^5}$

따라서 구하는 확률은

$P(B|A)=\frac{P(A\cap B)}{P(A)}=\frac{\frac{181}{6^5}}{\frac{613}{6^5}}=\frac{181}{613}$

THEME 06 이산확률변수의 평균, 분산, 표준편차

본문 39~40쪽

기출예시 1 | 정답 ②

확률의 총합이 1이므로

$a+\frac{1}{2}a+\frac{3}{2}a=1$

$3a=1 \quad \therefore a=\frac{1}{3}$

$\therefore E(X)=(-1)\times a+0\times\frac{1}{2}a+1\times\frac{3}{2}a$

$=\frac{1}{2}a$

$=\frac{1}{2}\times\frac{1}{3}=\frac{1}{6}$

기출예시 2 | 정답 10

확률변수 X의 확률분포를 표로 나타내면 다음과 같다.

X	-3	-2	-1	0	1	2	3	합계
$P(X=x)$	$\frac{1}{16}$	$\frac{2}{16}$	$\frac{3}{16}$	$\frac{4}{16}$	$\frac{3}{16}$	$\frac{2}{16}$	$\frac{1}{16}$	1

$E(X)=(-3)\times\frac{1}{16}+(-2)\times\frac{2}{16}+(-1)\times\frac{3}{16}+0\times\frac{4}{16}$

$+1\times\frac{3}{16}+2\times\frac{2}{16}+3\times\frac{1}{16}$

$=0$

$E(X^2)=(-3)^2\times\frac{1}{16}+(-2)^2\times\frac{2}{16}+(-1)^2\times\frac{3}{16}+0^2\times\frac{4}{16}$

$+1^2\times\frac{3}{16}+2^2\times\frac{2}{16}+3^2\times\frac{1}{16}$

$=\frac{5}{2}$

$\therefore V(X)=E(X^2)-\{E(X)\}^2$

$=\frac{5}{2}-0^2=\frac{5}{2}$

따라서 확률변수 $Y=2X+1$의 분산은

$V(Y)=V(2X+1)$

$=2^2V(X)$

$=4\times\frac{5}{2}=10$

1등급 완성 3단계 문제연습

본문 41~44쪽

1 78	**2** ②	**3** 265	**4** ④
5 104	**6** ③	**7** 8	**8** 171

1 2022학년도 9월 평가원 확통 29 [정답률 36%] | 정답 78

출제영역 이산확률변수

이산확률변수의 성질을 이용하여 확률변수의 분산을 구할 수 있는지를 묻는 문제이다.

두 이산확률변수 X, Y의 확률분포❶를 표로 나타내면 각각 다음과 같다.

X	1	3	5	7	9	합계
$P(X=x)$	a	b	c	b	a	1

Y	1	3	5	7	9	합계
$P(Y=y)$	$a+\frac{1}{20}$	b	$c-\frac{1}{10}$	b	$a+\frac{1}{20}$	1

$V(X)=\frac{31}{5}$❷일 때, $10\times V(Y)$의 값을 구하시오. 78

출제코드 이산확률변수의 확률분포표를 이용하여 확률변수의 분산 구하기

❶ $P(X)$의 값이 $X=5$에 대하여 대칭이고, $P(Y)$의 값이 $Y=5$에 대하여 대칭임을 이용한다.

❷ $V(X)=E(X^2)-\{E(X)\}^2$임을 이용한다.

해설 **|1단계| $E(X)$, $V(X)$를 이용하여 a, b, c 사이의 관계식 구하기**

$P(X)$의 값이 $X=5$에 대하여 대칭이므로

$E(X)=5$ how? ❶

또, $V(X)=E(X^2)-\{E(X)\}^2$에서

$\frac{31}{5}=E(X^2)-5^2 \quad \therefore E(X^2)=25+\frac{31}{5}$

$\therefore E(X^2)=1^2\times a+3^2\times b+5^2\times c+7^2\times b+9^2\times a$

$=82a+58b+25c=25+\frac{31}{5} \quad \cdots\cdots ㉠$

|2단계| $V(Y)$의 값 구하기

$P(Y)$의 값이 $Y=5$에 대하여 대칭이므로

$E(Y)=5$

$E(Y^2)=1^2\times\left(a+\frac{1}{20}\right)+3^2\times b+5^2\times\left(c-\frac{1}{10}\right)+7^2\times b$

$+9^2\times\left(a+\frac{1}{20}\right)$

$=(82a+58b+25c)+\frac{8}{5}$

$=\left(25+\frac{31}{5}\right)+\frac{8}{5}$ ($\because$ ㉠)

$=25+\frac{39}{5}$

$\therefore V(Y)=E(Y^2)-\{E(Y)\}^2$

$=\left(25+\frac{39}{5}\right)-5^2=\frac{39}{5}$

$\therefore 10\times V(Y)=10\times\frac{39}{5}=78$

해설 특강

how? ❶ E(X)의 값은 다음과 같이 구할 수도 있다.

X	1	3	5	7	9	합계
$P(X=x)$	a	b	c	b	a	1

확률의 총합은 1이므로

$2a+2b+c=1$ ...... ㉢

$E(X)=1\times a+3\times b+5\times c+7\times b+9\times a$

$=10a+10b+5c$

$=5(2a+2b+c)$

$=5\times 1=5$ ($\because$ ㉢)

핵심 개념 자연수의 거듭제곱의 합 (수학 I)

(1) $\sum_{k=1}^{n} k=1+2+3+\cdots+n=\frac{n(n+1)}{2}$

(2) $\sum_{k=1}^{n} k^2=1^2+2^2+3^2+\cdots+n^2=\frac{n(n+1)(2n+1)}{6}$

(3) $\sum_{k=1}^{n} k^3=1^3+2^3+3^3+\cdots+n^3=\left\{\frac{n(n+1)}{2}\right\}^2$

2

2018학년도 9월 평가원 가 14 / 나 28 [정답률 70% / 41%] | 정답 ②

출제영역 이산확률변수

두 확률변수의 확률질량함수의 관계와 Σ의 성질을 이용하여 이산확률변수의 평균을 구할 수 있는지를 묻는 문제이다.

두 이산확률변수 X와 Y가 가지는 값이 각각 1부터 5까지의 자연수이고

$P(Y=k)=\frac{1}{2}P(X=k)+\frac{1}{10}$ $(k=1, 2, 3, 4, 5)$ ❶

이다. $E(X)=4$일 때, $E(Y)$❷의 값은?

① $\frac{5}{2}$ ✓② $\frac{7}{2}$ ③ $\frac{9}{2}$

④ $\frac{11}{2}$ ⑤ $\frac{13}{2}$

출제코드 확률질량함수와 확률변수의 평균의 관계 및 Σ의 성질 이해하기

❶ 두 확률변수 X, Y의 확률질량함수 사이의 관계를 이해한다.

❷ $E(Y)=\sum_{k=1}^{5} kP(Y=k)$임을 이용한다.

해설 **|1단계| $E(X)$를 확률변수 X의 확률질량함수로 나타내기**

이산확률변수 X가 가지는 값이 1부터 5까지의 자연수이고, $E(X)=4$이므로

$E(X)=\sum_{k=1}^{5} kP(X=k)=4$

|2단계| $E(Y)$의 값 구하기

$P(Y=k)=\frac{1}{2}P(X=k)+\frac{1}{10}$ $(k=1, 2, 3, 4, 5)$

이므로

$E(Y)=\sum_{k=1}^{5} kP(Y=k)$

$=\sum_{k=1}^{5} k\left\{\frac{1}{2}P(X=k)+\frac{1}{10}\right\}$

$=\sum_{k=1}^{5} k\left\{\frac{1}{2}P(X=k)\right\}+\sum_{k=1}^{5}\frac{1}{10}k$ ← $\sum_{k=1}^{n}(a_k+b_k)=\sum_{k=1}^{n}a_k+\sum_{k=1}^{n}b_k$

$=\frac{1}{2}\sum_{k=1}^{5} kP(X=k)+\frac{1}{10}\sum_{k=1}^{5} k$ ← $\sum_{k=1}^{n}ca_k=c\sum_{k=1}^{n}a_k$ (단, c는 상수)

$=\frac{1}{2}E(X)+\frac{1}{10}\times\frac{5\times 6}{2}$ ← $\sum_{k=1}^{n}k=\frac{n(n+1)}{2}$

$=\frac{1}{2}\times 4+\frac{3}{2}=\frac{7}{2}$

3

2018학년도 수능 가 19 [정답률 91%] 변형 | 정답 265

출제영역 이산확률변수 + 독립시행의 확률

확률분포를 이용하여 확률변수의 평균을 구할 수 있는지를 묻는 문제이다.

무게가 1인 추 6개, 무게가 2인 추 3개와 비어 있는 주머니 1개가 있다. 주사위 한 개를 사용하여 다음의 시행을 한다.

> 주사위를 한 번 던져 나온 눈의 수가 2 이하(1, 2)❶이면 무게가 1인 추 1개를 주머니에 넣고, 눈의 수가 3 이상(3, 4, 5, 6)❶이면 무게가 2인 추 1개를 주머니에 넣는다.

위의 시행을 반복하여 주머니에 들어 있는 추의 총무게가 처음으로 5보다 크거나 같을 때, 주머니에 들어 있는 추의 개수를 확률변수 X❷라 하자. $E(81X)$❸의 값을 구하시오. (단, 무게의 단위는 g이다.) 265

출제코드 독립시행의 확률을 이용하여 확률변수의 평균 구하기

❶ 눈의 수가 2 이하일 확률은 $\frac{1}{3}$이고, 눈의 수가 3 이상일 확률은 $\frac{2}{3}$이다.

❷ 확률변수 X가 가질 수 있는 값은 3, 4, 5이다.

❸ 확률변수 X의 확률분포를 이용하여 $E(X)$의 값을 구한다. 이때 각각의 확률은 독립시행의 확률을 이용한다.

➡ 어떤 시행에서 사건 A가 일어날 확률이 p일 때, 이 시행을 n회 반복하는 독립시행에서 사건 A가 r회 일어날 확률은

${}_nC_r p^r(1-p)^{n-r}$ (단, $r=0, 1, 2, \cdots, n$)

해설 **|1단계| 주머니에 무게가 1, 2인 추 1개를 넣을 각각의 확률 구하기**

주사위 한 개를 한 번 던져 무게가 1인 추 1개를 주머니에 넣을 확률은 $\frac{2}{6}=\frac{1}{3}$, 무게가 2인 추 1개를 주머니에 넣을 확률은 $\frac{4}{6}=\frac{2}{3}$이다.

|2단계| 독립시행의 확률을 이용하여 각 경우의 확률 구하기

확률변수 X가 가질 수 있는 값은 3, 4, 5이므로 how? ❶

각 경우의 확률은 다음과 같다.

(i) $X=3$인 경우

주머니에 무게가 1인 추 1개, 2인 추 2개가 들어 있는 경우와 무게가 2인 추 3개가 들어 있는 경우로 나눌 수 있으므로

$P(X=3)={}_3C_1\left(\frac{1}{3}\right)^1\left(\frac{2}{3}\right)^2+{}_3C_0\left(\frac{1}{3}\right)^0\left(\frac{2}{3}\right)^3$

$=\frac{4}{9}+\frac{8}{27}=\frac{20}{27}$

(ii) $X=4$인 경우

세 번째 시행까지 넣은 추의 총무게가 3이고 네 번째 시행에서 무게가 2인 추를 넣는 경우와 세 번째 시행까지 넣은 추의 총무게가 4인 경우로 나눌 수 있으므로 how?❷

(무게가 1인 추 3개 / 무게가 1인 추 2개, 무게가 2인 추 1개)

$$P(X=4)={}_3C_3\left(\frac{1}{3}\right)^3\left(\frac{2}{3}\right)^0\times\frac{2}{3}+{}_3C_2\left(\frac{1}{3}\right)^2\left(\frac{2}{3}\right)^1$$

$$=\frac{2}{81}+\frac{2}{9}=\frac{20}{81}$$

(iii) $X=5$인 경우

네 번째 시행까지 넣은 추의 총무게가 4인 경우이므로

(무게가 1인 추 4개)

$$P(X=5)={}_4C_4\left(\frac{1}{3}\right)^4\left(\frac{2}{3}\right)^0=\frac{1}{81}$$

(다섯 번째 시행에서 어떤 수를 넣어도 추의 총 무게가 5보다 크거나 같다.)

|3단계| 확률변수 X의 확률분포를 표로 나타내기

(i), (ii), (iii)에서 확률변수 X의 확률분포를 표로 나타내면 다음과 같다.

X	3	4	5	합계
$P(X=x)$	$\frac{20}{27}$	$\frac{20}{81}$	$\frac{1}{81}$	1

|4단계| $E(81X)$의 값 구하기

$$E(X)=3\times\frac{20}{27}+4\times\frac{20}{81}+5\times\frac{1}{81}$$

$$=\frac{265}{81}$$

$$\therefore E(81X)=81E(X)$$

$$=81\times\frac{265}{81}=265$$

해설특강

how?❶ (i) $X=3$인 경우

추 3개로 무게 5 또는 6을 만들어 본다.

무게가 1인 추 1개, 2인 추 2개 ➡ $1+2\times2=5$

무게가 2인 추 3개 ➡ $2\times3=6$

(ii) $X=4$인 경우

추 4개로 무게 5 또는 6을 만들어 본다.

무게가 1인 추 3개, 2인 추 1개 ➡ $1\times3+2=5$

무게가 1인 추 2개, 2인 추 2개 ➡ $1\times2+2\times2=6$

(iii) $X=5$인 경우

추 5개로 무게 5 또는 6을 만들어 본다.

무게가 1인 추 5개 ➡ $1\times5=5$

무게가 1인 추 4개, 2인 추 1개 ➡ $1\times4+2=6$

how?❷ 주머니에 들어 있는 추가 4개일 때 처음으로 추의 총무게가 5보다 크거나 같아야 하므로 세 번째 시행까지 넣은 추의 총무게는 3 또는 4이어야 한다. 이때 세 번째 시행까지 넣은 추의 총무게가 3인 경우에는 네 번째 시행에서 반드시 무게가 2인 추를 넣어야 추의 총무게가 5가 되고, 세 번째 시행까지 넣은 추의 총무게가 4인 경우에는 네 번째 시행에서 어떤 추를 넣어도 추의 총무게가 5보다 크거나 같다.

주의 $X=4$, $X=5$인 경우의 확률을 구할 때 4회와 5회의 시행 이전에 추의 총무게가 5보다 크거나 같아지지 않도록 주의해야 한다.

4 2022학년도 9월 평가원 확통 29 [정답률 36%] 변형 |정답④

출제영역 이산확률변수+사건의 독립과 종속

이산확률변수의 확률질량함수의 성질과 두 사건이 서로 독립이기 위한 필요충분조건을 이용하여 이산확률변수의 평균을 구할 수 있는지를 묻는 문제이다.

이산확률변수 X의 확률분포❶를 표로 나타내면 다음과 같다.

X	1	2	3	4	5	합계
$P(X=x)$	$\frac{2}{5}$	a	$\frac{11}{40}$	a	b	1

이산확률변수 Y가 다음 조건을 만족시킬 때, $E(X)$❹의 값은? (단, k는 상수이다.)

(가) 이산확률변수 Y가 가지는 값이 1부터 5까지의 자연수이고

$$P(Y=i)=\frac{2}{3}P(X=i)+k\ (i=1,\ 2,\ 3,\ 4,\ 5)$$❷

이다.

(나) Y가 짝수인 사건을 A, Y가 소수인 사건을 B라 할 때, 두 사건 A와 B는 서로 독립❸이다.

① $\frac{3}{2}$ ② $\frac{7}{4}$ ③ 2 ✓④ $\frac{9}{4}$ ⑤ $\frac{5}{2}$

출제코드 확률질량함수의 성질을 이용하여 k의 값을 구하고, 두 사건 A, B가 서로 독립임을 이용하여 a, b의 값 구하기

❶ 확률의 총합이 1임을 이용하여 a, b 사이의 관계식을 구한다.

❷ $\sum_{i=1}^{5}P(Y=i)=1$임을 이용하여 상수 k의 값을 구한다.

❸ $P(A\cap B)=P(A)P(B)$임을 이용하여 a, b 사이의 관계식을 구한다.

❹ 확률변수 X의 확률분포를 이용하여 $E(X)$의 값을 구한다.

해설 |1단계| 확률분포표를 이용하여 a, b 사이의 관계식을 구하고, k의 값 구하기

확률의 총합이 1이므로

$$\frac{2}{5}+a+\frac{11}{40}+a+b=1 \qquad \therefore 2a+b=\frac{13}{40} \quad \cdots\cdots ㉠$$

조건 (가)에서 확률의 총합이 1이므로

$$\sum_{i=1}^{5}P(Y=i)=\sum_{i=1}^{5}\left\{\frac{2}{3}P(X=i)+k\right\}$$

($\sum_{k=1}^{n}c=cn$ (단, c는 상수))

$$=\frac{2}{3}\sum_{i=1}^{5}P(X=i)+\sum_{i=1}^{5}k$$

(확률의 총합은 1이다.)

$$=\frac{2}{3}\times1+5k$$

$$=\frac{2}{3}+5k=1$$

$$\therefore k=\frac{1}{15}$$

|2단계| 두 사건 A, B가 서로 독립임을 이용하여 a, b 사이의 관계식 구하기

즉, $P(Y=i)=\frac{2}{3}P(X=i)+\frac{1}{15}$ $(i=1,\ 2,\ 3,\ 4,\ 5)$이므로 확률변수 Y의 확률분포를 표로 나타내면 다음과 같다.

Y	1	2	3	4	5	합계
$P(Y=y)$	$\frac{1}{3}$	$\frac{2}{3}a+\frac{1}{15}$	$\frac{1}{4}$	$\frac{2}{3}a+\frac{1}{15}$	$\frac{2}{3}b+\frac{1}{15}$	1

조건 (나)에서

$P(A)=P(Y=2)+P(Y=4)$

$=\left(\frac{2}{3}a+\frac{1}{15}\right)+\left(\frac{2}{3}a+\frac{1}{15}\right)$

$=\frac{4}{3}a+\frac{2}{15}$

$P(B)=P(Y=2)+P(Y=3)+P(Y=5)$

$=\left(\frac{2}{3}a+\frac{1}{15}\right)+\frac{1}{4}+\left(\frac{2}{3}b+\frac{1}{15}\right)$

$=\frac{2}{3}a+\frac{2}{3}b+\frac{23}{60}$

$P(A\cap B)=P(Y=2)=\frac{2}{3}a+\frac{1}{15}$

이고, 두 사건 A와 B가 서로 독립이므로 $P(A\cap B)=P(A)P(B)$에서

$\frac{2}{3}a+\frac{1}{15}=\left(\frac{4}{3}a+\frac{2}{15}\right)\left(\frac{2}{3}a+\frac{2}{3}b+\frac{23}{60}\right)$

$1=2\left(\frac{2}{3}a+\frac{2}{3}b+\frac{23}{60}\right)$, $\frac{4}{3}a+\frac{4}{3}b=\frac{7}{30}$

$\therefore a+b=\frac{7}{40}$ …… ㉡

|3단계| a, b의 값을 구하고 $E(X)$의 값 구하기

㉠, ㉡을 연립하여 풀면 $a=\frac{3}{20}$, $b=\frac{1}{40}$

따라서 확률변수 X의 확률분포를 표로 나타내면 다음과 같다.

X	1	2	3	4	5	합계
$P(X=x)$	$\frac{2}{5}$	$\frac{3}{20}$	$\frac{11}{40}$	$\frac{3}{20}$	$\frac{1}{40}$	1

$\therefore E(X)=1\times\frac{2}{5}+2\times\frac{3}{20}+3\times\frac{11}{40}+4\times\frac{3}{20}+5\times\frac{1}{40}=\frac{9}{4}$

핵심 개념 사건의 독립

두 사건 A, B가 서로 독립이기 위한 필요충분조건은 다음과 같다.

$P(A\cap B)=P(A)P(B)$ (단, $P(A)\neq 0$, $P(B)\neq 0$)

5

2017학년도 수능 가 17 / 나 19 [정답률 88% / 70%] 변형 | 정답 **104**

출제영역 이산확률변수+같은 것이 있는 순열

이산확률변수의 성질을 이용하여 확률변수의 평균을 구할 수 있는지를 묻는 문제이다.

좌표평면 위의 한 점 (x, y)에서 세 점 $(x+1, y)$, $(x, y+1)$, $(x+1, y+1)$ 중 한 점으로 이동하는 것을 점프라 하자. 점프를 반복하여 점 $(0, 0)$에서 점 $(3, 3)$까지 이동하는 모든 경우 중에서 임의로 한 경우를 선택할 때 나오는 점프의 횟수를 확률변수 X라 ❶ 하자. $E(21X-3)$ ❷ 의 값을 구하시오. 104

(단, 각 경우가 선택되는 확률은 동일하다.)

출제코드 확률변수가 가질 수 있는 값을 구하여 확률분포 구하기

❶ 확률변수 X는 점 $(0, 0)$에서 점 $(3, 3)$까지 오른쪽(→), 위(↑) 또는 대각선(↗) 방향으로 이동하는 횟수이다.

❷ 확률변수 X의 확률분포를 이용하여 $E(X)$의 값을 구한다.

해설 |1단계| 점프의 횟수에 대한 확률 구하기

점 $(0, 0)$에서 점 $(3, 3)$까지 이동하는 모든 경우의 수를 N이라 하고, 점 (x, y)에서 세 점 $(x+1, y)$, $(x, y+1)$, $(x+1, y+1)$로 이동하는 것을 각각 A, B, C로 나타내자.

확률변수 X가 가질 수 있는 값은 3, 4, 5, 6이므로 how? ❶

각 경우의 확률은 다음과 같다.

(i) $X=3$일 때

C, C, C를 일렬로 나열하는 경우이므로 경우의 수는 1

$\therefore P(X=3)=\frac{1}{N}$

(ii) $X=4$일 때

A, B, C, C를 일렬로 나열하는 경우이므로 경우의 수는

$\frac{4!}{2!}=12$

$\therefore P(X=4)=\frac{12}{N}$

(iii) $X=5$일 때

A, A, B, B, C를 일렬로 나열하는 경우이므로 경우의 수는

$\frac{5!}{2!2!}=30$

$\therefore P(X=5)=\frac{30}{N}$

(iv) $X=6$일 때

A, A, A, B, B, B를 일렬로 나열하는 경우이므로 경우의 수는

$\frac{6!}{3!3!}=20$

$\therefore P(X=6)=\frac{20}{N}$

|2단계| 모든 경우의 수 구하기

(i)~(iv)에 의하여 $\sum_{i=3}^{6}P(X=i)=1$이므로 (확률의 총합은 1이다.)

$\frac{1}{N}+\frac{12}{N}+\frac{30}{N}+\frac{20}{N}=\frac{63}{N}=1$

$\therefore N=63$

|3단계| 확률변수 X의 확률분포를 표로 나타내기

확률변수 X의 확률분포를 표로 나타내면 다음과 같다.

X	3	4	5	6	합계
$P(X=x)$	$\frac{1}{63}$	$\frac{4}{21}$	$\frac{10}{21}$	$\frac{20}{63}$	1

|4단계| $E(21X-3)$의 값 구하기

$E(X)=3\times\frac{1}{63}+4\times\frac{4}{21}+5\times\frac{10}{21}+6\times\frac{20}{63}=\frac{107}{21}$

$\therefore E(21X-3)=21E(X)-3$

$=21\times\frac{107}{21}-3=104$

해설특강

how? ❶ (i) $X=3$일 때, ↗로 3번 이동

(ii) $X=4$일 때, →로 1번, ↑로 1번, ↗로 2번 이동

(iii) $X=5$일 때, →로 2번, ↑로 2번, ↗로 1번 이동

(iv) $X=6$일 때, →로 3번, ↑로 3번 이동

핵심 개념 **같은 것이 있는 순열**

n개 중에서 서로 같은 것이 각각 p개, q개, $\cdots$, r개 있을 때, n개를 일렬로 나열하는 순열의 수는

$\dfrac{n!}{p!q!\cdots r!}$ (단, $p+q+\cdots+r=n$)

6

2015학년도 9월 평가원 B 14 [정답률 77%] 변형 | **정답 ③**

출제영역 이산확률변수+부채꼴의 넓이

부채꼴의 넓이와 이산확률변수의 성질을 이용하여 확률변수의 평균을 구할 수 있는지를 묻는 문제이다.

그림과 같이 중심이 O, 반지름의 길이가 1이고 중심각의 크기가 90°인 부채꼴 OAB가 있다. 호 AB를 8등분한 각 분점(양 끝 점도 포함)을 차례로 $P_0(=A)$, P_1, P_2, $\cdots$, P_7, $P_8(=B)$라 하자. ❶

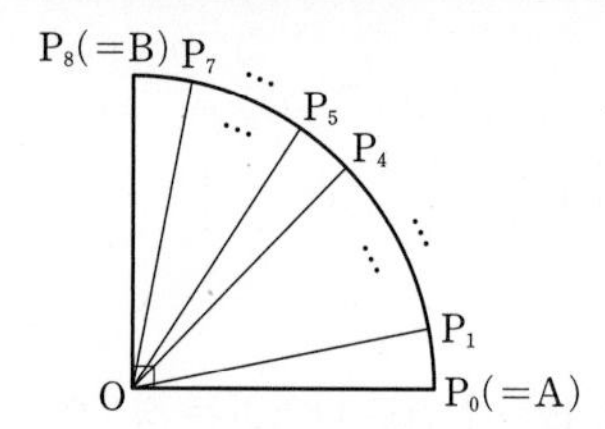

점 P_1, P_2, P_3, P_4, P_5, P_6, P_7 중에서 임의로 선택한 한 개의 점을 P라 할 때, 부채꼴 OPA의 넓이와 부채꼴 OPB의 넓이의 차를 확률변수 X라 하자. ❷ $E(-4X+a)=0$이 되도록 하는 상수 a의 값은? ❸

① $\dfrac{\pi}{7}$ ② $\dfrac{2\pi}{7}$ ✓③ $\dfrac{3\pi}{7}$ ④ $\dfrac{4\pi}{7}$ ⑤ $\dfrac{5\pi}{7}$

출제코드 확률변수가 가질 수 있는 값을 구하여 확률분포 구하기

❶ 점 P_1, P_2, P_3, P_4, P_5, P_6, P_7은 부채꼴 OAB의 호의 길이를 8등분하는 점이므로 부채꼴 OAB는 8개의 합동인 부채꼴로 쪼개어지고, 각 점을 선택할 확률은 모두 같다.

❷ 부채꼴 OPA와 부채꼴 OPB의 넓이의 차는 각 부채꼴을 이루는 작은 부채꼴의 개수를 이용하여 구한다.

❸ 확률변수 X의 확률분포를 이용하여 $E(X)$의 값을 구한다.

해설 **|1단계| 확률변수 X에 대한 확률분포 구하기**

부채꼴 OAB를 8등분하여 생긴 작은 부채꼴 하나의 넓이는

$\pi\times1^2\times\dfrac{1}{4}\times\dfrac{1}{8}=\dfrac{\pi}{32}$ **why?** ❶

이때 두 부채꼴 OP_kA와 OP_kB의 넓이의 차를

x_k $(k=1, 2, 3, 4, 5, 6, 7)$라 하면

$x_1=\dfrac{\pi}{32}\times(7-1)=\dfrac{3\pi}{16}=x_7$

$x_2=\dfrac{\pi}{32}\times(6-2)=\dfrac{\pi}{8}=x_6$

$x_3=\dfrac{\pi}{32}\times(5-3)=\dfrac{\pi}{16}=x_5$

$x_4=\dfrac{\pi}{32}\times(4-4)=0$

부채꼴 OPA의 넓이와 부채꼴 OPB의 넓이의 차가 확률변수 X이므로 X가 가질 수 있는 값은 0, $\dfrac{\pi}{16}$, $\dfrac{\pi}{8}$, $\dfrac{3\pi}{16}$이고 각각에 대응하는 확률은

$P(X=0)=\dfrac{1}{7}$ ← 점 P_4를 선택할 확률

$P\left(X=\dfrac{\pi}{16}\right)=\dfrac{2}{7}$ ← 점 P_3 또는 P_5를 선택할 확률

$P\left(X=\dfrac{\pi}{8}\right)=\dfrac{2}{7}$ ← 점 P_2 또는 P_6을 선택할 확률

$P\left(X=\dfrac{3\pi}{16}\right)=\dfrac{2}{7}$ ← 점 P_1 또는 P_7을 선택할 확률 **why?** ❷

|2단계| 확률변수 X의 확률분포를 표로 나타내기

확률변수 X의 확률분포를 표로 나타내면 다음과 같다.

X	0	$\dfrac{\pi}{16}$	$\dfrac{\pi}{8}$	$\dfrac{3\pi}{16}$	합계
$P(X=x)$	$\dfrac{1}{7}$	$\dfrac{2}{7}$	$\dfrac{2}{7}$	$\dfrac{2}{7}$	1

|3단계| $E(X)$의 값 구하기

$E(X)=0\times\dfrac{1}{7}+\dfrac{\pi}{16}\times\dfrac{2}{7}+\dfrac{\pi}{8}\times\dfrac{2}{7}+\dfrac{3\pi}{16}\times\dfrac{2}{7}=\dfrac{6\pi}{56}=\dfrac{3\pi}{28}$

|4단계| a의 값 구하기

$E(-4X+a)=0$에서 $-4E(X)+a=0$

$(-4)\times\dfrac{3\pi}{28}+a=0$ $\therefore a=\dfrac{3\pi}{7}$

해설 특강

why? ❶ 부채꼴 OAB의 넓이는 반지름의 길이가 1인 원의 넓이의 $\dfrac{1}{4}$이고, 작은 부채꼴 하나의 넓이는 부채꼴 OAB의 넓이의 $\dfrac{1}{8}$이다.

why? ❷ 점 P_1, P_2, P_3, P_4, P_5, P_6, P_7을 선택할 확률은 모두 같으므로 각 점을 선택할 확률은 $\dfrac{1}{7}$이다.

다른 풀이 부채꼴 OAB는 $\overline{OP_k}$ $(k=1, 2, 3, 4, 5, 6, 7)$에 의하여 8개의 합동인 작은 부채꼴로 나누어지므로 부채꼴 OPA, 부채꼴 OPB를 이루는 작은 부채꼴의 개수의 차를 확률변수 Y라 하고, Y의 확률분포를 표로 나타내면 다음과 같다.

Y	0	2	4	6	합계
$P(Y=y)$	$\dfrac{1}{7}$	$\dfrac{2}{7}$	$\dfrac{2}{7}$	$\dfrac{2}{7}$	1

$\therefore E(Y)=0\times\dfrac{1}{7}+2\times\dfrac{2}{7}+4\times\dfrac{2}{7}+6\times\dfrac{2}{7}=\dfrac{24}{7}$

이때 작은 부채꼴 하나의 넓이는

$\pi\times1^2\times\dfrac{1}{4}\times\dfrac{1}{8}=\dfrac{\pi}{32}$

이므로 $X=\dfrac{\pi}{32}Y$

$\therefore E(X)=E\left(\dfrac{\pi}{32}Y\right)=\dfrac{\pi}{32}E(Y)=\dfrac{\pi}{32}\times\dfrac{24}{7}=\dfrac{3\pi}{28}$

$E(-4X+a)=0$에서 $-4E(X)+a=0$

$(-4)\times\dfrac{3\pi}{28}+a=0$ $\therefore a=\dfrac{3\pi}{7}$

7

| 정답 8

출제영역 이산확률변수+독립시행의 확률

이산확률변수의 성질을 이용하여 확률변수의 평균을 구할 수 있는지를 묻는 문제이다.

각 면에 1, 1, 1, 2, 2, 3이 하나씩 적혀 있는 한 개의 정육면체❶를 4번 던지는 시행을 한다. 각 시행에서 나온 수를 2로 나눈 나머지❷를 모두 더한 값을 확률변수 X라 할 때, $\mathrm{E}(X^2)$❸의 값을 구하시오. 8

출제코드 확률변수가 가질 수 있는 값을 구하여 확률분포 구하기

❶ 한 개의 정육면체에 1이 3개, 2가 2개, 3이 1개 적혀 있으므로 각 수가 나올 확률은 같지 않다.

❷ 한 개의 정육면체를 던져서 나온 수를 2로 나눈 나머지는 0 또는 1이다.

❸ 확률변수 X의 확률분포를 이용하여 $\mathrm{E}(X^2)$의 값을 구한다.

해설 **|1단계| 한 개의 정육면체를 던져서 나온 수를 2로 나눈 나머지가 각각 0 또는 1이 나올 확률 구하기**

한 개의 정육면체를 한 번 던져서 나온 수가 1 또는 3이면 2로 나눈 나머지는 1이고, 나온 수가 2이면 2로 나눈 나머지는 0이다.

한 개의 정육면체를 한 번 던져서 나온 수를 2로 나눈 나머지가 1일 확률은

$\frac{4}{6}=\frac{2}{3}$ (1이 3개, 3이 1개)

이고, 나머지가 0일 확률은

$\frac{2}{6}=\frac{1}{3}$ (2가 2개)

|2단계| 확률변수 X의 확률분포를 표로 나타내기

각 시행에서 나올 수 있는 나머지는 0 또는 1이므로 나머지의 총합인 확률변수 X가 가질 수 있는 값은 0, 1, 2, 3, 4이다.

이때 각 시행은 서로 독립이므로

$\mathrm{P}(X=k)={}_4\mathrm{C}_k\left(\frac{2}{3}\right)^k\left(\frac{1}{3}\right)^{4-k}$ $(k=0,\ 1,\ 2,\ 3,\ 4)$ **why?** ❶

따라서 확률변수 X의 확률분포를 표로 나타내면 다음과 같다.

X	0	1	2	3	4	합계
$\mathrm{P}(X=x)$	$\frac{1}{81}$	$\frac{8}{81}$	$\frac{24}{81}$	$\frac{32}{81}$	$\frac{16}{81}$	1

|3단계| $\mathrm{E}(X^2)$의 값 구하기

$$\therefore \mathrm{E}(X^2)=0^2\times\frac{1}{81}+1^2\times\frac{8}{81}+2^2\times\frac{24}{81}+3^2\times\frac{32}{81}+4^2\times\frac{16}{81}$$

($\mathrm{E}(X^2)=\sum_{k=1}^{n}\{(x_k)^2\times\mathrm{P}(X=x_k)\}$)

$$=\frac{648}{81}$$

$$=8$$

해설 특강

why? ❶ $X=k$이면 나온 수를 2로 나눈 나머지가 1인 경우, 즉 나온 수가 1 또는 3인 경우가 k번이고, 나머지가 0인 경우, 즉 나온 수가 2인 경우가 $(4-k)$번이다.

8

| 정답 171

출제영역 이산확률변수+조합

조합과 이산확률변수의 성질을 이용하여 확률변수의 분산을 구할 수 있는지를 묻는 문제이다.

주머니 속에 A, B, C, D, E, F의 문자가 하나씩 적혀 있는 흰 공과 검은 공이 각각 6개씩 들어 있다.❶ 이 주머니에서 임의로 6개의 공을 동시에 꺼낼 때,❷ 같은 문자가 적혀 있는 공의 쌍의 수를 확률변수 X❸라 하자. 예를 들어 꺼낸 공에 적힌 문자가 A, A, B, B, C, D이면 $X=2$이다. $\mathrm{V}(X)=\frac{q}{p}$일 때, $p+q$의 값을 구하시오. 171

(단, p와 q는 서로소인 자연수이다.)

킬러코드 확률변수가 가질 수 있는 값을 구하여 확률분포 구하기

❶ 주머니 속에 들어 있는 공은 모두 12개이고 각 문자가 적혀 있는 공은 2개씩이다.

❷ 12개의 공 중에서 6개의 공을 꺼내는 경우의 수는 ${}_{12}\mathrm{C}_6$이다.

❸ 확률변수 X가 가질 수 있는 값은 0, 1, 2, 3이다.

해설 **|1단계| 확률변수 X의 확률분포 구하기**

12개의 공에서 6개의 공을 꺼내는 경우의 수는

${}_{12}\mathrm{C}_6=924$

확률변수 X가 가질 수 있는 값은 0, 1, 2, 3이므로 **why?** ❶

각 경우의 확률은 다음과 같다.

(i) $X=0$일 때

서로 다른 문자가 적혀 있는 공 6개를 꺼내는 경우이므로

$$\mathrm{P}(X=0)=\frac{2^6}{{}_{12}\mathrm{C}_6} \text{ why? ❷}$$
$$=\frac{64}{924}=\frac{16}{231}$$

(ii) $X=1$일 때

같은 문자가 적혀 있는 공 2개와 서로 다른 문자가 적혀 있는 공 4개를 꺼내는 경우이므로

$$\mathrm{P}(X=1)=\frac{{}_6\mathrm{C}_1\times{}_5\mathrm{C}_4\times2^4}{{}_{12}\mathrm{C}_6} \text{ why? ❸}$$
$$=\frac{480}{924}=\frac{40}{77}$$

(iii) $X=2$일 때

같은 문자가 각각 2개씩 적혀 있는 공 4개를 꺼내고 서로 다른 문자가 적혀 있는 공 2개를 꺼내는 경우이므로

$$\mathrm{P}(X=2)=\frac{{}_6\mathrm{C}_2\times{}_4\mathrm{C}_2\times2^2}{{}_{12}\mathrm{C}_6} \text{ why? ❹}$$
$$=\frac{360}{924}=\frac{30}{77}$$

(iv) $X=3$일 때

같은 문자가 각각 2개씩 적혀 있는 공 6개를 꺼내는 경우이므로

$$\mathrm{P}(X=3)=\frac{{}_6\mathrm{C}_3}{{}_{12}\mathrm{C}_6} \text{ why? ❺}$$
$$=\frac{20}{924}=\frac{5}{231}$$

|2단계| 확률변수 X의 확률분포를 표로 나타내기

(i)~(iv)에서 확률변수 X의 확률분포를 표로 나타내면 다음과 같다.

X	0	1	2	3	합계
$P(X=x)$	$\frac{16}{231}$	$\frac{40}{77}$	$\frac{30}{77}$	$\frac{5}{231}$	1

|3단계| $V(X)$의 값 구하기

$$E(X)=0\times\frac{16}{231}+1\times\frac{40}{77}+2\times\frac{30}{77}+3\times\frac{5}{231}$$
$$=\frac{15}{11}$$
$$E(X^2)=0^2\times\frac{16}{231}+1^2\times\frac{40}{77}+2^2\times\frac{30}{77}+3^2\times\frac{5}{231}$$
$$=\frac{25}{11}$$
$$\therefore V(X)=E(X^2)-\{E(X)\}^2$$
$$=\frac{25}{11}-\left(\frac{15}{11}\right)^2=\frac{50}{121}$$

|4단계| $p+q$의 값 구하기

따라서 $p=121$, $q=50$이므로

$p+q=121+50=171$

해설특강

why?❶ 같은 문자가 적혀 있는 공은 2개씩이고 동시에 6개의 공을 꺼내므로 같은 문자가 적혀 있는 공은 최대 3쌍 꺼낼 수 있다.

why?❷ A, B, C, D, E, F가 적혀 있는 공이 각각 흰 공, 검은 공 1개씩, 즉 모두 2개씩 있으므로 $X=0$인 경우의 수는 2^6이다.

why?❸ 6개의 문자 중 2개를 꺼낼 1개의 문자를 선택하는 경우의 수는 ${}_6C_1$이고, 선택한 문자를 제외한 나머지 5개의 문자에서 1개씩 꺼낼 4개의 문자를 선택하는 경우의 수는 ${}_5C_4$, 각각의 문자가 적힌 공은 흰 공, 검은 공 1개씩, 즉 모두 2개씩 있으므로 $X=1$인 경우의 수는

${}_6C_1\times{}_5C_4\times2^4$

이다.

why?❹ 6개의 문자 중 2개씩 꺼낼 2개의 문자를 선택하는 경우의 수는 ${}_6C_2$이고, 선택한 문자를 제외한 나머지 4개의 문자에서 1개씩 꺼낼 2개의 문자를 선택하는 경우의 수는 ${}_4C_2$, 각각의 문자가 적힌 공은 흰 공, 검은 공 1개씩, 즉 모두 2개씩 있으므로 $X=2$인 경우의 수는

${}_6C_2\times{}_4C_2\times2^2$

이다.

why?❺ 6개의 문자 중 2개씩 꺼낼 3개의 문자를 선택하는 경우의 수는 ${}_6C_3$이다.

THEME

07 연속확률변수와 확률밀도함수

본문 45쪽

기출예시 1 |정답④

확률의 총합은 1이므로 $\frac{1}{2}ac=1$ $\quad\therefore ac=2$ ...... ㉠

$P(X\le b)=P(X\ge b)+\frac{1}{4}$이므로

$P(X\le b)+P(X\ge b)=2P(X\ge b)+\frac{1}{4}$

이때 $P(X\le b)+P(X\ge b)=1$이므로

$2P(X\ge b)+\frac{1}{4}=1$ $\quad\therefore P(X\ge b)=\frac{3}{8}$

즉, $P(X\le b)=\frac{5}{8}$이므로 $\frac{1}{2}bc=\frac{5}{8}$ $\quad\therefore bc=\frac{5}{4}$ ...... ㉡

한편, $P(X\le\sqrt{5})=\frac{1}{2}$이고, $P(X\le b)=\frac{5}{8}>\frac{1}{2}$이므로 $b>\sqrt{5}$

이때 두 점 $(0, 0)$, (b, c)를 지나는 직선의 방정식은 $y=\frac{c}{b}x$이므로

$P(X\le\sqrt{5})=\frac{1}{2}$에서 $\frac{1}{2}\times\sqrt{5}\times\frac{\sqrt{5}c}{b}=\frac{1}{2}$ $\quad\therefore b=5c$ ...... ㉢

㉡, ㉢을 연립하여 풀면 $b=\frac{5}{2}$, $c=\frac{1}{2}$

$c=\frac{1}{2}$을 ㉠에 대입하면 $\frac{1}{2}a=2$ $\quad\therefore a=4$

$\therefore a+b+c=4+\frac{5}{2}+\frac{1}{2}=7$

1등급 완성 3단계 문제연습

본문 46~49쪽

1 10	**2** 31	**3** ⑤	**4** ②
5 79	**6** ⑤	**7** ③	**8** ⑤

1 2015학년도 9월 평가원 A 29 [정답률 35%] |정답 **10**

출제영역 연속확률변수

연속확률변수의 확률밀도함수의 성질을 이용하여 확률을 구할 수 있는지를 묻는 문제이다.

구간 $[0, 3]$의 모든 실수 값을 가지는 연속확률변수 X에 대하여

$P(x\le X\le 3)=a(3-x)\ (0\le x\le 3)$ ❶

이 성립할 때, $P(0\le X<a)$ ❷ $=\frac{q}{p}$이다. $p+q$의 값을 구하시오. 10

(단, a는 상수이고, p와 q는 서로소인 자연수이다.)

출제코드 연속확률변수의 확률밀도함수의 성질 이해하기

❶ 확률의 총합은 1이므로 $P(0\le X\le 3)=1$임을 이용하여 a의 값을 구한다.

❷ $P(0\le X<a)$를 $P(x\le X\le 3)$ 꼴이 포함된 형태로 변형하여 값을 구한다.

해설 **|1단계| 확률밀도함수의 성질을 이용하여 a의 값 구하기**

$P(x \le X \le 3) = a(3-x)$ (단, $0 \le x \le 3$) …… ㉠

$0 \le X \le 3$에서 정의된 확률변수 X의 확률밀도함수의 성질에 의하여

$P(0 \le X \le 3) = 1$

이므로 ㉠에 $x=0$을 대입하면

$P(0 \le X \le 3) = 3a = 1 \quad \therefore a = \frac{1}{3}$

$\therefore P(x \le X \le 3) = \frac{1}{3}(3-x)$ (단, $0 \le x \le 3$)

|2단계| $P(0 \le X < a)$의 값 구하기

$$P(0 \le X < a) = P\left(0 \le X < \frac{1}{3}\right)$$
$$= P(0 \le X \le 3) - P\left(\frac{1}{3} \le X \le 3\right)$$
$$= 1 - \frac{1}{3} \times \left(3 - \frac{1}{3}\right) = \frac{1}{9}$$

|3단계| $p+q$의 값 구하기

따라서 $p=9$, $q=1$이므로

$p+q = 9+1 = 10$

2

2022학년도 수능 확통 29 [정답률 15%] | 정답 31

출제영역 **연속확률변수**

그래프로 주어진 연속확률변수의 확률밀도함수의 성질을 이용하여 확률을 구할 수 있는지를 묻는 문제이다.

두 연속확률변수 X와 Y가 갖는 값의 범위는 $0 \le X \le 6$, $0 \le Y \le 6$이고, X와 Y의 확률밀도함수는 각각 $f(x)$, $g(x)$이다. 확률변수 X의 확률밀도함수 $f(x)$의 그래프는 그림과 같다. ❶

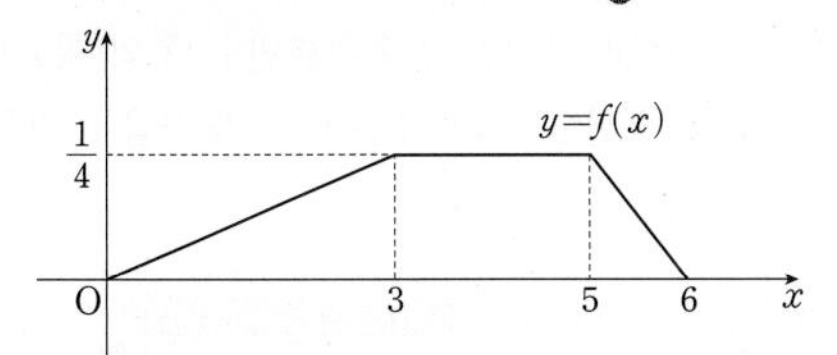

$0 \le x \le 6$인 모든 x에 대하여

$f(x) + g(x) = k$ (k는 상수) ❷

를 만족시킬 때, $P(6k \le Y \le 15k) = \frac{q}{p}$이다. $p+q$의 값을 구하시오. (단, p와 q는 서로소인 자연수이다.) 31

출제코드 **확률밀도함수의 성질과 두 함수 $f(x)$, $g(x)$의 관계에 따른 그래프의 특성 파악하기**

❶ 확률밀도함수의 그래프와 x축으로 둘러싸인 부분의 넓이가 1임을 이용한다.
❷ 확률밀도함수의 성질과 두 함수 $f(x)$, $g(x)$ 사이의 관계식을 이용하여 주어진 그래프의 특성을 파악하여 k의 값을 구한다.

해설 **|1단계| 확률밀도함수의 성질과 두 함수 $f(x)$, $g(x)$ 사이의 관계식을 이용하여 k의 값 구하기**

$0 \le x \le 6$인 모든 x에 대하여

$f(x) + g(x) = k$ (k는 상수)

이므로

$g(x) = k - f(x)$

이때 $0 \le Y \le 6$이고 확률밀도함수의 정의에 의하여

$g(x) = k - f(x) \ge 0$

즉, $k \ge f(x)$이므로 다음 그림과 같이 세 직선 $x=0$, $x=6$, $y=k$ 및 함수 $y=f(x)$의 그래프로 둘러싸인 색칠된 부분의 넓이는 1이다.

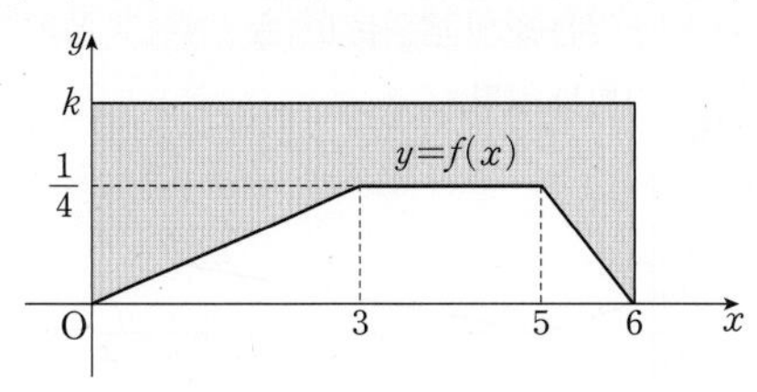

또, 함수 $y=f(x)$의 그래프와 x축으로 둘러싸인 부분의 넓이도 1이므로

$k \times 6 = 1+1$

$\therefore k = \frac{1}{3}$

|2단계| $P(6k \le Y \le 15k)$의 값 구하기

두 점 $(0, 0)$, $\left(3, \frac{1}{4}\right)$을 지나는 직선의 방정식은 $y = \frac{1}{12}x$이므로

$f(x) = \frac{1}{12}x$ (단, $0 \le x \le 3$)

이때 $P(6k \le Y \le 15k) = P(2 \le Y \le 5)$이고 이 값은 세 직선 $x=2$, $x=5$, $y=\frac{1}{3}$ 및 함수 $y=f(x)$의 그래프로 둘러싸인 부분의 넓이와 같다.

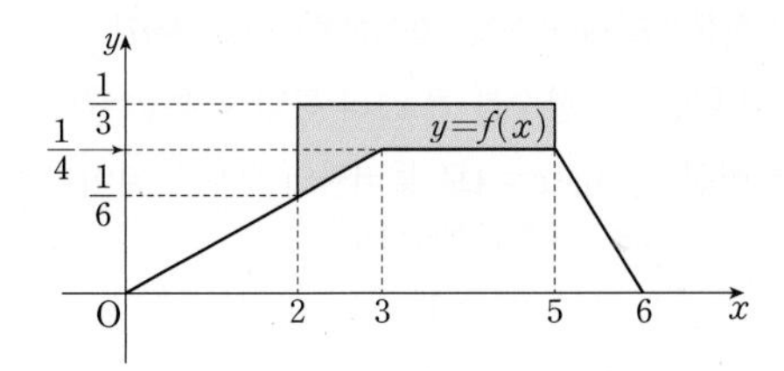

$\therefore P(6k \le Y \le 15k)$

$= P(2 \le Y \le 5)$

$= \frac{1}{2} \times (3-2) \times \{f(3) - f(2)\} + (5-2) \times \left\{\frac{1}{3} - f(3)\right\}$

$= \frac{1}{2} \times 1 \times \left(\frac{1}{4} - \frac{1}{6}\right) + 3 \times \left(\frac{1}{3} - \frac{1}{4}\right)$

$= \frac{1}{24} + \frac{1}{4} = \frac{7}{24}$

|3단계| $p+q$의 값 구하기

따라서 $p=24$, $q=7$이므로

$p+q = 24+7 = 31$

핵심 개념 **직선의 방정식 (고등 수학)**

(1) 점 (x_1, y_1)을 지나고 기울기가 m인 직선의 방정식은
$y - y_1 = m(x - x_1)$

(2) 서로 다른 두 점 $A(x_1, y_1)$, $B(x_2, y_2)$를 지나는 직선의 방정식은
① $x_1 \ne x_2$일 때, $y - y_1 = \frac{y_2 - y_1}{x_2 - x_1}(x - x_1)$
② $x_1 = x_2$일 때, $x = x_1$

(3) x절편이 a, y절편이 b인 직선의 방정식은
$\frac{x}{a} + \frac{y}{b} = 1$ (단, $a \ne 0$, $b \ne 0$)

3 2010학년도 수능 나 21 [정답률 21%] 변형 | 정답 ⑤

출제영역 연속확률변수

그래프로 주어진 연속확률변수의 확률밀도함수의 성질을 이용하여 확률을 구할 수 있는지를 묻는 문제이다.

연속확률변수 X가 갖는 값의 범위는 $0\le X\le 4$이고 X의 확률밀도함수의 그래프❶는 그림과 같다.

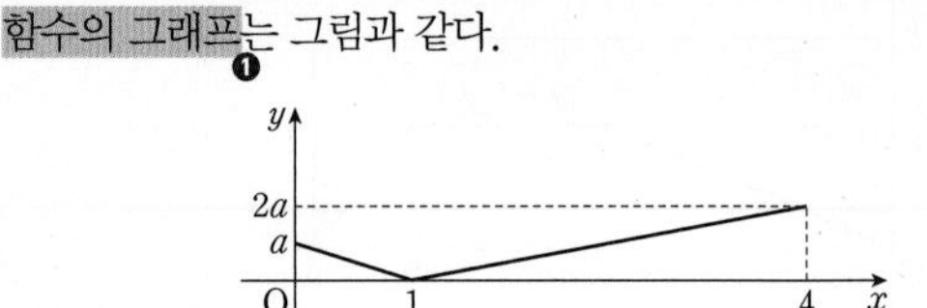

$P(0\le X\le 2)$❷$=bP(2\le X\le 3)$❸일 때, b의 값은?

(단, a, b는 상수이다.)

① $\frac{1}{6}$ ② $\frac{1}{3}$ ③ $\frac{1}{2}$ ④ $\frac{2}{3}$ ✓⑤ $\frac{5}{6}$

출제코드 그래프로 주어진 연속확률변수의 확률밀도함수의 성질 이해하기

❶ 확률밀도함수의 그래프와 x축 및 두 직선 $x=0$, $x=4$로 둘러싸인 부분의 넓이가 1임을 이용하여 a의 값을 구한다.

❷ 확률밀도함수의 그래프와 x축 및 두 직선 $x=0$, $x=2$로 둘러싸인 부분의 넓이이다.

❸ 확률밀도함수의 그래프와 x축 및 두 직선 $x=2$, $x=3$으로 둘러싸인 부분의 넓이이다.

해설 **|1단계|** 확률밀도함수의 성질을 이용하여 a의 값 구하기

확률변수 X의 확률밀도함수를 $f(x)$라 하면 함수 $y=f(x)$의 그래프와 x축 및 두 직선 $x=0$, $x=4$로 둘러싸인 부분의 넓이가 1이므로

$$\frac{1}{2}\times 1\times a+\frac{1}{2}\times(4-1)\times 2a=1$$

(큰 직각삼각형의 넓이: $\frac{1}{2}\times(4-1)\times 2a$, 작은 직각삼각형의 넓이: $\frac{1}{2}\times 1\times a$)

$\frac{1}{2}a+3a=1$, $\frac{7}{2}a=1$

$\therefore a=\frac{2}{7}$

|2단계| $P(0\le X\le 2)$의 값 구하기

두 점 $(1, 0)$, $\left(4, \frac{4}{7}\right)$를 지나는 직선의 방정식은 $y=\frac{4}{21}(x-1)$이므로

$f(x)=\frac{4}{21}(x-1)$ (단, $1\le x\le 4$)

$P(0\le x\le 2)$의 값은 함수 $y=f(x)$의 그래프와 x축 및 두 직선 $x=0$, $x=2$로 둘러싸인 부분의 넓이와 같다.

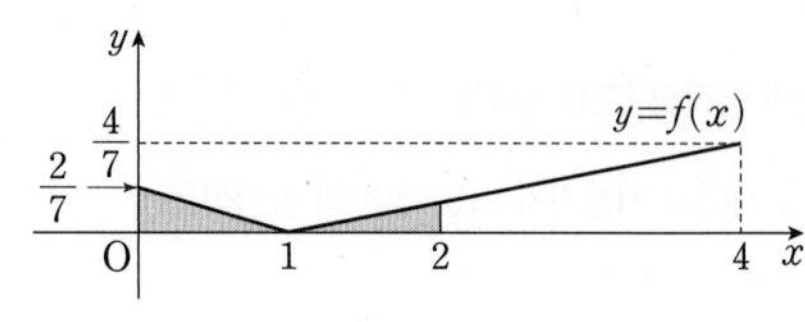

$$\therefore P(0\le X\le 2)=\frac{1}{2}\times 1\times\frac{2}{7}+\frac{1}{2}\times 1\times f(2)$$
$$=\frac{1}{2}\times 1\times\frac{2}{7}+\frac{1}{2}\times 1\times\frac{4}{21}$$
$$=\frac{5}{21}$$

|3단계| $P(2\le X\le 3)$의 값 구하기

$P(2\le X\le 3)$의 값은 함수 $y=f(x)$의 그래프와 x축 및 두 직선 $x=2$, $x=3$으로 둘러싸인 부분의 넓이와 같다.

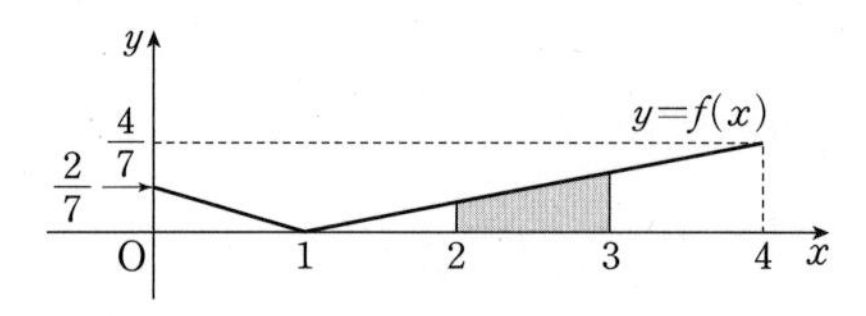

$$\therefore P(2\le X\le 3)=\frac{1}{2}\times\{f(2)+f(3)\}\times(3-2)$$
$$=\frac{1}{2}\times\left(\frac{4}{21}+\frac{8}{21}\right)$$
$$=\frac{2}{7}$$

($\frac{1}{2}\times 2\times f(3)-\frac{1}{2}\times 1\times f(2)$로 구할 수도 있다.)

|4단계| b의 값 구하기

$$\therefore b=\frac{P(0\le X\le 2)}{P(2\le X\le 3)}$$
$$=\frac{\frac{5}{21}}{\frac{2}{7}}=\frac{5}{6}$$

4 2014학년도 수능 B 16 [정답률 52%] 변형 | 정답 ②

출제영역 연속확률변수

확률밀도함수의 성질과 함수 $f(x)$의 그래프의 특성을 이용하여 확률을 구할 수 있는지를 묻는 문제이다.

닫힌구간 $[-3, 3]$에서 정의된 연속확률변수 X의 확률밀도함수를 $f(x)$라 할 때, 확률변수 X와 함수 $f(x)$가 다음 조건을 만족시킨다.

> (가) $0\le x\le 3$인 실수 x에 대하여 $P(0\le X\le x)=ax^2$❷
> (나) $-3\le x\le 3$인 실수 x에 대하여 $f(-x)=f(x)$❶

$P(-2\le X\le -1)$❸의 값은? (단, a는 상수이다.)

① $\frac{1}{12}$ ✓② $\frac{1}{6}$ ③ $\frac{1}{4}$ ④ $\frac{1}{3}$ ⑤ $\frac{5}{12}$

출제코드 확률밀도함수의 성질과 함수 $f(x)$의 그래프의 특성 이해하기

❶ 함수 $y=f(x)$의 그래프는 y축에 대하여 대칭이다.

❷ $x=3$을 대입하면 $P(0\le X\le 3)=\frac{1}{2}$임을 이용하여 a의 값을 구한다.

❸ $f(-x)=f(x)$이므로 $P(-2\le X\le -1)=P(1\le X\le 2)$이다.

해설 **|1단계|** 확률밀도함수의 성질을 이용하여 a의 값 구하기

확률변수 X의 확률밀도함수 $y=f(x)$의 그래프와 x축 및 두 직선 $x=-3$, $x=3$으로 둘러싸인 부분의 넓이는 1이므로

$P(-3\le X\le 0)+P(0\le X\le 3)=1$ …… ㉠

조건 (나)에서 확률밀도함수 $y=f(x)$의 그래프가 y축에 대하여 대칭이므로

$P(-3\le X\le 0)=P(0\le X\le 3)$ …… ㉡

㉠, ㉡에 의하여 $P(0\le X\le 3)=\frac{1}{2}$

조건 (가)에서 $P(0\le X\le x)=ax^2$에 $x=3$을 대입하면

$P(0\le X\le 3)=9a=\frac{1}{2}$

$\therefore a=\frac{1}{18}$

|2단계| $P(-2\le X\le -1)$의 값 구하기

따라서 $0\le x\le 3$인 실수 x에 대하여

$P(0\le X\le x)=\frac{1}{18}x^2$

이므로

$P(-2\le X\le -1)=P(1\le X\le 2)$ ($f(-x)=f(x)$)

$=P(0\le X\le 2)-P(0\le X\le 1)$ how? ❶

$=\frac{1}{18}\times 2^2-\frac{1}{18}\times 1^2$

$=\frac{3}{18}=\frac{1}{6}$

해설 특강

how? ❶ 조건 (가)에서 $P(0\le X\le x)=ax^2$이므로 주어진 확률을 구하기 위해서는 $P(0\le X\le x)$ 꼴이 포함된 형태로 변형해야 한다.

5 2011학년도 9월 평가원 나 14 [정답률 73%] 변형 | 정답 79

출제영역 연속확률변수

확률밀도함수의 성질과 그래프의 대칭성을 이용하여 확률의 최댓값을 구할 수 있는지를 묻는 문제이다.

연속확률변수 X가 갖는 값의 범위는 $0\le X\le 4$이고, X의 확률밀도함수의 그래프❶는 그림과 같다.

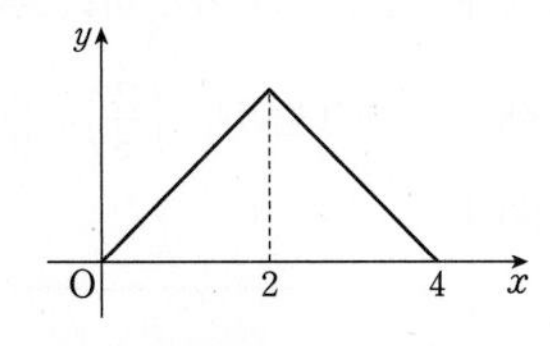

확률 $P\left(a\le X\le a+\frac{1}{2}\right)$의 최댓값❷이 $\frac{q}{p}$일 때, $p+q$의 값을 구하시오. (단, a는 상수이고, p와 q는 서로소인 자연수이다.) 79

출제코드 그래프의 대칭성을 이용하여 확률이 최대가 되는 조건 파악하기

❶ 확률밀도함수의 그래프와 x축으로 둘러싸인 부분의 넓이는 1이다. 또, 확률밀도함수의 그래프는 직선 $x=2$에 대하여 대칭이다.

❷ 확률 $P\left(a\le X\le a+\frac{1}{2}\right)$의 값이 최대이려면 범위의 양 끝 값 a, $a+\frac{1}{2}$이 직선 $x=2$에 대하여 대칭이어야 한다.

해설 **|1단계| $P\left(a\le X\le a+\frac{1}{2}\right)$의 값이 최대일 때, a의 값 구하기**

$P\left(a\le X\le a+\frac{1}{2}\right)$의 값이 최대이려면 오른쪽 그림과 같이 범위의 양 끝 값 a, $a+\frac{1}{2}$이 직선 $x=2$에 대하여 대칭이어야 하므로 why? ❶

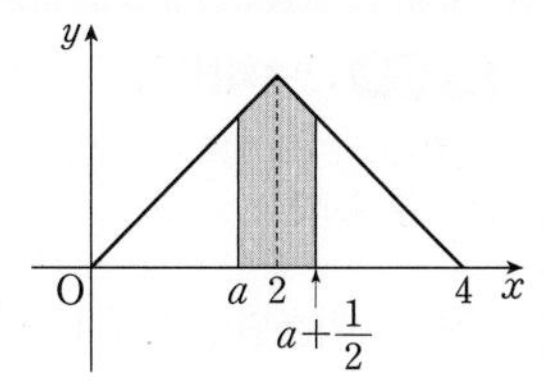

$\frac{a+\left(a+\frac{1}{2}\right)}{2}=2$

$2a+\frac{1}{2}=4$

$\therefore a=\frac{7}{4}$

|2단계| $P\left(a\le X\le a+\frac{1}{2}\right)$의 최댓값 구하기

확률변수 X의 확률밀도함수를 $f(x)$라 하면 함수 $y=f(x)$의 그래프와 x축으로 둘러싸인 부분의 넓이가 1이므로

$\frac{1}{2}\times 4\times f(2)=1$

$\therefore f(2)=\frac{1}{2}$

즉, $f(x)=\frac{1}{4}x\ (0\le x\le 2)$이므로 (두 점 $(0, 0)$, $\left(2, \frac{1}{2}\right)$을 지나는 직선)

$P\left(a\le X\le a+\frac{1}{2}\right)=P\left(\frac{7}{4}\le X\le \frac{9}{4}\right)$

$=P\left(\frac{7}{4}\le X\le 2\right)+P\left(2\le X\le \frac{9}{4}\right)$

$=2P\left(\frac{7}{4}\le X\le 2\right)$ why? ❷

$=2\times\frac{1}{2}\times\left\{f\left(\frac{7}{4}\right)+f(2)\right\}\times\left(2-\frac{7}{4}\right)$

$=\left(\frac{7}{16}+\frac{1}{2}\right)\times\frac{1}{4}$ ($2\times\left\{\frac{1}{2}\times 2\times f(2)-\frac{1}{2}\times\frac{7}{4}\times f\left(\frac{7}{4}\right)\right\}$로 구할 수도 있다.)

$=\frac{15}{64}$

|3단계| $p+q$의 값 구하기

따라서 $p=64$, $q=15$이므로

$p+q=64+15=79$

해설 특강

why? ❶ 길이가 $\frac{1}{2}$인 구간 $\left[a, a+\frac{1}{2}\right]$을 옮겨 보면 이 구간 안에 $x=2$가 들어가도록 잡아야 색칠한 부분의 넓이가 커짐을 알 수 있다. 특히, 확률밀도함수의 그래프가 직선 $x=2$에 대하여 대칭이므로 구간의 양 끝 점 $(a, 0)$, $\left(a+\frac{1}{2}, 0\right)$을 이은 선분의 중점이 $(2, 0)$일 때 색칠한 부분의 넓이가 최대가 됨을 알 수 있다.

why? ❷ 확률밀도함수의 그래프가 직선 $x=2$에 대하여 대칭이므로

$P\left(\frac{7}{4}\le X\le 2\right)=P\left(2\le X\le\frac{9}{4}\right)$

참고 확률밀도함수의 그래프가 직선 $x=a$에 대하여 대칭이면

$P(a-k\le X\le a)=P(a\le X\le a+k)$ (단, $k>0$)

6 2022학년도 수능 확통 29 [정답률 15%] 변형 | 정답 ⑤

출제영역 연속확률변수

확률밀도함수의 성질과 합성함수의 그래프를 이용하여 확률을 구할 수 있는지를 묻는 문제이다.

두 연속확률변수 X와 Y가 갖는 값의 범위는 $0\le X\le 2$, $0\le Y\le 2$이고, X와 Y의 확률밀도함수는 각각 $f(x)$, $g(x)$이다. 확률변수 X의 확률밀도함수 $f(x)$의 그래프❶는 그림과 같다.

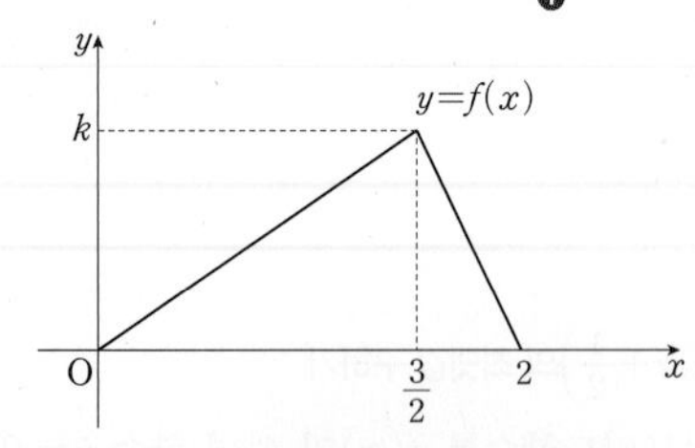

$0\le x\le 2$인 모든 x에 대하여 $g(x)=f(2f(x))$❷일 때, $\mathrm{P}\left(\frac{2}{3}k\le Y\le \frac{3}{2}k\right)$❸의 값은? (단, k는 상수이다.)

① $\frac{19}{36}$ ② $\frac{173}{324}$ ③ $\frac{175}{324}$
④ $\frac{59}{108}$ ✓⑤ $\frac{179}{324}$

출제코드 확률밀도함수의 성질과 합성함수의 그래프를 이용하여 확률 구하기

❶ 확률밀도함수의 성질을 이용하여 함수 $y=f(x)$의 그래프와 x축으로 둘러싸인 부분의 넓이가 1이 되도록 하는 상수 k의 값을 구한다.
❷ 합성함수의 정의를 이용하여 함수 $y=g(x)$의 그래프를 그린다.
❸ 함수 $y=g(x)$의 그래프와 x축 및 두 직선 $x=\frac{2}{3}k$, $x=\frac{3}{2}k$로 둘러싸인 부분의 넓이를 구한다.

해설 **|1단계| k의 값을 구하고, 함수 $f(x)$ 구하기**

확률변수 X의 확률밀도함수 $y=f(x)$의 그래프와 x축으로 둘러싸인 부분의 넓이가 1이므로

$\frac{1}{2}\times 2\times k=1 \qquad \therefore k=1$

$$\therefore f(x)=\begin{cases}\frac{2}{3}x & \left(0\le x\le \frac{3}{2}\right)\\ -2x+4 & \left(\frac{3}{2}\le x\le 2\right)\end{cases}$$

|2단계| 함수 $g(x)$를 구하고, 함수 $y=g(x)$의 그래프 그리기

$g(x)=f(2f(x))$

$$=\begin{cases}\frac{2}{3}\times 2f(x) & \left(0\le 2f(x)\le \frac{3}{2}\right)\\ -2\times 2f(x)+4 & \left(\frac{3}{2}\le 2f(x)\le 2\right)\end{cases}$$

$$=\begin{cases}\frac{4}{3}f(x) & \left(0\le f(x)\le \frac{3}{4}\right)\\ -4f(x)+4 & \left(\frac{3}{4}\le f(x)\le 1\right)\end{cases}$$

$$=\begin{cases}\frac{4}{3}f(x) & \left(0\le x\le \frac{9}{8} \text{ 또는 } \frac{13}{8}\le x\le 2\right)\\ -4f(x)+4 & \left(\frac{9}{8}\le x\le \frac{13}{8}\right)\end{cases}$$ how?❶

$$=\begin{cases}\frac{8}{9}x & \left(0\le x\le \frac{9}{8}\right)\\ -\frac{8}{3}x+4 & \left(\frac{9}{8}\le x\le \frac{3}{2}\right)\\ 8x-12 & \left(\frac{3}{2}\le x\le \frac{13}{8}\right)\\ -\frac{8}{3}x+\frac{16}{3} & \left(\frac{13}{8}\le x\le 2\right)\end{cases}$$ how?❷

이므로 함수 $y=g(x)$의 그래프는 다음 그림과 같다.

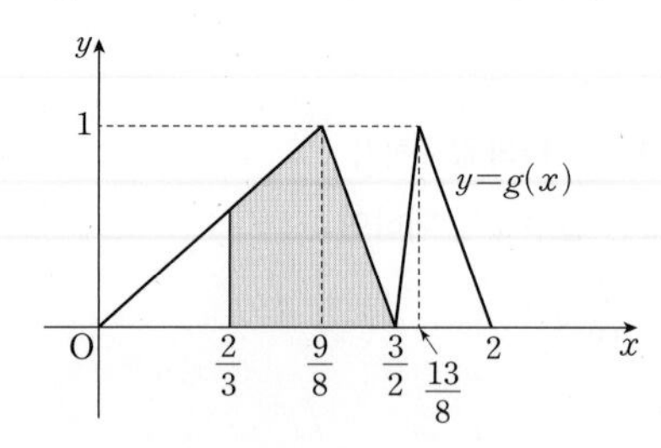

|3단계| $\mathrm{P}\left(\frac{2}{3}k\le Y\le \frac{3}{2}k\right)$의 값을 구하고, $p+q$의 값 구하기

$\mathrm{P}\left(\frac{2}{3}k\le Y\le \frac{3}{2}k\right)=\mathrm{P}\left(\frac{2}{3}\le Y\le \frac{3}{2}\right)$이고, 이 값은 함수 $y=g(x)$의 그래프와 x축 및 두 직선 $x=\frac{2}{3}$, $x=\frac{3}{2}$으로 둘러싸인 부분의 넓이와 같다.

$$\therefore \mathrm{P}\left(\frac{2}{3}\le Y\le \frac{3}{2}\right)=\frac{1}{2}\times\frac{3}{2}\times 1-\frac{1}{2}\times\frac{2}{3}\times\frac{16}{27}$$ how?❸

$$=\frac{3}{4}-\frac{16}{81}=\frac{179}{324}$$

해설특강

how?❶ $2f(x)=\frac{3}{2}$에서 $f(x)=\frac{3}{4}$인 x의 값은 다음과 같다.

$0\le x\le \frac{3}{2}$일 때, $\frac{2}{3}x=\frac{3}{4}$에서 $x=\frac{9}{8}$

$\frac{3}{2}\le x\le 2$일 때, $-2x+4=\frac{3}{4}$에서 $x=\frac{13}{8}$

how?❷ $0\le x\le \frac{9}{8}$일 때, $g(x)=\frac{4}{3}f(x)=\frac{4}{3}\times\frac{2}{3}x=\frac{8}{9}x$

$\frac{9}{8}\le x\le \frac{3}{2}$일 때, $g(x)=-4f(x)+4=-4\times\frac{2}{3}x+4=-\frac{8}{3}x+4$

$\frac{3}{2}\le x\le \frac{13}{8}$일 때, $g(x)=-4f(x)+4=-4(-2x+4)+4=8x-12$

$\frac{13}{8}\le x\le 2$일 때, $g(x)=\frac{4}{3}f(x)=\frac{4}{3}(-2x+4)=-\frac{8}{3}x+\frac{16}{3}$

how?❸ 색칠한 부분의 넓이는 밑변의 길이가 $\frac{3}{2}$이고, 높이가 1인 삼각형의 넓이에서 밑변의 길이가 $\frac{2}{3}$이고 높이가 $g\left(\frac{2}{3}\right)=\frac{8}{9}\times\frac{2}{3}=\frac{16}{27}$인 삼각형의 넓이를 뺀 것이다.

7

| 정답 ③

출제영역 연속확률변수

그래프로 정의된 확률밀도함수의 성질과 두 확률밀도함수의 관계를 이용하여 확률을 구할 수 있는지를 묻는 문제이다.

구간 $[0, 2a]$의 모든 실수 값을 가지는 연속확률변수 X에 대하여 X의 확률밀도함수 $y=f(x)$의 그래프❶는 그림과 같다.

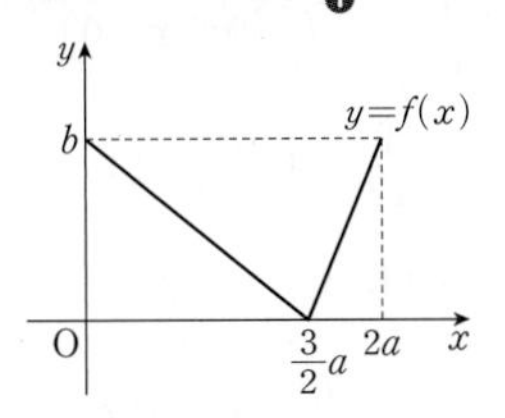

구간 $[0, 2a]$의 모든 실수 값을 가지는 연속확률변수 Y에 대하여 Y의 확률밀도함수 $g(x)$❷가

$$g(x)=\begin{cases} f(2x) & (0\le x\le a) \\ -\frac{b}{a}x+2b & (a\le x\le 2a) \end{cases}$$

일 때, $P\left(\frac{a}{2}\le X\le a\right)+P\left(\frac{a}{2}\le Y\le a\right)$의 값은?

(단, a, b는 양수이다.)

① $\frac{1}{4}$ ② $\frac{1}{3}$ ✓③ $\frac{5}{12}$ ④ $\frac{1}{2}$ ⑤ $\frac{7}{12}$

출제코드 그래프를 이용하여 주어진 확률밀도함수의 성질 이해하기

❶ 확률밀도함수 $y=f(x)$의 그래프와 x축 및 두 직선 $x=0$, $x=2a$로 둘러싸인 부분의 넓이가 1임을 이용하여 a, b 사이의 관계식을 구한다.

❷ 확률밀도함수 $y=f(x)$의 그래프를 이용하여 확률밀도함수 $y=g(x)$의 그래프를 그린다.

해설 **|1단계|** **확률밀도함수의 성질을 이용하여 a, b 사이의 관계식 구하기**

확률변수 X의 확률밀도함수 $y=f(x)$의 그래프와 x축 및 두 직선 $x=0$, $x=2a$로 둘러싸인 부분의 넓이가 1이므로

$$\frac{1}{2}\times\frac{3}{2}a\times b+\frac{1}{2}\times\left(2a-\frac{3}{2}a\right)\times b=1$$

$$\frac{3}{4}ab+\frac{1}{4}ab=1$$

$$\therefore ab=1 \quad \cdots\cdots ㉠$$

|2단계| **확률밀도함수 $y=g(x)$의 그래프 그리기**

$$f(x)=\begin{cases} -\frac{2b}{3a}x+b & \left(0\le x\le\frac{3}{2}a\right) \\ \frac{2b}{a}x-3b & \left(\frac{3}{2}a\le x\le 2a\right) \end{cases}$$ how?❶ 이므로

$$f(2x)=\begin{cases} -\frac{4b}{3a}x+b & \left(0\le 2x\le\frac{3}{2}a\right) \\ \frac{4b}{a}x-3b & \left(\frac{3}{2}a\le 2x\le 2a\right) \end{cases}$$

$$\therefore g(x)=\begin{cases} -\frac{4b}{3a}x+b & \left(0\le x\le\frac{3}{4}a\right) \\ \frac{4b}{a}x-3b & \left(\frac{3}{4}a\le x\le a\right) \\ -\frac{b}{a}x+2b & (a\le x\le 2a) \end{cases}$$

따라서 확률밀도함수 $y=g(x)$의 그래프는 다음 그림과 같다.

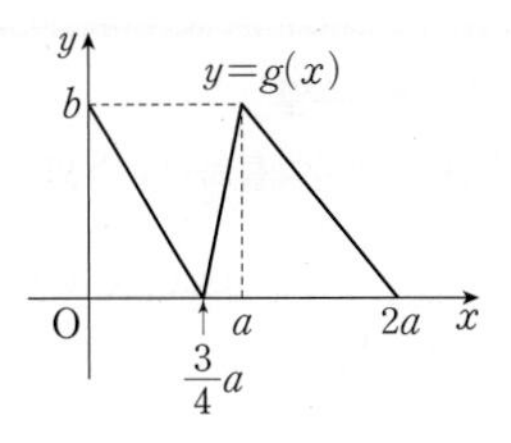

|3단계| **$P\left(\frac{a}{2}\le X\le a\right)$의 값 구하기**

$P\left(\frac{a}{2}\le X\le a\right)$의 값은 확률변수 X의 확률밀도함수 $y=f(x)$의 그래프와 x축 및 두 직선 $x=\frac{a}{2}$, $x=a$로 둘러싸인 부분의 넓이와 같다.

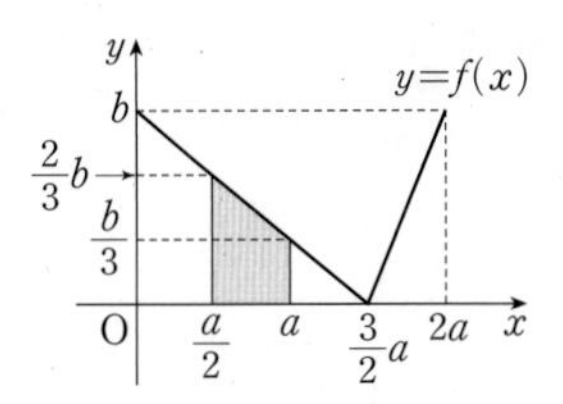

$$\therefore P\left(\frac{a}{2}\le X\le a\right)=\frac{1}{2}\times\left\{f\left(\frac{a}{2}\right)+f(a)\right\}\times\left(a-\frac{a}{2}\right)$$

$$=\frac{1}{2}\times\left(\frac{2}{3}b+\frac{b}{3}\right)\times\frac{a}{2}$$

$$=\frac{1}{4}ab=\frac{1}{4}\ (\because ㉠)$$

|4단계| **$P\left(\frac{a}{2}\le Y\le a\right)$의 값 구하기**

$P\left(\frac{a}{2}\le Y\le a\right)$의 값은 확률변수 Y의 확률밀도함수 $y=g(x)$의 그래프와 x축 및 두 직선 $x=\frac{a}{2}$, $x=a$로 둘러싸인 부분의 넓이와 같다.

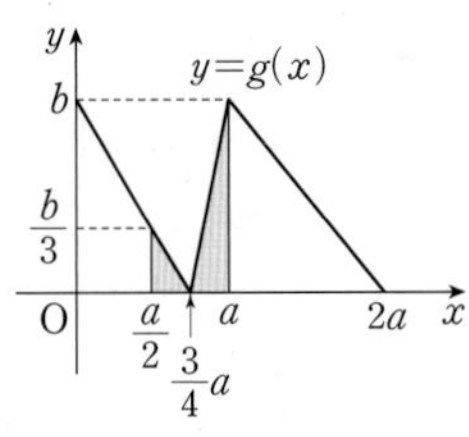

$$\therefore P\left(\frac{a}{2}\le Y\le a\right)=P\left(\frac{a}{2}\le Y\le\frac{3}{4}a\right)+P\left(\frac{3}{4}a\le Y\le a\right)$$

$$=\frac{1}{2}\times\left(\frac{3}{4}a-\frac{a}{2}\right)\times g\left(\frac{a}{2}\right)+\frac{1}{2}\times\left(a-\frac{3}{4}a\right)\times g(a)$$

$$=\frac{1}{2}\times\frac{a}{4}\times\frac{b}{3}+\frac{1}{2}\times\frac{a}{4}\times b$$

$$=\frac{1}{6}ab=\frac{1}{6}\ (\because ㉠)$$

$$\therefore P\left(\frac{a}{2}\le X\le a\right)+P\left(\frac{a}{2}\le Y\le a\right)=\frac{1}{4}+\frac{1}{6}=\frac{5}{12}$$

해설특강

how?❶ 두 점 $(0, b)$, $\left(\frac{3}{2}a, 0\right)$을 지나는 직선의 방정식은

$$y=-\frac{b}{\frac{3}{2}a}x+b=-\frac{2b}{3a}x+b$$

$$\therefore f(x)=-\frac{2b}{3a}x+b\ \left(\text{단, } 0\le x\le\frac{3}{2}a\right)$$

참고 $P(a\le X\le b)=P(a\le X\le c)+P(c\le X\le b)$ (단, $a<c<b$)

8

| 정답 ⑤

출제영역 연속확률변수+등차수열

확률밀도함수의 성질을 이용하여 문제를 해결할 수 있는지를 묻는 문제이다.

$-2\le X\le 4$의 모든 값을 갖는 확률변수 X의 확률밀도함수 $f(x)$가 다음 조건을 만족시킨다.

(가) $f(x)=\begin{cases} b & (-2\le x\le 0) \\ ax+b & (0\le x\le 1) \end{cases}$ ❶

(나) $-2\le x\le 4$인 실수 x에 대하여 $f(x)=f(2-x)$ ❷

세 수 $P(-2\le X\le 0)$, $P(0\le X\le 1)$, $P(1\le X\le 4)$가 이 순서대로 등차수열을 이룰 때, ❸ $P(c\le X\le 3)=\frac{7}{12}$이 되도록 하는 양수 c의 값은? (단, a, b는 양수이다.)

① $\frac{1}{3}$ ② $\frac{5}{12}$ ③ $\frac{1}{2}$ ④ $\frac{7}{12}$ ✓⑤ $\frac{2}{3}$

킬러코드 확률밀도함수의 성질과 함수 $y=f(x)$의 그래프의 특성 이해하기

❶ $-2\le x\le 1$일 때, 확률밀도함수 $y=f(x)$의 그래프를 그린다. 이때 a, b의 값은 양수임에 유의한다.

❷ 식을 적당히 변형하여 확률밀도함수 $f(x)$의 그래프의 특성을 파악한다.

❸ $P(0\le X\le 1)$이 $P(-2\le X\le 0)$과 $P(1\le X\le 4)$의 등차중항이므로
$2P(0\le X\le 1)=P(-2\le X\le 0)+P(1\le X\le 4)$
이다.

해설 **| 1단계 | $P(0\le X\le 1)$의 값 구하기**

조건 (나)에서 $f(x)=f(2-x)$이므로 x에 $1+x$를 대입하면

$f(1+x)=f(1-x)$

즉, $-2\le x\le 4$에서 함수 $y=f(x)$의 그래프는 직선 $x=1$에 대하여 대칭이므로 $-2\le x\le 4$에서 함수 $y=f(x)$의 그래프는 다음 그림과 같다.

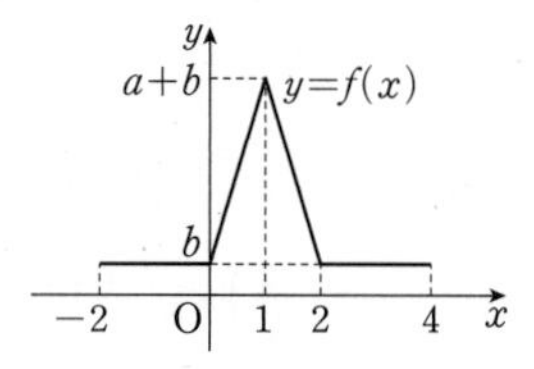

$p_1=P(-2\le X\le 0)$, $p_2=P(0\le X\le 1)$, $p_3=P(1\le X\le 4)$로 놓으면 함수 $y=f(x)$의 그래프와 x축 및 두 직선 $x=-2$, $x=4$로 둘러싸인 부분의 넓이가 1이므로

$p_1+p_2+p_3=1$ …… ㉠

p_1, p_2, p_3이 이 순서대로 등차수열을 이루므로

$2p_2=p_1+p_3$ …… ㉡

㉠, ㉡을 연립하여 풀면 $p_2=\frac{1}{3}$

| 2단계 | a, b의 값 구하기

함수 $y=f(x)$의 그래프가 직선 $x=1$에 대하여 대칭이므로

$p_1+p_2=p_3=\frac{1}{2}$

즉, $p_1=\frac{1}{2}-p_2=\frac{1}{2}-\frac{1}{3}=\frac{1}{6}$이므로

$p_1=P(-2\le X\le 0)=2\times b=\frac{1}{6}$

$\therefore b=\frac{1}{12}$

$p_2=P(0\le X\le 1)=\frac{1}{2}\times\left\{\frac{1}{12}+\left(a+\frac{1}{12}\right)\right\}\times 1=\frac{1}{3}$

$\therefore a=\frac{2}{3}-\frac{1}{6}=\frac{1}{2}$

따라서 $f(x)=\begin{cases} \frac{1}{12} & (-2\le x\le 0) \\ \frac{1}{2}x+\frac{1}{12} & (0\le x\le 1) \end{cases}$ 이므로 함수 $y=f(x)$의 그래프는 다음 그림과 같다.

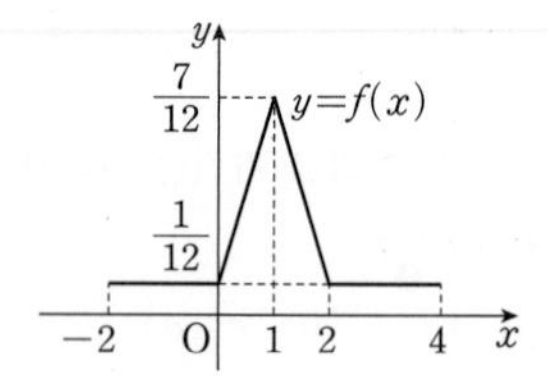

| 3단계 | c의 값 구하기

$P(c\le X\le 3)=\frac{7}{12}$에서

$P(c\le X\le 3)$

$=P(c\le X\le 1)+P(1\le X\le 2)+P(2\le X\le 3)$ **why? ❶**

($y=f(x)$의 그래프는 직선 $x=1$에 대하여 대칭이므로 $P(1\le X\le 2)=P(0\le X\le 1)$)

$=P(c\le X\le 1)+\frac{1}{3}+1\times\frac{1}{12}=\frac{7}{12}$

$\therefore P(c\le X\le 1)=\frac{7}{12}-\frac{5}{12}=\frac{1}{6}$

따라서 함수 $y=f(x)$의 그래프에서

$P(c\le X\le 1)=\frac{1}{2}\times\{f(c)+f(1)\}\times(1-c)$

$=\frac{1}{2}\times\left\{\left(\frac{c}{2}+\frac{1}{12}\right)+\frac{7}{12}\right\}\times(1-c)=\frac{1}{6}$

$\left(\frac{c}{2}+\frac{2}{3}\right)\times(1-c)=\frac{1}{3}$

$3c^2+c-2=0$, $(3c-2)(c+1)=0$

이때 $c>0$이므로 $c=\frac{2}{3}$

해설특강

why? ❶ $P(1\le X\le 3)=\frac{1}{3}+\frac{1}{12}=\frac{5}{12}$,

$P(0\le X\le 3)=\frac{1}{3}+\frac{1}{3}+\frac{1}{12}=\frac{3}{4}$

이고, $\frac{5}{12}<P(c\le X\le 3)=\frac{7}{12}<\frac{3}{4}$이므로

$0<c<1$

참고 $f(x)=f(a-x)$이면

(1) $f\left(\frac{a}{2}-x\right)=f\left(\frac{a}{2}+x\right)$

(2) 함수 $y=f(x)$의 그래프는 직선 $x=\frac{a}{2}$에 대하여 대칭이다.

핵심 개념 등차중항 (수학 I)

세 수 a, b, c가 이 순서대로 등차수열을 이룰 때

(1) b를 a와 c의 등차중항이라 한다.

(2) $2b=a+c$ ← $b-a=c-b$

THEME

08 정규분포와 표준정규분포

본문 50쪽

기출예시 1 | 정답 ①

확률변수 X가 정규분포 $\mathrm{N}\left(\frac{3}{2},\ 2^2\right)$을 따르므로 $Z=\frac{X-\frac{3}{2}}{2}$으로 놓으면 Z는 표준정규분포 $\mathrm{N}(0,\ 1^2)$을 따른다.

$\therefore H(t)=\mathrm{P}(t\le X\le t+1)=\mathrm{P}\left(\frac{t-1.5}{2}\le Z\le \frac{t-0.5}{2}\right)$

따라서

$H(0)=\mathrm{P}\left(\frac{-1.5}{2}\le Z\le \frac{-0.5}{2}\right)=\mathrm{P}(-0.75\le Z\le -0.25)$

$=\mathrm{P}(0.25\le Z\le 0.75)=\mathrm{P}(0\le Z\le 0.75)-\mathrm{P}(0\le Z\le 0.25)$

$=0.2734-0.0987=0.1747$

$H(2)=\mathrm{P}\left(\frac{0.5}{2}\le Z\le \frac{1.5}{2}\right)=\mathrm{P}(0.25\le Z\le 0.75)$

$=\mathrm{P}(0\le Z\le 0.75)-\mathrm{P}(0\le Z\le 0.25)$

$=0.2734-0.0987=0.1747$

이므로

$H(0)+H(2)=0.1747+0.1747=0.3494$

1등급 완성 3단계 문제연습 본문 51~53쪽

1 ③	2 ①	3 ④	4 ③
5 ②	6 ②		

1

2017학년도 수능 가 18 / 나 29 [정답률 84% / 48%] | 정답 ③

출제영역 정규분포

정규분포 곡선의 성질을 이용하여 확률을 구할 수 있는지를 묻는 문제이다.

확률변수 X는 평균이 m, 표준편차가 5인 정규분포를 따르고, 확률변수 X의 확률밀도함수 $f(x)$❶가 다음 조건을 만족시킨다.

(가) $f(10)>f(20)$❷
(나) $f(4)<f(22)$❷

z	$\mathrm{P}(0\le Z\le z)$
0.6	0.226
0.8	0.288
1.0	0.341
1.2	0.385
1.4	0.419

m이 자연수일 때, $\mathrm{P}(17\le X\le 18)$❸의 값을 오른쪽 표준정규분포표를 이용하여 구한 것은?

① 0.044 ② 0.053 ✓③ 0.062
④ 0.078 ⑤ 0.097

출제코드 정규분포 곡선의 성질을 이용하여 조건을 만족시키는 평균 m의 값 구하기

❶ 곡선 $y=f(x)$는 직선 $x=m$에 대하여 대칭임을 파악한다.
❷ 정규분포 곡선의 대칭성과 조건 (가), (나)를 이용하여 평균 m의 값을 구한다.
❸ 확률변수 X를 표준화하여 확률을 구한다.

해설 **|1단계|** **조건을 만족시키는 확률변수 X의 평균 구하기**

확률변수 X는 정규분포 $\mathrm{N}(m,\ 5^2)$을 따르므로 곡선 $y=f(x)$는 직선 $x=m$에 대하여 대칭이다.

조건 (가)에서 $f(10)>f(20)$이므로

$m<\frac{10+20}{2}$ why? ❶

$\therefore m<15$ ...... ㉠

조건 (나)에서 $f(4)<f(22)$이므로

$m>\frac{4+22}{2}$ why? ❷

$\therefore m>13$ ...... ㉡

㉠, ㉡에서 $13<m<15$

이때 m은 자연수이므로 $m=14$

|2단계| **확률변수의 표준화를 이용하여 $\mathrm{P}(17\le X\le 18)$의 값 구하기**

따라서 확률변수 X는 정규분포 $\mathrm{N}(14,\ 5^2)$을 따르므로 $Z=\frac{X-14}{5}$로 놓으면 Z는 표준정규분포 $\mathrm{N}(0,\ 1^2)$을 따른다.

$\therefore \mathrm{P}(17\le X\le 18)=\mathrm{P}\left(\frac{17-14}{5}\le Z\le \frac{18-14}{5}\right)$

$=\mathrm{P}(0.6\le Z\le 0.8)$

$=\mathrm{P}(0\le Z\le 0.8)-\mathrm{P}(0\le Z\le 0.6)$

$=0.288-0.226=0.062$

해설특강

why? ❶ 정규분포는 평균에서 확률밀도함수의 함숫값이 최대이고 평균에서 멀어질수록 확률밀도함수의 함숫값이 작아진다.
$f(10)>f(20)$이므로 10이 20보다 m에 더 가까움을 알 수 있다.
따라서 가능한 확률밀도함수 $y=f(x)$의 그래프는 다음 그림과 같다.

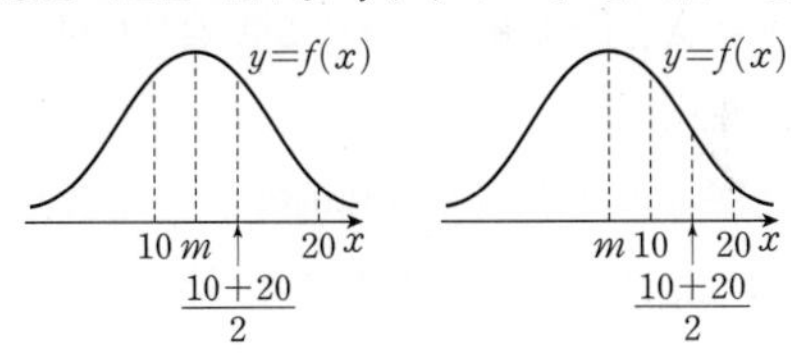

위의 그림에서 $m<\frac{10+20}{2}$임을 알 수 있다.

why? ❷ $f(4)<f(22)$이므로 22가 4보다 m에 더 가까움을 알 수 있다.
따라서 가능한 확률밀도함수 $y=f(x)$의 그래프는 다음 그림과 같다.

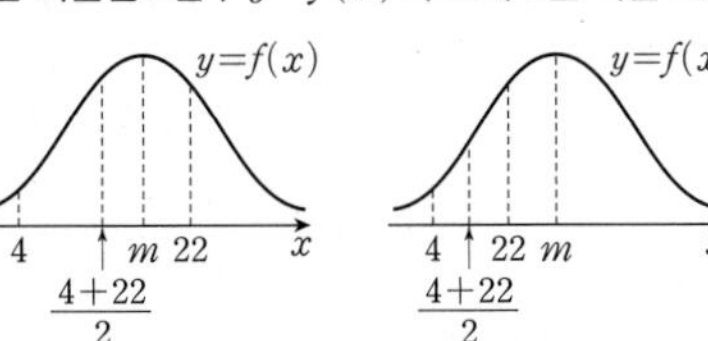

위의 그림에서 $m>\frac{4+22}{2}$임을 알 수 있다.

핵심 개념 **정규분포의 표준화**

확률변수 X가 정규분포 $\mathrm{N}(m,\ \sigma^2)$을 따를 때

(1) 확률변수 $Z=\frac{X-m}{\sigma}$은 표준정규분포 $\mathrm{N}(0,\ 1^2)$을 따른다.

(2) $\mathrm{P}(a\le X\le b)=\mathrm{P}\left(\frac{a-m}{\sigma}\le Z\le \frac{b-m}{\sigma}\right)$

2 2020학년도 수능 가 18 [정답률 82%] | 정답 ①

출제영역 정규분포

정규분포 곡선의 성질을 이용하여 확률의 최댓값을 구할 수 있는지를 묻는 문제이다.

확률변수 X는 정규분포 $\mathrm{N}(10, 2^2)$, 확률변수 Y는 정규분포 $\mathrm{N}(m, 2^2)$을 따르고, 확률변수 X와 Y의 확률밀도함수는 각각 $f(x)$와 $g(x)$이다.❶

$f(12) \le g(20)$❷

을 만족시키는 m에 대하여 $\mathrm{P}(21 \le Y \le 24)$의 최댓값❸을 오른쪽 표준정규분포표를 이용하여 구한 것은?

z	$\mathrm{P}(0 \le Z \le z)$
0.5	0.1915
1.0	0.3413
1.5	0.4332
2.0	0.4772

✓① 0.5328 ② 0.6247 ③ 0.7745
④ 0.8185 ⑤ 0.9104

출제코드 두 확률변수 X, Y의 확률밀도함수 $y=f(x)$와 $y=g(x)$의 그래프의 관계 파악하기

❶ 두 확률변수 X, Y의 표준편차가 같으므로 두 확률밀도함수 $y=f(x)$, $y=g(x)$의 그래프는 평행이동에 의하여 완전히 겹쳐짐을 파악한다.

❷ 정규분포 곡선의 대칭성을 이용하여 확률변수 Y의 평균 m의 값의 범위를 구한다.
➡ ① $m \ge 20$일 때와 $m \le 20$일 때로 나누어 생각한다.
② X의 평균이 10이므로 $f(12) \le g(20) \le f(10)$이다.
이때 $Y=20$이 속한 구간을 찾는다.

❸ $\mathrm{P}(21 \le Y \le 24)$의 값이 최대가 되도록 하는 m의 값을 구한 후, 확률변수 Y를 $Z=\frac{Y-m}{2}$으로 표준화하여 확률을 구한다.

해설 **|1단계| 정규분포 곡선의 성질을 이용하여 확률변수 Y의 평균 m의 값의 범위 구하기**

두 확률변수 X, Y의 표준편차가 2로 같으므로 두 확률변수에 대한 정규분포 곡선, 즉 두 확률밀도함수 $y=f(x)$, $y=g(x)$의 그래프는 x축의 방향으로의 평행이동에 의하여 완전히 겹쳐진다. why? ❶

이때 $f(12) \le g(20)$을 만족시키는 두 함수 $y=f(x)$, $y=g(x)$의 그래프는 다음 그림과 같다.

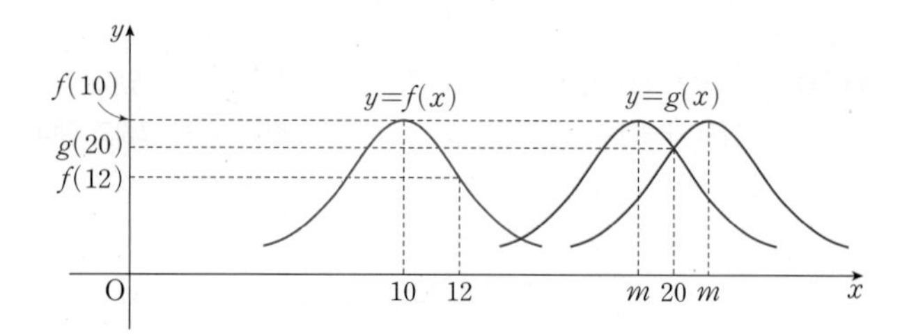

즉, $|m-20| \le |10-12|$이므로

$-2 \le m-20 \le 2$

$\therefore 18 \le m \le 22$

|2단계| $\mathrm{P}(21 \le Y \le 24)$의 값이 최대가 되도록 하는 확률변수 Y의 평균 m의 값을 구하고 표준화하여 확률의 최댓값 구하기

$\mathrm{P}(21 \le Y \le 24)$의 값이 최대가 되려면 Y의 평균은 양 끝 값의 한가운데 값 $\frac{21+24}{2}=\frac{45}{2}$에 가장 가까워야 한다. why? ❷

즉, $\mathrm{P}(21 \le Y \le 24)$의 값이 최대가 되도록 하는 Y의 평균은 $m=22$이므로 $Z=\frac{Y-22}{2}$로 놓으면 Z는 표준정규분포 $\mathrm{N}(0, 1^2)$을 따른다.

따라서 구하는 확률의 최댓값은

$$\begin{aligned}\mathrm{P}(21 \le Y \le 24) &= \mathrm{P}\left(\frac{21-22}{2} \le Z \le \frac{24-22}{2}\right) \\ &= \mathrm{P}(-0.5 \le Z \le 1) \\ &= \mathrm{P}(-0.5 \le Z \le 0) + \mathrm{P}(0 \le Z \le 1) \\ &= \mathrm{P}(0 \le Z \le 0.5) + \mathrm{P}(0 \le Z \le 1) \\ &= 0.1915 + 0.3413 \\ &= 0.5328\end{aligned}$$

해설 특강

why? ❶ 정규분포 $\mathrm{N}(m, \sigma^2)$을 따르는 확률변수 X의 정규분포 곡선은 σ의 값이 일정할 때, m의 값이 달라지면 대칭축의 위치는 바뀌지만 곡선의 모양은 변하지 않는다.

why? ❷ 정규분포 $\mathrm{N}(m, \sigma^2)$을 따르는 확률변수 X의 정규분포 곡선은 직선 $x=m$에 대하여 대칭인 종 모양의 곡선으로 $x=m$에서 가장 높다. 따라서 $\mathrm{P}(a \le X \le b)$의 값은 평균 m의 값이 $\frac{a+b}{2}$와 가까울수록 커진다.

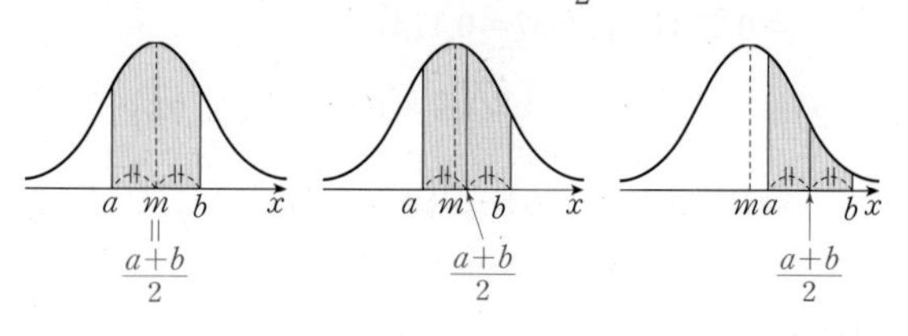

3 2016학년도 9월 평가원 B 18 [정답률 69%] 변형 | 정답 ④

출제영역 정규분포

정규분포를 따르는 확률변수의 확률밀도함수의 성질과 표준화를 이용하여 확률을 구할 수 있는지를 묻는 문제이다.

확률변수 X는 정규분포 $\mathrm{N}(62, 2^2)$, 확률변수 Y는 정규분포 $\mathrm{N}(64, 2^2)$을 따르고, 확률변수 X와 Y의 확률밀도함수는 각각 $f(x)$, $g(x)$일 때

$f(65)=g(a)$,❶

$\mathrm{P}(X \le 62) + \mathrm{P}(Y \ge a) \ge 1$❷

을 만족시킨다.

$\mathrm{P}(X \le a) + \mathrm{P}(Y \le a)$❸의 값을 오른쪽 표준정규분포표를 이용하여 구한 것은?

z	$\mathrm{P}(0 \le Z \le z)$
0.5	0.1915
1.0	0.3413
1.5	0.4332
2.0	0.4772

① 0.2255 ② 0.3174 ③ 0.3313
✓④ 0.3753 ⑤ 0.4672

출제코드 정규분포를 따르는 두 확률변수를 각각 표준화하여 조건을 만족시키는 a의 값 구하기

❶ 확률변수 X, Y의 확률밀도함수 $f(x)$, $g(x)$의 관계를 파악한다.

❷ $\mathrm{P}(X \le 62) = 0.5$이므로 $\mathrm{P}(Y \ge a) \ge 0.5$이다.

❸ 확률변수 X, Y를 각각 표준화하여 확률을 구한다.

해설 **|1단계| 확률변수 X, Y를 표준화하기**

확률변수 X는 정규분포 $\mathrm{N}(62,\ 2^2)$을 따르므로 $Z=\frac{X-62}{2}$로 놓으면 Z는 표준정규분포 $\mathrm{N}(0,\ 1^2)$을 따른다.

확률변수 Y는 정규분포 $\mathrm{N}(64,\ 2^2)$을 따르므로 $Z=\frac{Y-64}{2}$로 놓으면 Z는 표준정규분포 $\mathrm{N}(0,\ 1^2)$을 따른다.

|2단계| 확률밀도함수의 성질을 이용하여 a의 값 구하기

$\mathrm{P}(X\le 62)+\mathrm{P}(Y\ge a)\ge 1$에서

$\mathrm{P}(Z\le 0)+\mathrm{P}\left(Z\ge \frac{a-64}{2}\right)\ge 1$

이때 $\mathrm{P}\left(Z\ge \frac{a-64}{2}\right)\ge 1-\mathrm{P}(Z\le 0)=0.5$이므로
└$\mathrm{P}(Z\le 0)=0.5$

$\frac{a-64}{2}\le 0$

$\therefore a\le 64$

이때 정규분포를 따르는 두 확률변수 X, Y의 표준편차가 같으므로 확률밀도함수 $y=f(x)$와 $y=g(x)$의 그래프는 평행이동에 의하여 완전히 겹쳐질 수 있다.

즉, 두 함수 $y=f(x)$, $y=g(x)$의 그래프는 다음 그림과 같다.

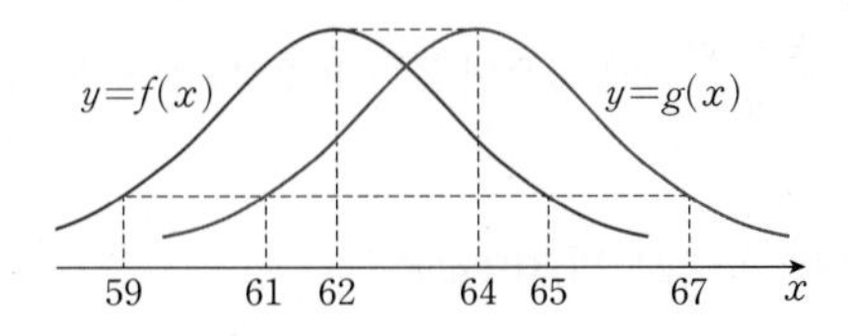

따라서 $f(65)=g(a)$에서

$a=61$ 또는 $a=67$ **why? ❶**

이때 $a\le 64$이므로

$a=61$

|3단계| $\mathrm{P}(X\le a)+\mathrm{P}(Y\le a)$의 값 구하기

$\mathrm{P}(X\le a)=\mathrm{P}(X\le 61)$

$=\mathrm{P}\left(Z\le \frac{61-62}{2}\right)$

$=\mathrm{P}(Z\le -0.5)=\mathrm{P}(Z\ge 0.5)$ └확률변수 Z의 정규분포 곡선은 직선 $z=0$에 대하여 대칭이다.

$=0.5-\mathrm{P}(0\le Z\le 0.5)$

$=0.5-0.1915$

$=0.3085$

$\mathrm{P}(Y\le a)=\mathrm{P}(Y\le 61)$

$=\mathrm{P}\left(Z\le \frac{61-64}{2}\right)$

$=\mathrm{P}(Z\le -1.5)=\mathrm{P}(Z\ge 1.5)$

$=0.5-\mathrm{P}(0\le Z\le 1.5)$

$=0.5-0.4332$

$=0.0668$

$\therefore \mathrm{P}(X\le 61)+\mathrm{P}(Y\le 61)=0.3085+0.0668$

$=0.3753$

해설특강

why? ❶ 정규분포 $\mathrm{N}(m,\ \sigma^2)$을 따르는 확률밀도함수 $y=f(x)$의 그래프는 직선 $x=m$에 대하여 대칭이므로 $f(m-x)=f(m+x)$이다.

$\therefore f(65)=f(62+3)=f(62-3)=f(59)$

$g(67)=g(64+3)=g(64-3)=g(61)$

4

2015학년도 9월 평가원 B 19 [정답률 81%] 변형 **|정답 ③**

출제영역 **정규분포**

정규분포를 따르는 확률변수의 표준화를 이용하여 문제를 해결할 수 있는지를 묻는 문제이다.

어느 공장의 A 라인에서 생산된 부품의 무게는 평균이 m, 표준편차가 σ인 정규분포를 따르고, B 라인에서 생산된 부품의 무게는 평균이 $m-4$, 표준편차가 σ인 정규분포를 따른다고 한다.❶ 이 공장에서 생산된 부품 중에서 A 라인에서 생산된 무게가 120 이상인 부품의 비율이 26 %이고 B 라인에서 생산된 무게가 120 이상인 부품의 비율이 20 %일❷ 때, $m+\sigma$의 값은? (단, Z가 표준정규분포를 따르는 확률변수일 때, $\mathrm{P}(0\le Z\le 0.64)=0.24$, $\mathrm{P}(0\le Z\le 0.84)=0.30$으로 계산하고, 부품의 무게의 단위는 g이다.)

① 125.2 ② 126.2 ✓③ 127.2
④ 128.2 ⑤ 129.2

출제코드 **정규분포를 따르는 두 확률변수를 각각 표준화하여 조건을 만족시키는 m, σ의 값 구하기**

❶ A, B 라인에서 생산된 부품의 무게를 각각 확률변수 X, Y라 하면 X, Y는 각각 정규분포
$\mathrm{N}(m,\sigma^2)$, $\mathrm{N}(m-4,\sigma^2)$
을 따른다.

❷ $\mathrm{P}(X\ge 120)=0.26$, $\mathrm{P}(Y\ge 120)=0.2$이므로 X, Y를 각각 표준화하여 주어진 확률과 비교한다.

해설 **|1단계| A 라인에서 생산된 부품의 무게를 표준화하기**

A 라인에서 생산된 부품의 무게를 확률변수 X라 하자.

확률변수 X는 정규분포 $\mathrm{N}(m,\ \sigma^2)$을 따르므로 $Z=\frac{X-m}{\sigma}$으로 놓으면 Z는 표준정규분포 $\mathrm{N}(0,\ 1^2)$을 따른다.

$\mathrm{P}(X\ge 120)=0.26$에서

$\mathrm{P}(X\ge 120)=\mathrm{P}\left(Z\ge \frac{120-m}{\sigma}\right)$

$=0.5-\mathrm{P}\left(0\le Z\le \frac{120-m}{\sigma}\right)$

$=0.26$

$\therefore \mathrm{P}\left(0\le Z\le \frac{120-m}{\sigma}\right)=0.5-0.26$

$=0.24$ ······ ㉠

|2단계| B 라인에서 생산된 부품의 무게를 표준화하기

B 라인에서 생산된 부품의 무게를 확률변수 Y라 하자.

확률변수 Y는 정규분포 $\mathrm{N}(m-4,\ \sigma^2)$을 따르므로 $Z=\frac{Y-m+4}{\sigma}$로 놓으면 Z는 표준정규분포 $\mathrm{N}(0,\ 1^2)$을 따른다.

$P(Y \geq 120) = 0.2$에서

$$P(Y \geq 120) = P\left(Z \geq \frac{120-m+4}{\sigma}\right)$$

$$= 0.5 - P\left(0 \leq Z \leq \frac{124-m}{\sigma}\right)$$

$$= 0.2$$

$$\therefore P\left(0 \leq Z \leq \frac{124-m}{\sigma}\right) = 0.5 - 0.2$$

$$= 0.3 \quad \cdots\cdots ㉡$$

|3단계| 조건을 이용하여 m, σ 사이의 관계식 구하기

$P(0 \leq Z \leq 0.64) = 0.24$이므로 ㉠에서

$$\frac{120-m}{\sigma} = 0.64$$

$$\therefore m = 120 - 0.64\sigma \quad \cdots\cdots ㉢$$

$P(0 \leq Z \leq 0.84) = 0.30$이므로 ㉡에서

$$\frac{124-m}{\sigma} = 0.84$$

$$\therefore m = 124 - 0.84\sigma \quad \cdots\cdots ㉣$$

|4단계| $m+\sigma$의 값 구하기

㉢, ㉣에서

$120 - 0.64\sigma = 124 - 0.84\sigma$

$0.2\sigma = 4$

따라서 $\sigma = 20$, $m = 120 - 12.8 = 107.2$이므로

$m + \sigma = 107.2 + 20 = 127.2$

5

|정답②

출제영역 정규분포

정규분포 곡선의 성질을 이용하여 확률을 구할 수 있는지를 묻는 문제이다.

평균이 m, 표준편차가 4인 정규분포를 따르는 확률변수 X에 대하여 두 함수 $F(x)$, $G(x)$를

$$F(x) = P(X \geq x),\ G(x) = P(X \leq x)$$

라 할 때, 두 함수 $F(x)$, $G(x)$가 다음 조건을 만족시킨다.

(가) $F(15) \geq G(21)$ ❶

(나) $G(18) \geq F(22)$ ❶

z	$P(0 \leq Z \leq z)$
0.5	0.1915
1.0	0.3413
1.5	0.4332
2.0	0.4772

$P(18 \leq X \leq 24)$의 최댓값과 최솟값❷의 합을 오른쪽 표준정규분포표를 이용하여 구한 것은?

① 0.8741 ✓② 0.9660 ③ 1.0579

④ 1.1019 ⑤ 1.1158

출제코드 정규분포 곡선의 성질을 이용하여 조건을 만족시키는 평균 m의 값의 범위 구하기

❶ 확률변수 X의 확률밀도함수를 $f(x)$라 하고, 정규분포 곡선의 대칭성과 조건 (가), (나)를 이용하여 평균 m의 값의 범위를 구한다.

❷ $P(18 \leq X \leq 24)$의 값이 최대 또는 최소가 되는 m의 값을 각각 구하고, 확률변수 X를 표준화하여 확률을 구한다.

해설 **|1단계| 조건 (가), (나)를 만족시키는 m의 값의 범위 구하기**

확률변수 X는 정규분포 $N(m,\ 4^2)$을 따르므로 확률변수 X의 확률밀도함수를 $f(x)$라 하면 곡선 $y=f(x)$는 직선 $x=m$에 대하여 대칭이다.

조건 (가)에서 $F(15) \geq G(21)$, 즉 $P(X \geq 15) \geq P(X \leq 21)$이므로

$m \geq \frac{15+21}{2}$ why? ❶

$\therefore m \geq 18 \quad \cdots\cdots ㉠$

조건 (나)에서 $G(18) \geq F(22)$, 즉 $P(X \leq 18) \geq P(X \geq 22)$이므로

$m \leq \frac{18+22}{2}$ why? ❷

$\therefore m \leq 20 \quad \cdots\cdots ㉡$

㉠, ㉡에서

$18 \leq m \leq 20$

|2단계| $P(18 \leq X \leq 24)$의 값이 최대가 되도록 하는 확률변수 X의 평균 m의 값을 구하고 표준화하여 확률의 최댓값 구하기

$P(18 \leq X \leq 24)$의 값이 최대가 되려면 확률변수 X의 평균은 양 끝 값의 한가운데 값 $\frac{18+24}{2} = 21$에 가장 가까워야 한다.

즉, $P(18 \leq X \leq 24)$의 값이 최대가 되도록 하는 X의 평균은 $m=20$이므로 $Z = \frac{X-20}{4}$으로 놓으면 Z는 표준정규분포 $N(0,\ 1^2)$을 따른다.

따라서 $P(18 \leq X \leq 24)$의 최댓값은

$$P(18 \leq X \leq 24) = P\left(\frac{18-20}{4} \leq Z \leq \frac{24-20}{4}\right)$$

$$= P(-0.5 \leq Z \leq 1)$$

$$= P(-0.5 \leq Z \leq 0) + P(0 \leq Z \leq 1)$$

$$= P(0 \leq Z \leq 0.5) + P(0 \leq Z \leq 1)$$

$$= 0.1915 + 0.3413$$

$$= 0.5328$$

|3단계| $P(18 \leq X \leq 24)$의 값이 최소가 되도록 하는 확률변수 X의 평균 m의 값을 구하고 표준화하여 확률의 최솟값 구하기

$P(18 \leq X \leq 24)$의 값이 최소가 되려면 확률변수 X의 평균은 양 끝 값의 한가운데 값 $\frac{18+24}{2} = 21$에서 가장 멀어야 한다.

즉, $P(18 \leq X \leq 24)$의 값이 최소가 되도록 하는 X의 평균은 $m=18$이므로 $Z = \frac{X-18}{4}$로 놓으면 Z는 표준정규분포 $N(0,\ 1^2)$을 따른다.

따라서 $P(18 \leq X \leq 24)$의 최솟값은

$$P(18 \leq X \leq 24) = P\left(\frac{18-18}{4} \leq Z \leq \frac{24-18}{4}\right)$$

$$= P(0 \leq Z \leq 1.5)$$

$$= 0.4332$$

|4단계| $P(18 \leq X \leq 24)$의 최댓값과 최솟값의 합 구하기

따라서 $P(18 \leq X \leq 24)$의 최댓값과 최솟값의 합은

$0.5328 + 0.4332 = 0.9660$

해설 특강

why?❶ $F(15) \ge G(21)$이므로 21이 15보다 m에 더 가까움을 알 수 있다.
따라서 가능한 확률밀도함수 $y=f(x)$의 그래프는 다음 그림과 같다.

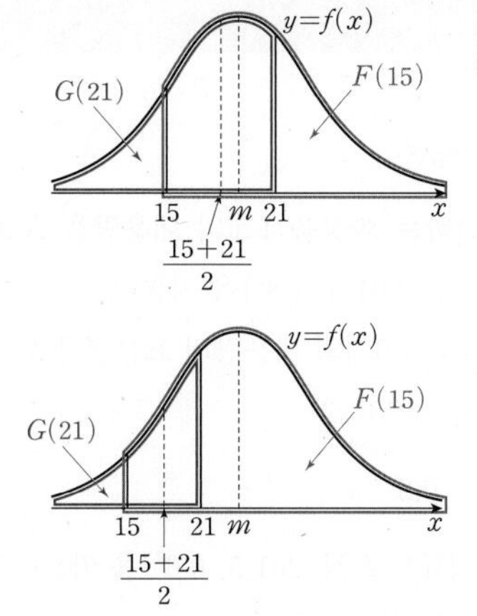

위의 그림에서 $m \ge \frac{15+21}{2}$임을 알 수 있다.

why?❷ $G(18) \ge F(22)$이므로 18이 22보다 m에 더 가까움을 알 수 있다.
따라서 가능한 확률밀도함수 $y=f(x)$의 그래프는 다음 그림과 같다.

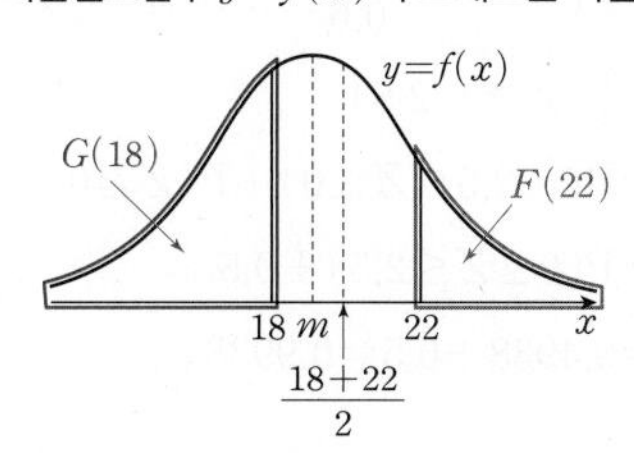

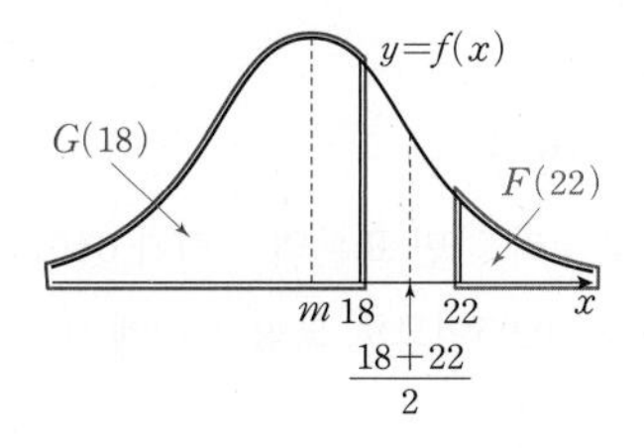

위의 그림에서 $m \le \frac{18+22}{2}$임을 알 수 있다.

6

| 정답 ②

출제영역 정규분포+이항분포

정규분포와 이항분포의 관계를 이용하여 확률을 구할 수 있는지를 묻는 문제이다.

어느 양어장에서 양식되는 광어의 무게는 평균이 2000 g, 표준편차가 100 g인 정규분포❶를 따른다고 한다. 이 양어장에서는 한 마리의 무게가 1872 g 이하인 광어는 상품으로 판매되지 않는다.❷ 이 양어장에서 양식되는 광어 중 10000마리를 임의로 선택할 때,❸ 상품으로 판매되지 않는 광어가 1030마리 이상일 확률❹을 오른쪽 표준정규분포표를 이용하여 구한 것은?

z	$\mathrm{P}(0 \le Z \le z)$
0.64	0.24
0.84	0.30
1.00	0.34
1.28	0.40

① 0.10 ✓② 0.16 ③ 0.20
④ 0.26 ⑤ 0.34

출제코드 정규분포와 이항분포 사이의 관계 이해하기

❶ 광어의 무게를 확률변수 X라 하면 X는 정규분포 $\mathrm{N}(2000,\ 100^2)$을 따른다.
❷ $\mathrm{P}(X \le 1872)$의 값을 구한다.
❸ 앞에서 주어진 조건은 '광어의 무게'이고, 여기에서 주어진 조건은 '광어의 수'이므로 확률변수가 달라야 한다. 또, 시행 횟수가 주어졌으므로 확률변수가 따르는 이항분포를 구할 수 있다.
❹ 판매되지 않는 광어의 수를 확률변수 Y라 하고 이항분포를 따르는 확률변수 Y에 대하여 $\mathrm{P}(Y \ge 1030)$의 값을 구한다.

해설 **|1단계|** **선택된 광어가 상품으로 판매되지 않을 확률 구하기**

이 양어장에서 양식되는 광어의 무게를 확률변수 X라 하자.

확률변수 X는 정규분포 $\mathrm{N}(2000,\ 100^2)$을 따르므로 $Z=\frac{X-2000}{100}$으로 놓으면 Z는 표준정규분포 $\mathrm{N}(0,\ 1^2)$을 따른다.

임의로 선택된 광어가 상품으로 판매되지 않을 확률은

$$\begin{aligned}\mathrm{P}(X \le 1872) &= \mathrm{P}\left(Z \le \frac{1872-2000}{100}\right)\\ &= \mathrm{P}(Z \le -1.28)\\ &= \mathrm{P}(Z \ge 1.28)\\ &= 0.5-\mathrm{P}(0 \le Z \le 1.28)\\ &= 0.5-0.4\\ &= 0.1\end{aligned}$$

|2단계| **10000마리 중 상품으로 판매되지 않는 광어의 수의 확률분포 구하기**

임의로 선택된 광어 10000마리 중 상품으로 판매되지 않는 광어의 수를 확률변수 Y라 하자.

확률변수 Y는 이항분포 $\mathrm{B}(10000,\ 0.1)$을 따르므로

$\mathrm{E}(Y)=10000 \times 0.1=1000$,

$\mathrm{V}(Y)=10000 \times 0.1 \times 0.9=900=30^2$

이때 10000은 충분히 큰 수이므로 확률변수 Y는 근사적으로 정규분포 $\mathrm{N}(1000,\ 30^2)$을 따른다.

|3단계| **상품으로 판매되지 않는 광어가 1030마리 이상일 확률 구하기**

따라서 $Z=\frac{Y-1000}{30}$으로 놓으면 Z는 표준정규분포 $\mathrm{N}(0,\ 1^2)$을 따르므로 구하는 확률은

$$P(Y \ge 1030) = P\left(Z \ge \frac{1030-1000}{30}\right)$$
$$= P(Z \ge 1)$$
$$= 0.5 - P(0 \le Z \le 1)$$
$$= 0.5 - 0.34$$
$$= 0.16$$

참고 이항분포와 정규분포의 관계
확률변수 X가 이항분포 $B(n, p)$를 따를 때, n이 충분히 크면 X는 근사적으로 정규분포 $N(np, npq)$를 따른다. (단, $q=1-p$)

핵심 개념 이항분포의 평균, 분산, 표준편차

확률변수 X가 이항분포 $B(n, p)$를 따를 때
(1) $E(X)=np$
(2) $V(X)=np(1-p)$
(3) $\sigma(X)=\sqrt{np(1-p)}$

THEME 09

모평균의 추정

본문 54쪽

기출예시 1 | 정답 ⑤

공장에서 생산하는 화장품 1개의 내용량을 Xg이라 하면 확률변수 X는 정규분포 $N(201.5, 1.8^2)$을 따른다.
임의추출한 화장품 9개의 내용량의 표본평균을 $\overline{X}$라 하면
$E(\overline{X})=E(X)=201.5$
$\sigma(\overline{X})=\frac{1.8}{\sqrt{9}}=0.6$
따라서 $\overline{X}$는 정규분포 $N(201.5, 0.6^2)$을 따른다.
이때 $Z=\frac{\overline{X}-201.5}{0.6}$로 놓으면 Z는 표준정규분포 $N(0, 1^2)$을 따르므로 구하는 확률은
$$P(\overline{X} \ge 200) = P\left(Z \ge \frac{200-201.5}{0.6}\right)$$
$$= P(Z \ge -2.5)$$
$$= P(-2.5 \le Z \le 0) + P(Z \ge 0)$$
$$= P(0 \le Z \le 2.5) + 0.5$$
$$= 0.4938 + 0.5 = 0.9938$$

기출예시 2 | 정답 10

표본평균의 값을 $\overline{x}$라 하면 표본의 크기가 64이고,
$P(|Z| \le 1.96)=0.95$이므로 모평균 m에 대한 신뢰도 95 %의 신뢰구간은
$$\overline{x}-1.96\times\frac{\sigma}{\sqrt{64}} \le m \le \overline{x}+1.96\times\frac{\sigma}{\sqrt{64}}$$
$\therefore \overline{x}-0.245\sigma \le m \le \overline{x}+0.245\sigma$
이때 $a \le m \le b$이고 $b-a=4.9$이므로
$b-a=2\times0.245\sigma=4.9$
따라서 $0.49\sigma=4.9$이므로
$\sigma=10$

빠른 풀이 모평균 m에 대한 신뢰도 95 %의 신뢰구간의 길이는
$$2\times1.96\times\frac{\sigma}{\sqrt{64}}=4.9$$
$\therefore \sigma=10$

1등급 완성 3단계 문제연습 본문 55~58쪽

1 25	**2** 12	**3** ②	**4** ③
5 84	**6** 256	**7** 33	**8** 25

1 2018학년도 9월 평가원 나 27 [정답률 59%] | 정답 25

출제영역 표본평균+정규분포

표본평균과 정규분포 곡선의 성질을 이용하여 표본의 크기를 구할 수 있는지를 묻는 문제이다.

대중교통을 이용하여 출근하는 어느 지역 직장인의 월 교통비는 평균이 8이고 표준편차가 1.2인 정규분포를 따른다❶고 한다. 대중교통을 이용하여 출근하는 이 지역 직장인 중 임의추출한 n명의 월 교통비의 표본평균을 $\overline{X}$❷라 할 때,

$P(7.76 \le \overline{X} \le 8.24) \ge 0.6826$❸

이 되기 위한 n의 최솟값을 오른쪽 표준정규분포표를 이용하여 구하시오. (단, 교통비의 단위는 만 원이다.) 25

z	$P(0 \le Z \le z)$
0.5	0.1915
1.0	0.3413
1.5	0.4332
2.0	0.4772

출제코드 표본평균을 표준화하고 주어진 확률을 n을 사용하여 나타내기

❶ 모집단은 정규분포 $N(8, 1.2^2)$을 따른다.

❷ 표본평균 $\overline{X}$는 정규분포 $N\left(8, \left(\frac{1.2}{\sqrt{n}}\right)^2\right)$을 따른다.

❸ 표본평균 $\overline{X}$를 표준화하여 주어진 확률을 만족시키는 n의 최솟값을 구한다.

해설 **|1단계| 표본평균 $\overline{X}$의 분포 구하기**

직장인의 월 교통비를 확률변수 X라 하면 X는 정규분포 $N(8, 1.2^2)$을 따르므로 크기가 n인 표본의 표본평균 $\overline{X}$는 정규분포

$N\left(8, \left(\frac{1.2}{\sqrt{n}}\right)^2\right)$을 따른다.

|2단계| 표본평균 $\overline{X}$를 표준화하고 주어진 확률을 이용하여 표본의 크기 n의 최솟값 구하기

이때 $Z=\dfrac{\overline{X}-8}{\frac{1.2}{\sqrt{n}}}$로 놓으면 Z는 표준정규분포 $N(0, 1^2)$을 따르므로

$P(7.76 \le \overline{X} \le 8.24) \ge 0.6826$에서

$$P\left(\frac{7.76-8}{\frac{1.2}{\sqrt{n}}} \le Z \le \frac{8.24-8}{\frac{1.2}{\sqrt{n}}}\right) \ge 0.6826$$

$$P\left(-\frac{\sqrt{n}}{5} \le Z \le \frac{\sqrt{n}}{5}\right) \ge 0.6826$$

$2P\left(0 \le Z \le \frac{\sqrt{n}}{5}\right) \ge 0.6826$ **how?❶**

$\therefore P\left(0 \le Z \le \frac{\sqrt{n}}{5}\right) \ge 0.3413$

이때 표준정규분포표에서 $P(0 \le Z \le 1)=0.3413$이므로

$\frac{\sqrt{n}}{5} \ge 1$ **why?❷**

$\sqrt{n} \ge 5$

$\therefore n \ge 25$

따라서 표본의 크기 n의 최솟값은 25이다.

해설특강

how?❶ $P\left(-\frac{\sqrt{n}}{5} \le Z \le \frac{\sqrt{n}}{5}\right)=P\left(-\frac{\sqrt{n}}{5} \le Z \le 0\right)+P\left(0 \le Z \le \frac{\sqrt{n}}{5}\right)$

$=P\left(0 \le Z \le \frac{\sqrt{n}}{5}\right)+P\left(0 \le Z \le \frac{\sqrt{n}}{5}\right)$

$=2P\left(0 \le Z \le \frac{\sqrt{n}}{5}\right)$

why?❷ $P(0 \le Z \le z)$의 값은 z의 값이 클수록 커진다.

그런데 $P\left(0 \le Z \le \frac{\sqrt{n}}{5}\right) \ge 0.3413$이고 $P(0 \le Z \le 1)=0.3413$이므로 $\frac{\sqrt{n}}{5} \ge 1$이어야 한다.

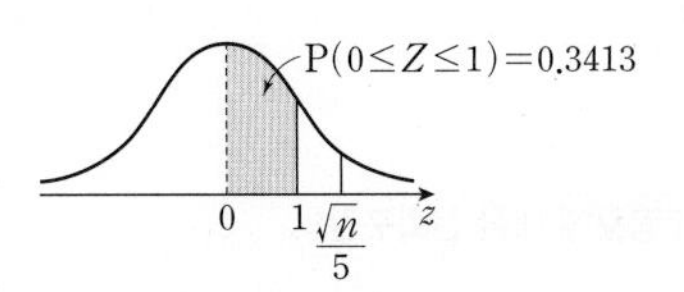

2 2019학년도 수능 가 26 [정답률 80%] | 정답 12

출제영역 모평균의 신뢰구간

모평균 m에 대한 신뢰도 95 %와 신뢰도 99 %의 신뢰구간을 이용하여 조건을 만족시키는 모표준편차를 구할 수 있는지를 묻는 문제이다.

어느 지역 주민들의 하루 여가 활동 시간은 평균이 m분, 표준편차가 σ분인 정규분포를 따른다고 한다. 이 지역 주민 중 16명을 임의추출하여 구한 하루 여가 활동 시간의 표본평균이 75분일 때, 모평균 m에 대한 신뢰도 95 %의 신뢰구간❶이 $a \le m \le b$이다. 이 지역 주민 중 16명을 다시 임의추출하여 구한 하루 여가 활동 시간의 표본평균이 77분일 때, 모평균 m에 대한 신뢰도 99 %의 신뢰구간❷이 $c \le m \le d$이다. $d-b=3.86$을 만족시키는 σ의 값을 구하시오. (단, Z가 표준정규분포를 따르는 확률변수일 때, $P(|Z| \le 1.96)=0.95$,❶ $P(|Z| \le 2.58)=0.99$❷로 계산한다.) 12

출제코드 모평균 m에 대한 신뢰도 95 %와 99 %의 신뢰구간을 비교하여 모표준편차 구하기

❶ 신뢰도 95 %에 맞는 상수의 값이 1.96임을 이용하여 a, b를 m과 σ에 대한 식으로 나타낸다.

❷ 신뢰도 99 %에 맞는 상수의 값이 2.58임을 이용하여 c, d를 m과 σ에 대한 식으로 나타낸다.

해설 **|1단계| 신뢰도 95 %의 신뢰구간 구하기**

표본의 크기가 16, 표본평균이 75이고 $P(|Z| \le 1.96)=0.95$이므로 모평균 m에 대한 신뢰도 95 %의 신뢰구간은

$$75-1.96 \times \frac{\sigma}{\sqrt{16}} \le m \le 75+1.96 \times \frac{\sigma}{\sqrt{16}}$$

$75-0.49\sigma \le m \le 75+0.49\sigma$

$\therefore a=75-0.49\sigma,\ b=75+0.49\sigma$

|2단계| 신뢰도 99 %의 신뢰구간 구하기

표본의 크기가 16, 표본평균이 77이고 $P(|Z| \le 2.58)=0.99$이므로 모평균 m에 대한 신뢰도 99 %의 신뢰구간은

$$77-2.58 \times \frac{\sigma}{\sqrt{16}} \le m \le 77+2.58 \times \frac{\sigma}{\sqrt{16}}$$

$77-0.645\sigma \le m \le 77+0.645\sigma$

$\therefore c=77-0.645\sigma,\ d=77+0.645\sigma$

|3단계| $d-b=3.86$임을 이용하여 σ의 값 구하기

이때 $d-b=3.86$이므로

$77+0.645\sigma-(75+0.49\sigma)=3.86$

$0.155\sigma=1.86$

$\therefore \sigma=12$

핵심 개념 모평균에 대한 신뢰구간

정규분포 $N(m, \sigma^2)$을 따르는 모집단에서 임의추출한 크기가 n인 표본으로부터 얻은 표본평균이 $\bar{x}$일 때, 모평균 m에 대한 신뢰구간은 다음과 같다.

(1) 신뢰도 95 %의 신뢰구간은

$$\bar{x}-1.96\times\frac{\sigma}{\sqrt{n}}\le m\le \bar{x}+1.96\times\frac{\sigma}{\sqrt{n}}$$

(2) 신뢰도 99 %의 신뢰구간은

$$\bar{x}-2.58\times\frac{\sigma}{\sqrt{n}}\le m\le \bar{x}+2.58\times\frac{\sigma}{\sqrt{n}}$$

3 2016학년도 수능 B 18 [정답률 87%] 변형 | 정답 ②

출제영역 표본평균+정규분포

표본평균의 성질을 이해하여 확률을 구할 수 있는지를 묻는 문제이다.

정규분포 $N(52, 10^2)$을 따르는 모집단에서 크기가 25인 표본을 임의추출하여 구한 표본평균을 $\overline{X}$,❶ 정규분포 $N(73, \sigma^2)$을 따르는 모집단에서 크기가 9인 표본을 임의추출하여 구한 표본평균을 $\overline{Y}$❷라 하자. $P(\overline{X}\le 54)+P(\overline{Y}\le 71)=1$❸일 때, $P(\overline{Y}\le 70)$의 값을 오른쪽 표준정규분포표를 이용하여 구한 것은?

z	$P(0\le Z\le z)$
0.5	0.1915
1.0	0.3413
1.5	0.4332
2.0	0.4772

① 0.0228 ✓② 0.0668 ③ 0.1587
④ 0.3085 ⑤ 0.3413

출제코드 두 표본평균을 각각 표준화하여 조건을 만족시키는 σ의 값 구하기

❶ 표본평균 $\overline{X}$는 정규분포 $N\left(52, \left(\frac{10}{\sqrt{25}}\right)^2\right)$을 따른다.

❷ 표본평균 $\overline{Y}$는 정규분포 $N\left(73, \left(\frac{\sigma}{\sqrt{9}}\right)^2\right)$을 따른다.

❸ 표본평균 $\overline{X}$, $\overline{Y}$를 각각 표준화하여 σ의 값을 구한다.

해설 |1단계| 표본평균 $\overline{X}$를 표준화하기

정규분포 $N(52, 10^2)$을 따르는 모집단에서 크기가 25인 표본을 임의추출하여 구한 표본평균이 $\overline{X}$이므로 표본평균 $\overline{X}$는 정규분포 $N\left(52, \left(\frac{10}{\sqrt{25}}\right)^2\right)$, 즉 $N(52, 2^2)$을 따른다.

$Z=\frac{\overline{X}-52}{2}$로 놓으면 Z는 표준정규분포 $N(0, 1^2)$을 따르므로

$$P(\overline{X}\le 54)=P\left(Z\le\frac{54-52}{2}\right)$$
$$=P(Z\le 1)$$
$$=0.5+P(0\le Z\le 1)$$

|2단계| 표본평균 $\overline{Y}$를 표준화하기

정규분포 $N(73, \sigma^2)$을 따르는 모집단에서 크기가 9인 표본을 임의추출하여 구한 표본평균이 $\overline{Y}$이므로 표본평균 $\overline{Y}$는 정규분포 $N\left(73, \left(\frac{\sigma}{\sqrt{9}}\right)^2\right)$, 즉 $N\left(73, \left(\frac{\sigma}{3}\right)^2\right)$을 따른다.

$Z=\frac{\overline{Y}-73}{\frac{\sigma}{3}}$으로 놓으면 Z는 표준정규분포 $N(0, 1^2)$을 따르므로

$$P(\overline{Y}\le 71)=P\left(Z\le\frac{71-73}{\frac{\sigma}{3}}\right)$$
$$=P\left(Z\le -\frac{6}{\sigma}\right)$$
$$=P\left(Z\ge\frac{6}{\sigma}\right)$$
$$=0.5-P\left(0\le Z\le\frac{6}{\sigma}\right)$$

|3단계| 조건을 이용하여 σ의 값 구하기

이때 $P(\overline{X}\le 54)+P(\overline{Y}\le 71)=1$이므로

$0.5+P(0\le Z\le 1)+0.5-P\left(0\le Z\le\frac{6}{\sigma}\right)=1$

$P(0\le Z\le 1)=P\left(0\le Z\le\frac{6}{\sigma}\right)$

$\frac{6}{\sigma}=1$

$\therefore \sigma=6$

|4단계| $P(\overline{Y}\le 70)$의 값 구하기

$$\therefore P(\overline{Y}\le 70)=P\left(Z\le\frac{70-73}{\frac{6}{3}}\right)$$
$$=P(Z\le -1.5)$$
$$=P(Z\ge 1.5)$$
$$=0.5-P(0\le Z\le 1.5)$$
$$=0.5-0.4332$$
$$=0.0668$$

다른 풀이 |3단계|의 $P(\overline{X}\le 54)+P(\overline{Y}\le 71)=1$에서

$P(Z\le 1)+P\left(Z\ge\frac{6}{\sigma}\right)=1$ └ 정규분포 곡선과 x축 사이의 넓이는 1이다.

이므로

$\frac{6}{\sigma}=1$

$\therefore \sigma=6$

참고 확률변수 Z가 표준정규분포 $N(0, 1^2)$을 따를 때

(1) $P(Z\le a)=P(Z\ge -a)$

(2) $P(Z\ge a)=0.5-P(0\le Z\le a)$ (단, $a>0$)

4

2019학년도 9월 평가원 가 17 [정답률 79%] 변형 | 정답 ③

출제영역 모평균의 신뢰구간

모평균 m에 대한 신뢰도 95 %의 신뢰구간을 이용하여 조건을 만족시키는 미지수의 값을 구할 수 있는지를 묻는 문제이다.

어느 농가에서 생산하는 사과의 무게는 평균이 m, 표준편차가 σ인 정규분포를 따른다고 한다. 이 농가에서 생산하는 사과 중 n_1개를 임의추출하여 사과의 무게를 조사한 표본평균이 $\overline{x_1}$일 때, 모평균 m에 대한 신뢰도 95 %의 신뢰구간이

$$344-a\le m\le 344+a$$ ❶

이었다. 또, 이 농가에서 생산하는 사과 중 n_2개를 임의추출하여 사과의 무게를 조사한 표본평균이 $\overline{x_2}$일 때, 모평균 m에 대한 신뢰도 95 %의 신뢰구간이 다음과 같다.

$$\frac{9}{8}\overline{x_1}-\frac{11}{7}a\le m\le \frac{9}{8}\overline{x_1}+\frac{11}{7}a$$ ❷

$n_1+\overline{x_1}=586$❸일 때, $n_2+\overline{x_2}$의 값은?

(단, 무게의 단위는 g이고, Z가 표준정규분포를 따르는 확률변수일 때, $\mathrm{P}(0\le Z\le 1.96)=0.475$로 계산한다.)

① 481 ② 483 ✓③ 485 ④ 487 ⑤ 489

출제코드 모평균 m에 대한 신뢰도 95 %의 신뢰구간 구하기

❶ 크기가 n_1인 표본의 표본평균이 $\overline{x_1}$임을 이용하여 모평균 m에 대한 신뢰도 95 %의 신뢰구간을 구하여 주어진 신뢰구간과 비교한다.

❷ 크기가 n_2인 표본의 표본평균이 $\overline{x_2}$임을 이용하여 모평균 m에 대한 신뢰도 95 %의 신뢰구간을 구하여 주어진 신뢰구간과 비교한다.

❸ ❶에서 얻은 관계식과 연립하여 $\overline{x_1}$, n_1의 값을 구한다. 또, 이를 이용하여 ❷에서 $\overline{x_2}$, n_2의 값을 구한다.

해설 **|1단계| 표본의 크기가 n_1, 표본평균이 $\overline{x_1}$일 때, 모평균 m에 대한 신뢰도 95 %의 신뢰구간 구하기**

정규분포 $\mathrm{N}(m, \sigma^2)$을 따르는 모집단에서 n_1개의 사과를 임의추출하여 구한 표본평균이 $\overline{x_1}$이므로 모평균 m에 대한 신뢰도 95 %의 신뢰구간은

$$\overline{x_1}-1.96\times\frac{\sigma}{\sqrt{n_1}}\le m\le \overline{x_1}+1.96\times\frac{\sigma}{\sqrt{n_1}}$$

|2단계| 주어진 신뢰구간과 비교하여 $\overline{x_1}$, n_1의 값을 구하고 a를 σ로 나타내기

이는 $344-a\le m\le 344+a$와 일치하므로

$\overline{x_1}=344$, $a=1.96\times\frac{\sigma}{\sqrt{n_1}}$

이때 $n_1+\overline{x_1}=586$에서 $n_1+344=586$

$\therefore n_1=242$

$n_1=242$를 $a=1.96\times\frac{\sigma}{\sqrt{n_1}}$에 대입하면

$a=\frac{1.96\sigma}{\sqrt{242}}=\frac{1.96\sigma}{11\sqrt{2}}$ …… ㉠

|3단계| 표본의 크기가 n_2, 표본평균이 $\overline{x_2}$일 때, 모평균 m에 대한 신뢰도 95 %의 신뢰구간 구하기

한편, 동일한 모집단에서 n_2개의 사과를 임의추출하여 구한 표본평균이 $\overline{x_2}$이므로 모평균 m에 대한 신뢰도 95 %의 신뢰구간은

$$\overline{x_2}-1.96\times\frac{\sigma}{\sqrt{n_2}}\le m\le \overline{x_2}+1.96\times\frac{\sigma}{\sqrt{n_2}}$$

|4단계| 주어진 신뢰구간과 비교하여 n_2, $\overline{x_2}$의 값 구하기

이는 $\frac{9}{8}\overline{x_1}-\frac{11}{7}a\le m\le \frac{9}{8}\overline{x_1}+\frac{11}{7}a$와 일치하므로

$\overline{x_2}=\frac{9}{8}\overline{x_1}=\frac{9}{8}\times 344=387$ ($\because \overline{x_1}=344$)

또, $\frac{11}{7}a=1.96\times\frac{\sigma}{\sqrt{n_2}}$에서

$\frac{11}{7}\times\frac{1.96\sigma}{11\sqrt{2}}=1.96\times\frac{\sigma}{\sqrt{n_2}}$ ($\because$ ㉠)

즉, $\sqrt{n_2}=7\sqrt{2}$이므로 $n_2=98$

$\therefore n_2+\overline{x_2}=98+387=485$

5

| 정답 84

출제영역 표본평균+정규분포

확률변수 X와 표본평균 $\overline{X}$의 분포를 이용하여 조건을 만족시키는 상수를 구할 수 있는지를 묻는 문제이다.

정규분포 $\mathrm{N}(40, 6^2)$을 따르는 모집단의 확률변수를 X라 하고 이 모집단에서 크기가 9인 표본을 임의추출하여 구한 표본평균을 $\overline{X}$❶라 하자.

$\mathrm{P}(22\le X\le a)=\mathrm{P}(38\le \overline{X}\le 46)$,

$\mathrm{P}(X\le a)=\mathrm{P}(\overline{X}\ge b)$❷

를 만족시키는 상수 a, b에 대하여 $a+b$의 값을 구하시오. 84

출제코드 확률변수 X와 표본평균 $\overline{X}$의 확률분포 사이의 관계를 이해하여 조건을 만족시키는 상수 구하기

❶ 표본평균 $\overline{X}$는 정규분포 $\mathrm{N}\left(40, \frac{6^2}{9}\right)$을 따른다.

❷ 확률변수 X와 표본평균 $\overline{X}$를 표준화한다.

해설 **|1단계| 확률변수 X를 표준화하기**

확률변수 X는 정규분포 $\mathrm{N}(40, 6^2)$을 따르므로 $Z=\frac{X-40}{6}$으로 놓으면 Z는 표준정규분포 $\mathrm{N}(0, 1^2)$을 따른다.

$\therefore \mathrm{P}(22\le X\le a)=\mathrm{P}\left(\frac{22-40}{6}\le Z\le\frac{a-40}{6}\right)$

$=\mathrm{P}\left(-3\le Z\le\frac{a-40}{6}\right)$ …… ㉠

|2단계| 표본평균 $\overline{X}$를 표준화하기

표본평균 $\overline{X}$는 정규분포 $\mathrm{N}\left(40, \left(\frac{6}{\sqrt{9}}\right)^2\right)$, 즉 $\mathrm{N}(40, 2^2)$을 따르므로

$Z=\frac{\overline{X}-40}{2}$으로 놓으면 Z는 표준정규분포 $\mathrm{N}(0, 1^2)$을 따른다.

$\therefore \mathrm{P}(38\le \overline{X}\le 46)=\mathrm{P}\left(\frac{38-40}{2}\le Z\le\frac{46-40}{2}\right)$

$=\mathrm{P}(-1\le Z\le 3)$

$=\mathrm{P}(-3\le Z\le 1)$ why? ❶ …… ㉡

|3단계| 조건을 만족시키는 a, b의 값을 구하고 $a+b$의 값 계산하기

㉠과 ㉡이 같아야 하므로

$\frac{a-40}{6}=1$ $\therefore a=46$

$P(X \le a) = P(\overline{X} \ge b)$에서

$P\left(Z \le \frac{46-40}{6}\right) = P\left(Z \ge \frac{b-40}{2}\right)$

$P(Z \le 1) = P\left(Z \ge \frac{b-40}{2}\right)$ ← $P(Z \le a) = P(Z \ge -a)$

따라서 $1 = -\frac{b-40}{2}$이므로

$b-40 = -2 \quad \therefore b = 38$

$\therefore a+b = 46+38 = 84$

해설 특강

why? ❶ $P(-1 \le Z \le 3) = P(-1 \le Z \le 0) + P(0 \le Z \le 3)$
$= P(0 \le Z \le 1) + P(-3 \le Z \le 0)$
$= P(-3 \le Z \le 1)$

6 | 정답 256

출제영역 표본평균＋정규분포

표본평균의 확률분포를 이해하여 조건을 만족시키는 상수를 구할 수 있는지를 묻는 문제이다.

어느 양계장에서 생산되는 계란 한 개의 무게는 평균이 62, 표준편차가 4인 정규분포❶를 따른다고 한다. 이 양계장에서 임의로 택한 계란 4개를 한 세트로 묶어 판매하려고 한다. 한 세트에 들어 있는 계란 4개의 무게의 합을 S❷라 하자. $P(244 \le S \le a) = 0.5328$❸이 되도록 하는 상수 a의 값을 오른쪽 표준정규분포표를 이용하여 구하시오. (단, 무게의 단위는 g이다.) 256

z	$P(0 \le Z \le z)$
0.5	0.1915
1.0	0.3413
1.5	0.4332
2.0	0.4772

출제코드 표본평균의 확률분포와 표본평균과 S 사이의 관계를 이해하여 주어진 확률을 만족시키는 a의 값 구하기

❶ 모집단은 정규분포 $N(62, 4^2)$을 따른다.
❷ 계란 한 세트에 들어 있는 계란 4개의 무게의 평균을 $\overline{X}$라 하면 $S=4\overline{X}$이고, $\overline{X}$는 크기가 4인 표본의 표본평균이다.
❸ 표본평균 $\overline{X}$를 표준화하여 주어진 확률을 만족시키는 a의 값을 구한다.

해설 **|1단계|** 계란 4개의 무게에 대한 표본평균 $\overline{X}$의 확률분포 구하기

정규분포 $N(62, 4^2)$을 따르는 모집단에서 임의로 4개를 택하여 구한 계란의 무게에 대한 표본평균을 $\overline{X}$라 하면 $\overline{X}$는 정규분포 $N\left(62, \left(\frac{4}{\sqrt{4}}\right)^2\right)$, 즉 $N(62, 2^2)$을 따른다. **why? ❶** ← 표본의 크기가 4이다.

따라서 $Z = \frac{\overline{X}-62}{2}$로 놓으면 Z는 표준정규분포 $N(0, 1^2)$을 따른다.

|2단계| 조건을 만족시키는 a의 값 구하기

$P(244 \le S \le a) = 0.5328$에서

$P(244 \le S \le a) = P(244 \le 4\overline{X} \le a)$ ← S는 계란 4개의 무게의 합이므로 $S=4\overline{X}$

$= P\left(61 \le \overline{X} \le \frac{a}{4}\right)$

$= P\left(\frac{61-62}{2} \le Z \le \frac{\frac{a}{4}-62}{2}\right)$

$= P\left(-0.5 \le Z \le \frac{a}{8}-31\right)$

$= P(-0.5 \le Z \le 0) + P\left(0 \le Z \le \frac{a}{8}-31\right)$

$= P(0 \le Z \le 0.5) + P\left(0 \le Z \le \frac{a}{8}-31\right)$

$= 0.1915 + P\left(0 \le Z \le \frac{a}{8}-31\right) = 0.5328$

$\therefore P\left(0 \le Z \le \frac{a}{8}-31\right) = 0.5328 - 0.1915 = 0.3413$

$P(0 \le Z \le 1) = 0.3413$이므로

$\frac{a}{8}-31 = 1, \ \frac{a}{8} = 32$

$\therefore a = 256$

해설 특강

why? ❶ 확률변수 X가 정규분포 $N(m, \sigma^2)$을 따를 때, 표본의 크기가 n인 표본평균 $\overline{X}$는 정규분포 $N\left(m, \frac{\sigma^2}{n}\right)$을 따르므로 표본평균 $\overline{X}$는 정규분포 $N\left(62, \frac{4^2}{4}\right)$, 즉 $N(62, 2^2)$을 따른다.

주의 문제에서 주어진 확률이 S에 대한 확률임에 주의해야 한다. S와 표본평균 $\overline{X}$의 관계를 파악하여 주어진 확률을 $\overline{X}$에 대한 확률로 바꾼 후 $\overline{X}$의 확률분포를 이용하여 표준화시켜야 한다.

7 | 정답 33

출제영역 모평균의 신뢰구간＋연립부등식

모평균 m에 대한 신뢰구간을 이용하여 부등식의 해를 구할 수 있는지를 묻는 문제이다.

모표준편차가 10인 정규분포를 따르는 모집단에서 크기가 49인 표본을 임의추출하여 신뢰도 95 %로 추정한 모평균 m에 대한 신뢰구간이 $a \le m \le b$❶이고, 크기가 n인 표본을 임의추출하여 신뢰도 99 %로 추정한 모평균 m에 대한 신뢰구간이 $c \le m \le d$❷이다.

$\frac{43}{14} < \frac{d-c}{b-a} < \frac{43}{7}$❸을 만족시키는 모든 자연수 n의 값의 합을 구하시오. (단, Z가 표준정규분포를 따르는 확률변수일 때, $P(0 \le Z \le 1.96) = 0.475$, $P(0 \le Z \le 2.58) = 0.495$❹로 계산한다.) 33

출제코드 모평균 m에 대한 신뢰도 95 %와 99 %의 신뢰구간 구하기

❶ 모표준편차가 10, 표본의 크기가 49일 때, 모평균 m에 대한 신뢰도 95 %의 신뢰구간을 구한다.
❷ 모표준편차가 10, 표본의 크기가 n일 때, 모평균 m에 대한 신뢰도 99 %의 신뢰구간을 구한다.
❸ ❶, ❷에서 구한 신뢰구간을 이용하여 $b-a$, $d-c$의 값을 구한다.
❹ 신뢰도 95 %에 맞는 상수의 값은 1.96이고, 신뢰도 99 %에 맞는 상수의 값은 2.58이다.

해설 **|1단계|** 모평균 m에 대한 신뢰도 95 %의 신뢰구간 구하기

표준편차가 10이고 크기가 49인 표본을 임의추출하여 얻은 표본평균의 값을 $\overline{x_1}$이라 하면 모평균 m에 대한 신뢰도 95%의 신뢰구간은

$\overline{x_1}-1.96\times\frac{10}{\sqrt{49}}\le m\le\overline{x_1}+1.96\times\frac{10}{\sqrt{49}}$

이때 모평균 m에 대한 신뢰도 95 %의 신뢰구간이 $a\le m\le b$이므로

$b-a=2\times1.96\times\frac{10}{\sqrt{49}}=5.6$

|2단계| 모평균 m에 대한 신뢰도 99 %의 신뢰구간 구하기

표준편차가 10이고 크기가 n인 표본을 임의추출하여 얻은 표본평균의 값을 $\overline{x_2}$라 하면 모평균 m에 대한 신뢰도 99 %의 신뢰구간은

$\overline{x_2}-2.58\times\frac{10}{\sqrt{n}}\le m\le\overline{x_2}+2.58\times\frac{10}{\sqrt{n}}$

이때 모평균 m에 대한 신뢰도 99 %의 신뢰구간이 $c\le m\le d$이므로

$d-c=2\times2.58\times\frac{10}{\sqrt{n}}=\frac{51.6}{\sqrt{n}}$

|3단계| 조건을 만족시키는 n의 값의 범위 구하기

$\frac{d-c}{b-a}=\frac{\frac{51.6}{\sqrt{n}}}{5.6}=\frac{129}{14\sqrt{n}}$이므로 $\frac{43}{14}<\frac{129}{14\sqrt{n}}<\frac{43}{7}$에서

$\frac{1}{2}<\frac{3}{2\sqrt{n}}<1$, $\frac{3}{2}<\sqrt{n}<3$

└ 각 변을 제곱한다.

$\therefore \frac{9}{4}<n<9$

|4단계| n의 값의 합 구하기

따라서 자연수 n의 값은 3, 4, 5, 6, 7, 8이므로 그 합은

└ 첫째항이 3, 제6항이 8, 공차가 1인 등차수열이다.

$\frac{6(3+8)}{2}=33$

└ 첫째항이 a, 제n항이 l인 등차수열의 합은 $\frac{n(a+l)}{2}$

8

| 정답 25

출제영역 모평균의 신뢰구간+표본평균의 확률분포

모평균 m에 대한 신뢰도 99 %의 신뢰구간을 이용하여 표본의 크기를 구할 수 있는지를 묻는 문제이다.

어느 공장에서 생산하는 제품 A의 무게는 모평균이 m, 모표준편차가 σ인 정규분포를 따른다고 한다. 이 공장에서 생산한 제품 A 중에서 16개를 임의추출하여 신뢰도 99 %로 추정한 모평균 m에 대한 신뢰구간이 $a\le m\le b$이다. $b-a=6.45$❶일 때, 크기가 n인 표본의 표본평균 $\overline{X}$❷에 대하여

$\mathrm{P}(|\overline{X}-m|\le2)\ge0.95$❸

가 성립하도록 하는 자연수 n의 최솟값을 구하시오.

(단, Z가 표준정규분포를 따르는 확률변수일 때, $\mathrm{P}(|Z|\le1.96)=0.95$, $\mathrm{P}(|Z|\le2.58)=0.99$로 계산한다.) 25

출제코드 신뢰도 99 %로 추정한 모평균 m에 대한 신뢰구간 구하기

❶ 정규분포 $\mathrm{N}(m, \sigma^2)$을 따르는 모집단에서 임의추출한 크기가 16인 표본으로 추정한 신뢰도 99 %의 신뢰구간의 양 끝 값의 차를 이용하면 모표준편차의 값을 구할 수 있다.

❷ 정규분포 $\mathrm{N}(m, \sigma^2)$을 따르는 모집단에서 임의추출한 크기가 n인 표본의 표본평균 $\overline{X}$는 정규분포 $\mathrm{N}\left(m, \frac{\sigma^2}{n}\right)$을 따른다.

❸ $\overline{X}$를 표준화한 후 정규분포 곡선의 성질을 이용하여 n의 값의 범위를 구한다.

해설 **|1단계| 신뢰도 99 %로 추정한 모평균 m에 대한 신뢰구간으로부터 σ의 값 구하기**

평균이 m, 표준편차가 σ인 정규분포를 따르는 모집단에서 크기가 16인 표본을 임의추출하여 구한 표본평균의 값을 $\overline{x}$라 하면 모평균 m에 대한 신뢰도 99 %의 신뢰구간은

$\overline{x}-2.58\times\frac{\sigma}{\sqrt{16}}\le m\le\overline{x}+2.58\times\frac{\sigma}{\sqrt{16}}$

$\therefore \overline{x}-0.645\sigma\le m\le\overline{x}+0.645\sigma$

이는 $a\le m\le b$와 일치하므로

$a=\overline{x}-0.645\sigma$, $b=\overline{x}+0.645\sigma$

이때 $b-a=6.45$이므로

$2\times0.645\sigma=6.45$ $\quad\therefore \sigma=5$

|2단계| 표본평균 $\overline{X}$를 표준화하여 주어진 확률 변형하기

즉, 정규분포 $\mathrm{N}(m, 5^2)$을 따르는 모집단에서 임의추출한 크기가 n인 표본의 표본평균 $\overline{X}$는 정규분포 $\mathrm{N}\left(m, \frac{5^2}{n}\right)$을 따르므로 $Z=\frac{\overline{X}-m}{\frac{5}{\sqrt{n}}}$

이라 하면 확률변수 Z는 표준정규분포 $\mathrm{N}(0, 1^2)$을 따른다.

$\therefore \mathrm{P}(|\overline{X}-m|\le2)=\mathrm{P}\left(\left|\frac{\overline{X}-m}{\frac{5}{\sqrt{n}}}\right|\le\frac{2}{\frac{5}{\sqrt{n}}}\right)$

$=\mathrm{P}\left(|Z|\le\frac{2}{5}\sqrt{n}\right)$

|3단계| 조건을 만족시키는 자연수 n의 최솟값 구하기

이때 $\mathrm{P}(|Z|\le1.96)=0.95$이므로 $\mathrm{P}(|\overline{X}-m|\le2)\ge0.95$에서

$\mathrm{P}\left(|Z|\le\frac{2}{5}\sqrt{n}\right)\ge\mathrm{P}(|Z|\le1.96)$

즉, $\frac{2}{5}\sqrt{n}\ge1.96$이어야 하므로 why? ❶

$\sqrt{n}\ge1.96\times\frac{5}{2}=4.9$

$\therefore n\ge4.9^2=24.01$

따라서 자연수 n의 최솟값은 25이다.

해설 특강

why? ❶ $\mathrm{P}\left(|Z|\le\frac{2}{5}\sqrt{n}\right)\ge\mathrm{P}(|Z|\le1.96)$이 성립하려면 다음 그림과 같이 빗금 친 부분이 색칠한 부분에 포함되어야 하므로 $\frac{2}{5}\sqrt{n}\ge1.96$이어야 한다.

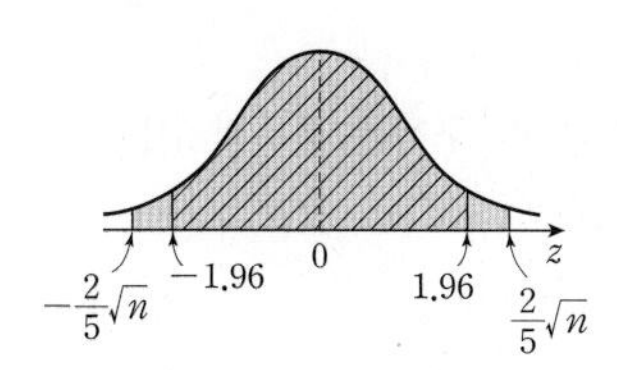

수능 일등급 완성

고난도 미니 모의고사

1회 • 고난도 미니 모의고사

본문 60~62쪽

1 19	2 ①	3 89	4 ④	5 ③	6 ③

1 정답 19

점 A에서 점 B까지 4번만 점프하여 이동하려면 →, ↗, ↘의 세 가지 방향으로 이동해야 한다.

이때 4번만 점프하여 이동하기 위해서는

(→, →, →, →), (→, →, ↗, ↘), (↗, ↗, ↘, ↘)

와 같이 이동해야 한다.

이동 방향에 따라 이동하는 경우의 수는 다음과 같다.

(i) →, →, →, →로 이동하는 경우

→, →, →, →를 일렬로 나열하는 경우의 수와 같으므로 1

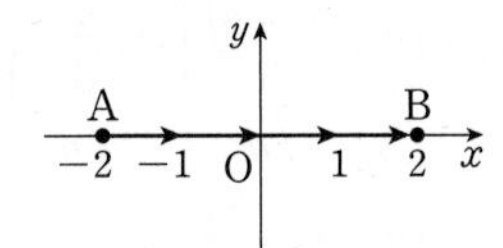

(ii) →, →, ↗, ↘로 이동하는 경우

→, →, ↗, ↘를 일렬로 나열하는 경우의 수와 같으므로

$\dfrac{4!}{2!}=12$

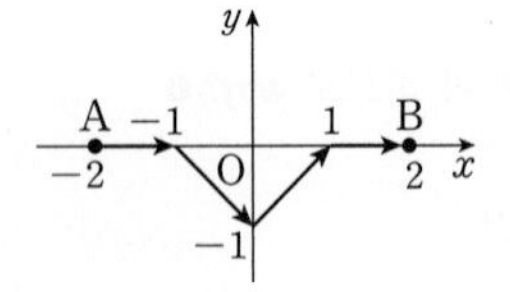

(iii) ↗, ↗, ↘, ↘로 이동하는 경우

↗, ↗, ↘, ↘를 일렬로 나열하는 경우의 수와 같으므로

$\dfrac{4!}{2!2!}=6$

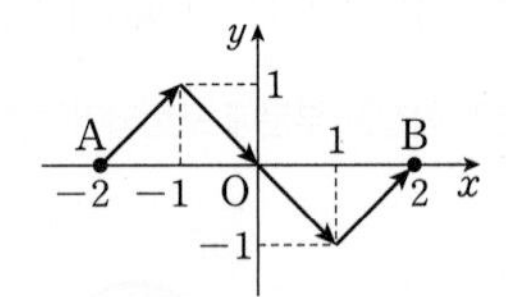

(i), (ii), (iii)에 의하여 구하는 경우의 수는

$1+12+6=19$

2 정답 ①

(i)의 경우: n명의 사람이 각자 세 상자 중 공을 넣을 두 상자를 선택하는 경우의 수는 n명의 사람이 각자 공을 넣지 않을 한 상자를 선택하는 경우의 수와 같다. 따라서 세 상자에서 중복을 허락하여 n개의 상자를 선택하는 경우의 수인 $\boxed{{}_3\mathrm{H}_n}$이다.

(iii)의 경우: 두 상자 A, B에 같은 개수의 공이 들어가면 상자 C에는 최대 n개의 공을 넣을 수 있으므로 두 상자 A, B에 각각 $\dfrac{n}{2}$개보다 적은 개수의 공이 들어갈 수 없다. ← n명이 모두 상자 C를 선택할 때, 상자 C에 들어갈 수 있는 공의 개수는 최대가 된다.

두 상자 A, B에 각각 $\dfrac{n}{2}$개의 공이 들어가면 상자 C에는 n개의 공이 들어간다. 또한, 두 상자 A, B에 각각 $\left(\dfrac{n}{2}+1\right)$개의 공이 들어가면 상자 C에는 $(n-2)$개의 공이 들어간다.

이와 같이 생각하면 두 상자 A, B에 같은 개수의 공이 들어갈 때, 두 상자에 들어가는 공의 개수는 각각

$\dfrac{n}{2}, \dfrac{n}{2}+1, \dfrac{n}{2}+2, \cdots, \dfrac{n}{2}+\dfrac{n}{2}$ ← $\dfrac{n}{2}$개 이상, n개 이하

이므로 경우의 수는 $\left(\dfrac{n}{2}+\dfrac{n}{2}\right)-\dfrac{n}{2}+1=\boxed{\dfrac{n}{2}+1}$이다.

이때 세 상자에 같은 개수의 공이 들어가는 경우를 제외해야 하므로 세 상자 중 두 상자에만 같은 개수의 공이 들어가는 경우의 수는

${}_3\mathrm{C}_2\times\left(\boxed{\dfrac{n}{2}+1}-1\right)=\dfrac{3}{2}n$이다. ← ${}_3\mathrm{C}_2$: 세 상자 중 같은 개수의 공이 들어가는 두 상자를 고르는 경우의 수

따라서 세 상자에 서로 다른 개수의 공이 들어가는 경우의 수는

$\boxed{{}_3\mathrm{H}_n-1-\dfrac{3}{2}n}$이다.

$f(n)={}_3\mathrm{H}_n={}_{3+n-1}\mathrm{C}_n={}_{n+2}\mathrm{C}_n={}_{n+2}\mathrm{C}_2=\dfrac{(n+2)(n+1)}{2}$,

$g(n)=\dfrac{n}{2}+1$,

$h(n)={}_3\mathrm{H}_n-1-\dfrac{3}{2}n=\dfrac{(n+2)(n+1)}{2}-1-\dfrac{3}{2}n=\dfrac{n^2}{2}$

이므로

$f(30)=\dfrac{32\times31}{2}=496$, $g(30)=\dfrac{30}{2}+1=16$,

$h(30)=\dfrac{30^2}{2}=450$

$\therefore \dfrac{f(30)}{g(30)}+h(30)=\dfrac{496}{16}+450=481$

3 정답 89

방정식 $a+b+c=9$를 만족시키는 음이 아닌 정수 a, b, c의 모든 순서쌍 (a, b, c)의 개수는 서로 다른 3개에서 9개를 택하는 중복조합의 수와 같으므로

${}_3\mathrm{H}_9={}_{3+9-1}\mathrm{C}_9={}_{11}\mathrm{C}_9={}_{11}\mathrm{C}_2=55$

순서쌍 (a, b, c)에서 $a<2$ 또는 $b<2$인 사건을 A라 하면 A^C은 $a\ge2$이고 $b\ge2$인 사건이다.

이때 $a=a'+2$, $b=b'+2$ (a', b'은 음이 아닌 정수)로 놓으면 주어진 방정식은

$(a'+2)+(b'+2)+c=9$

$\therefore a'+b'+c=5$

이 방정식을 만족시키는 음이 아닌 정수 a', b', c의 모든 순서쌍 (a', b', c)의 개수는 서로 다른 3개에서 5개를 택하는 중복조합의 수와 같으므로

${}_3H_5={}_{3+5-1}C_5={}_7C_5={}_7C_2=21$

따라서 방정식 $a+b+c=9$를 만족시키는 음이 아닌 정수 a, b, c의 순서쌍 (a, b, c) 중에서 임의로 한 개를 선택할 때, $a\geq2$이고 $b\geq2$일 확률은

$P(A^C)=\frac{21}{55}$

이므로

$P(A)=1-P(A^C)$

$=1-\frac{21}{55}=\frac{34}{55}$

즉, $p=55$, $q=34$이므로

$p+q=55+34=89$

핵심 개념 방정식의 음이 아닌 정수해와 자연수해의 개수

방정식 $x_1+x_2+x_3+\cdots+x_m=n$ (m, n은 자연수)을 만족시키는
(1) 음이 아닌 정수해의 개수
➡ 서로 다른 m개에서 n개를 택하는 중복조합의 수
➡ ${}_mH_n={}_{m+n-1}C_n$
(2) 자연수해의 개수
➡ 서로 다른 m개에서 $(n-m)$개를 택하는 중복조합의 수
➡ ${}_mH_{n-m}={}_{m+(n-m)-1}C_{n-m}={}_{n-1}C_{n-m}$ (단, $n\geq m$)
└ x_1, x_2, x_3, $\cdots$, x_m을 먼저 1개씩 택한 후 나머지 $(n-m)$개를 택하는 경우의 수와 같다.

4 정답 ④

남학생의 수를 x로 놓으면 전체 학생의 수가 320이므로 여학생의 수는 $320-x$이다.

따라서 주어진 상황을 표로 나타내면 다음과 같다.

(단위: 명)

	수학동아리 가입	수학동아리 미가입	합계
남학생	$0.6x$	$0.4x$	x
여학생	$0.5(320-x)$	$0.5(320-x)$	$320-x$
합계	$160+0.1x$	$160-0.1x$	320

전체 학생 320명 중에서 임의로 선택한 1명이 수학동아리에 가입한 학생인 사건을 A, 남학생인 사건을 B라 하면

$p_1=P(B|A)$, $p_2=P(B^C|A)$

위의 표에서 수학동아리에 가입한 학생의 수는 $160+0.1x$, 수학동아리에 가입한 남학생의 수는 $0.6x$이므로

$P(A)=\frac{160+0.1x}{320}$, $P(A\cap B)=\frac{0.6x}{320}$

$\therefore p_1=P(B|A)=\frac{P(A\cap B)}{P(A)}=\frac{\frac{0.6x}{320}}{\frac{160+0.1x}{320}}=\frac{0.6x}{160+0.1x}$

또, 위의 표에서 수학동아리에 가입한 여학생의 수는 $0.5(320-x)$이므로

$P(A\cap B^C)=\frac{0.5(320-x)}{320}$

$\therefore p_2=P(B^C|A)=\frac{P(A\cap B^C)}{P(A)}=\frac{\frac{0.5(320-x)}{320}}{\frac{160+0.1x}{320}}=\frac{0.5(320-x)}{160+0.1x}$

이때 $p_1=2p_2$이므로

$\frac{0.6x}{160+0.1x}=2\times\frac{0.5(320-x)}{160+0.1x}$

$0.6x=320-x$

$1.6x=320$

$\therefore x=200$

따라서 이 학교의 남학생의 수는 200이다.

빠른 풀이 수학동아리에 가입한 남학생의 수를 a, 여학생의 수를 b라 하면 수학동아리에 가입한 학생의 수는 $a+b$이므로

$p_1=\frac{a}{a+b}$, $p_2=\frac{b}{a+b}$

$p_1=2p_2$에서 $a=2b$ $\cdots\cdots$ ㉠

이 학교의 전체 남학생의 수는

$\frac{5}{3}a=\frac{10}{3}b$ ($\because$ ㉠)

이 학교의 전체 여학생의 수는 $2b$

이 학교의 전체 학생 수는 320이므로

$\frac{10}{3}b+2b=320$

$\therefore b=60$

따라서 이 학교의 남학생의 수는

$\frac{10}{3}b=\frac{10}{3}\times60=200$

5 정답 ③

6번째 시행 후 상자 B에 8개의 공이 들어 있으려면 동전의 앞면이 뒷면보다 2번 더 많이 나와야 하므로 앞면이 4번, 뒷면이 2번 나와야 한다.

이때 상자 B에 들어 있는 공의 개수가 6번째 시행에서 처음으로 8이 되어야 하므로 5번째 시행 후에는 7이어야 하고 4번째 시행 후에는 6이어야 한다.

따라서 4번째 시행까지 동전의 앞면이 2번, 뒷면이 2번 나와야 하고, 이 중 첫 번째와 두 번째 시행에서 모두 동전의 앞면이 나오는 경우를 제외하면 된다.

동전을 4번 던져 앞면이 2번, 뒷면이 2번 나올 확률은

${}_4C_2\left(\frac{1}{2}\right)^2\left(\frac{1}{2}\right)^2=\frac{3}{8}$

이때 1번째, 2번째 시행에서 모두 동전의 앞면이 나오는 경우의 확률은

$\frac{1}{2}\times\frac{1}{2}\times\frac{1}{2}\times\frac{1}{2}=\frac{1}{16}$

따라서 4번째 시행까지 조건을 만족시키는 경우의 확률은

$\frac{3}{8}-\frac{1}{16}=\frac{5}{16}$

5번째, 6번째 시행에서 모두 동전의 앞면이 나와야 하므로 구하는 확률은

$\frac{5}{16}\times\frac{1}{2}\times\frac{1}{2}=\frac{5}{64}$

다른 풀이 앞면을 ○, 뒷면을 ×로 나타내면 문제의 조건을 만족시키는 경우는 다음과 같다.

1	2	3	4	5	6
○	×	○	×	○	○
○	×	×	○	○	○
×	○	○	×	○	○
×	○	×	○	○	○
×	×	○	○	○	○

5가지 경우 모두 앞면이 4번, 뒷면이 2번 나오므로 각각의 확률은

$\left(\frac{1}{2}\right)^4\left(\frac{1}{2}\right)^2=\left(\frac{1}{2}\right)^6$

따라서 구하는 확률은

$5\times\left(\frac{1}{2}\right)^6=\frac{5}{64}$

주의 6번째 시행 후 상자 B에 들어 있는 공의 개수가 처음으로 8이 되어야 하므로 그 이전의 시행에서 상자 B에 들어 있는 공의 개수가 8이 되는 경우가 생기지 않는지 확인해야 한다. 이 문제의 경우 첫 번째와 두 번째 시행에서 모두 동전의 앞면이 나오면 두 번째 시행 후 이미 상자 B에 들어 있는 공의 개수가 8이 되므로 단순하게 6번째 시행까지 앞면이 4번, 뒷면이 2번 나올 확률을 구하면 된다고 생각하면 안 된다. 이와 같이 '~번째 시행에서 처음으로 ~인' 사건이 일어날 확률을 구할 때는 그 이전의 시행에서 사건이 일어나는 경우가 없는지 꼼꼼히 따져 보아야 한다.

6 정답 ③

위의 시행을 5회 이하로 하게 되는 경우는 6의 약수인 눈이 처음부터 연속으로 5회 나오거나 6의 약수가 아닌 눈이 처음부터 연속으로 4회 나오는 경우뿐이다.

즉, 확률변수 X가 가질 수 있는 값의 최솟값은 -4이고 최댓값은 $\boxed{10}$이다.

확률변수 X는 점 P의 최종 위치의 좌표이고 총 시행 횟수가 6회인 각 시행은 독립시행이므로 6의 약수인 눈이 나오는 경우를 ○, 6의 약수가 아닌 눈이 나오는 경우를 ×라 하자.

$X=-3$인 경우는 6의 약수인 눈이 1회, 6의 약수가 아닌 눈이 5회 나와야 하므로 ${}_6C_1$가지이고, 이 중 ××××○×, ×××××○인 경우를 제외해야 하므로 이때의 경우의 수는

(점 P의 좌표가 -3이 되기 전 -4 이하가 될 수 있다.)

${}_6C_1-2=6-2=4$

$\therefore P(X=-3)=\boxed{4}\times\left(\frac{2}{3}\right)^1\left(\frac{1}{3}\right)^5$

$X=9$인 경우는 6의 약수인 눈이 5회, 6의 약수가 아닌 눈이 1회 나와야 하므로 ${}_6C_5$가지이고, 이 중 ○○○○○×인 경우를 제외해야 하므로 이때의 경우의 수는

(점 P의 좌표가 9 이상이 될 수 있다.)

${}_6C_5-1=6-1=5$

$\therefore P(X=9)=\boxed{5}\times\left(\frac{2}{3}\right)^5\left(\frac{1}{3}\right)^1$

따라서 $a=10$, $b=4$, $c=5$이므로

$a+b+c=10+4+5=19$

2회 • 고난도 미니 모의고사

본문 63~65쪽

1 450	**2** 220	**3** 760	**4** 30	**5** ②	**6** ①

1 정답 450

짝수는 1개를 선택하면 2번 사용해야 하므로 짝수를 1개, 2개 선택하는 경우로 나누어 경우의 수를 구하면 다음과 같다.

(i) 짝수를 1개 선택하는 경우

짝수를 1개 선택하면 2번 사용해야 하므로 홀수는 3개 선택해야 한다.

짝수를 1개 선택하는 경우의 수는

${}_3C_1=3$ (짝수 2, 4, 6 세 수 중 1개를 선택한다.)

이 각각에 대하여 홀수 3개를 선택하는 경우의 수는

${}_3C_3=1$ (홀수 1, 3, 5 세 수 중 3개를 선택한다.)

선택한 수 5개를 일렬로 나열하는 경우의 수는

$\frac{5!}{2!}=60$ (짝수 1개가 2번 사용된다.)

따라서 짝수를 1개 선택했을 때, 만들 수 있는 다섯 자리의 자연수의 개수는

$3\times1\times60=180$

(ii) 짝수를 2개 선택하는 경우

짝수를 2개 선택하면 선택한 수를 2번씩 사용해야 하므로 홀수는 1개 선택해야 한다.

짝수를 2개 선택하는 경우의 수는

${}_3C_2={}_3C_1=3$ (짝수 2, 4, 6 세 수 중 2개를 선택한다.)

이 각각에 대하여 홀수 1개를 선택하는 경우의 수는

${}_3C_1=3$ (홀수 1, 3, 5 세 수 중 1개를 선택한다.)

선택한 수 5개를 일렬로 나열하는 경우의 수는

$\frac{5!}{2!2!}=30$ (짝수 2개가 2번씩 사용된다.)

따라서 짝수를 2개 선택했을 때, 만들 수 있는 다섯 자리의 자연수의 개수는

$3\times3\times30=270$

(i), (ii)에 의하여 구하는 다섯 자리의 자연수의 개수는

$180+270=450$

참고 짝수를 1개 선택하면 선택한 수를 2번 사용해야 하므로 5개 중 남은 3개는 홀수를 선택해야 한다. 또, 짝수를 2개 선택하면 선택한 수를 2번씩 사용하므로 5개 중 남은 1개만 홀수를 선택하면 된다. 그런데 짝수를 3개 선택하면 선택한 수를 2번씩 사용하므로 여섯 자리의 자연수가 된다. 따라서 짝수는 1개 또는 2개만 선택할 수 있다.

2 정답 220

조건 (가)에서 $a\times b\times c$가 홀수이므로 세 수 a, b, c는 모두 홀수이어야 한다.

조건 (나)에서 세 수 a, b, c는 모두 20 이하의 홀수이고, $a\le b\le c$이므로 20 이하의 홀수 중에서 중복을 허락하여 3개를 택하여 크기순으로 a, b, c에 대응시키면 된다.

구하는 경우의 수는 20 이하의 홀수, 즉 1, 3, 5, …, 19의 10개 중에서 3개를 택하는 중복조합의 수와 같다.

따라서 구하는 순서쌍 (a, b, c)의 개수는

${}_{10}\mathrm{H}_3={}_{10+3-1}\mathrm{C}_3={}_{12}\mathrm{C}_3=220$

다른 풀이 조건 (가)에서 $a\times b\times c$가 홀수이므로 a, b, c는 모두 홀수인 자연수이다.

즉, $a=2x_1-1$, $b=2x_2-1$, $c=2x_3-1$ (x_1, x_2, x_3은 자연수)로 놓고 조건 (나)의 부등식 $a\le b\le c\le20$에 대입하면

$2x_1-1\le2x_2-1\le2x_3-1\le20$

$x_1\le x_2\le x_3\le\frac{21}{2}$

$\therefore x_1\le x_2\le x_3\le10$ ($\because$ x_1, x_2, x_3은 자연수)

이 부등식을 만족시키는 자연수 x_1, x_2, x_3의 순서쌍 (x_1, x_2, x_3)의 개수는 1부터 10까지 10개의 자연수 중에서 중복을 허락하여 3개를 택한 후 크기순으로 x_1, x_2, x_3에 각각 대응시키는 방법의 수와 같다.

따라서 구하는 순서쌍의 개수는

${}_{10}\mathrm{H}_3={}_{10+3-1}\mathrm{C}_3={}_{12}\mathrm{C}_3=220$

3 정답 760

자연수 n에 대하여 0부터 n까지 정수가 하나씩 적힌 $(n+1)$개의 공이 들어 있는 상자에서 한 개의 공을 꺼내어 공에 적힌 수를 확인하고 다시 넣는 5번의 과정 중 m번째 꺼낸 공에 적힌 수를 $f(m)$이라 할 때, 조건 (가)에 의하여

$f(1)\le f(2)\le f(3)\le f(4)\le f(5)$

조건 (나)에 의하여 $f(3)=f(1)+1$이므로

$f(1)=a$ ($a=0, 1, 2, \cdots, n-1$)라 하면

$f(3)=a+1$

$\therefore a\le f(2)\le a+1\le f(4)\le f(5)$

즉, $f(1)$ 또는 $f(3)$의 값이 결정되면 $f(2)=a$ 또는 $f(2)=a+1$이므로 $f(2)$의 값을 정하는 경우의 수는 2이다.

그런데 $f(3)$의 값이 결정되면 $f(1)$의 값도 유일하게 결정되므로 $f(3)$, $f(4)$, $f(5)$의 값을 정하는 경우만 생각하면 된다.

이때 $f(1)=a\ge0$에서 $f(3)=a+1\ge1$이므로 $f(3)\le f(4)\le f(5)$를 만족시키도록 $f(3)$, $f(4)$, $f(5)$를 선택하는 경우의 수는 1부터 n까지 n개의 정수 중에서 3개를 택하는 중복조합의 수 ${}_n\mathrm{H}_3$과 같다.

따라서 $f(1)$, $f(2)$, $f(3)$, $f(4)$, $f(5)$의 값을 정하는 경우의 수 a_n은

$$a_n=2\times{}_n\mathrm{H}_3=2\times{}_{n+3-1}\mathrm{C}_3=2\times{}_{n+2}\mathrm{C}_3=2\times\frac{(n+2)(n+1)n}{3\times2\times1}=\frac{n(n+1)(n+2)}{3}$$

이므로

$$\sum_{n=1}^{18}\frac{a_n}{n+2}=\sum_{n=1}^{18}\frac{n(n+1)}{3}=\frac{1}{3}\sum_{n=1}^{18}(n^2+n)=\frac{1}{3}\left(\frac{18\times19\times37}{6}+\frac{18\times19}{2}\right)=760$$

4 정답 30

회사 직원 60명 중 A 부서에 20명, B 부서에 40명이 있고 A 부서 직원의 50 %가 여성이므로 A 부서의 여성 직원의 수는 $20\times\frac{50}{100}=10$, 남성 직원의 수는 $20-10=10$이다.

또, 여성 직원의 60 %가 B 부서에 속해 있으므로 여성 직원의 40 %는 A 부서에 속해 있다.

이 회사 여성 직원이 총 n명이라 하면 A 부서의 여성 직원의 수는

$0.4n=10$ $\quad\therefore n=25$

이 회사 여성 직원이 총 25명이므로 B 부서의 여성 직원의 수는 $25-10=15$, 남성 직원의 수는 $40-15=25$이다.

이것을 표로 정리하면 다음과 같다.

(단위: 명)

	남성	여성	합계
A 부서	10	10	20
B 부서	25	15	40
합계	35	25	60

임의로 선택한 한 명의 직원이 B 부서인 사건을 E, 여성인 사건을 F라 하면 구하는 확률은

$$p=\mathrm{P}(F|E)=\frac{\mathrm{P}(E\cap F)}{\mathrm{P}(E)}=\frac{\frac{15}{60}}{\frac{40}{60}}=\frac{3}{8}$$

$\therefore 80p=80\times\frac{3}{8}=30$

핵심 개념 $\mathrm{P}(A\cap B)$와 $\mathrm{P}(B|A)$의 차이

$\mathrm{P}(A\cap B)$는 전체 S를 표본공간으로 생각할 때 사건 $A\cap B$가 일어날 확률이고, $\mathrm{P}(B|A)$는 사건 A를 표본공간으로 생각할 때 사건 $A\cap B$가 일어날 확률이다.

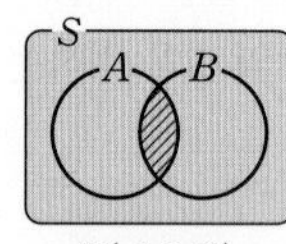

$\mathrm{P}(A\cap B)$

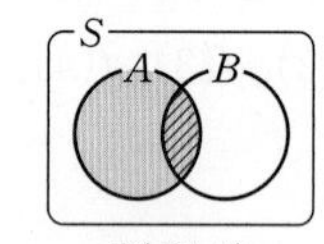

$\mathrm{P}(B|A)$

5 정답 ②

각 면에 1, 2, 3, 4의 숫자가 하나씩 적혀 있는 정사면체 모양의 상자를 던질 때, 2가 나올 확률은 $\frac{1}{4}$이고, 2가 아닌 숫자가 나올 확률은

$1-\frac{1}{4}=\frac{3}{4}$이다.

정사면체 모양의 상자를 3번 던지므로

$0\le m\le 3$, $0\le n\le 3$이고, $m+n=3$

이때 $-3\le m-n\le 3$이므로 $i^{|m-n|}=-i$에서

$|m-n|=3$

즉, $m-n=3$ 또는 $m-n=-3$이므로

$m=3$, $n=0$ 또는 $m=0$, $n=3$

(i) $m=3$, $n=0$일 때

상자를 3번 던져 2가 3번 나와야 하므로 이 경우의 확률은

$${}_3\mathrm{C}_3\left(\frac{1}{4}\right)^3\left(\frac{3}{4}\right)^0=\frac{1}{64}$$

(ii) $m=0$, $n=3$일 때

상자를 3번 던져 2가 아닌 숫자가 3번 나와야 하므로 이 경우의 확률은

$${}_3\mathrm{C}_0\left(\frac{1}{4}\right)^0\left(\frac{3}{4}\right)^3=\frac{27}{64}$$

(i), (ii)에 의하여 구하는 확률은

$$\frac{1}{64}+\frac{27}{64}=\frac{7}{16}$$

핵심 개념 복소수 i의 거듭제곱 (고등 수학)

$i^{4k+1}=i$, $i^{4k+2}=i^2=-1$, $i^{4k+3}=i^3=-i$, $i^{4k+4}=i^4=1$

(단, k는 음이 아닌 정수)

6 정답 ①

함수 $f(t)$는 $t=4$에서 최댓값을 가지므로 $f(t)$의 최댓값은

$f(4)=\mathrm{P}(4\le X\le 6)$

정규분포 곡선은 직선 $x=m$에 대하여 대칭이므로

$m=\frac{4+6}{2}=5$

이때 $f(m)=0.3413$이므로

$f(5)=\mathrm{P}(5\le X\le 7)=0.3413$

확률변수 X가 정규분포 $\mathrm{N}(5, \sigma^2)$을 따르므로 $Z=\frac{X-5}{\sigma}$로 놓으면

Z는 표준정규분포 $\mathrm{N}(0, 1^2)$을 따른다.

$\therefore f(5)=\mathrm{P}(5\le X\le 7)=\mathrm{P}\left(0\le Z\le\frac{7-5}{\sigma}\right)=0.3413$

주어진 표에서 $\mathrm{P}(0\le Z\le 1)=0.3413$이므로

$\frac{7-5}{\sigma}=1$에서 $\sigma=2$

$$\begin{aligned}\therefore f(7)&=\mathrm{P}(7\le X\le 9)\\&=\mathrm{P}\left(\frac{7-5}{2}\le Z\le\frac{9-5}{2}\right)\\&=\mathrm{P}(1\le Z\le 2)\\&=\mathrm{P}(0\le Z\le 2)-\mathrm{P}(0\le Z\le 1)\\&=0.4772-0.3413=0.1359\end{aligned}$$

3회 • 고난도 미니 모의고사

본문 66~68쪽

1 546	2 131	3 43	4 ④	5 ④	6 ②

1 정답 546

선택한 7개의 문자 중 A, B, C의 개수를 차례로 a, b, c라 하면 세 수 a, b, c는 모두 홀수이고 그 합은 7이어야 하므로 a, b, c의 값으로 가능한 경우는 1, 1, 5 또는 1, 3, 3이다.

(i) a, b, c의 값이 1, 1, 5인 경우

㉠ (a, b, c)가 $(1, 1, 5)$인 경우

7개의 문자 A, B, C, C, C, C, C를 일렬로 나열하는 경우의 수는

$\frac{7!}{5!}=42$

㉡ (a, b, c)가 $(1, 5, 1)$ 또는 $(5, 1, 1)$인 경우

선택한 문자를 일렬로 나열하는 경우의 수는 ㉠과 마찬가지로 각각 42이다.

(ii) a, b, c의 값이 1, 3, 3인 경우

㉠ (a, b, c)가 $(1, 3, 3)$인 경우

7개의 문자 A, B, B, B, C, C, C를 일렬로 나열하는 경우의 수는

$\frac{7!}{3!3!}=140$

㉡ (a, b, c)가 $(3, 1, 3)$ 또는 $(3, 3, 1)$인 경우

선택한 문자를 일렬로 나열하는 경우의 수는 ㉠과 마찬가지로 각각 140이다.

(i), (ii)에 의하여 구하는 경우의 수는

$42\times3+140\times3=546$

참고 (i)의 ㉡에서 (a, b, c)가 $(1, 5, 1)$인 경우는 7개의 문자 A, B, B, B, B, B, C를 일렬로 나열하는 경우이고, (a, b, c)가 $(5, 1, 1)$인 경우는 7개의 문자 A, A, A, A, A, B, C를 일렬로 나열하는 경우이다. 두 경우 모두 7개 중 같은 것이 5개 있으므로 각 경우의 수는

$\frac{7!}{5!}=42$

(ii)의 ㉡에서 (a, b, c)가 $(3, 1, 3)$인 경우는 7개의 문자 A, A, A, B, C, C, C를 일렬로 나열하는 경우이고, (a, b, c)가 $(3, 3, 1)$인 경우는 7개의 문자 A, A, A, B, B, B, C를 일렬로 나열하는 경우이다. 두 경우 모두 7개 중 같은 것이 3개, 3개 있으므로 각 경우의 수는

$\frac{7!}{3!3!}=140$

2 정답 131

★ 모양의 스티커가 붙어 있는 카드를 A, B, 스티커가 붙어 있지 않은 카드를 C, D, E라 하자.

2번의 시행 후 주머니 속에 ★ 모양의 스티커가 3개 붙어 있는 카드가 2장 들어 있으려면 첫 번째와 두 번째 시행에서 모두 A, B를 꺼내야 하므로 그 확률은

$$\frac{{}_2C_2}{{}_5C_2}\times\frac{{}_2C_2}{{}_5C_2}=\frac{1}{10}\times\frac{1}{10}=\frac{1}{100}$$

2번의 시행 후 주머니 속에 ★ 모양의 스티커가 3개 붙어 있는 카드가 1장 들어 있는 경우는 다음과 같다.

(i) 첫 번째 시행에서 A, B를 모두 꺼내는 경우

두 번째 시행에서는 A, B 중에서 1장을 꺼내고 C, D, E 중에서 1장을 꺼내야 하므로 이 경우의 확률은

$$\frac{{}_2C_2}{{}_5C_2}\times\frac{{}_2C_1\times{}_3C_1}{{}_5C_2}=\frac{1}{10}\times\frac{6}{10}=\frac{3}{50}$$

(ii) 첫 번째 시행에서 A, B 중에서 1장, C, D, E 중에서 1장을 꺼내는 경우

두 번째 시행에서는 A, B 중에서 첫 번째 시행에서 꺼낸 카드를 반드시 꺼내야 하고 이 카드를 제외한 나머지 4장의 카드 중에서 1장을 꺼내야 하므로 이 경우의 확률은

$$\frac{{}_2C_1\times{}_3C_1}{{}_5C_2}\times\frac{1\times{}_4C_1}{{}_5C_2}=\frac{6}{10}\times\frac{4}{10}=\frac{6}{25}$$

(i), (ii)에 의하여 2번의 시행 후 주머니 속에 ★ 모양의 스티커가 3개 붙어 있는 카드가 1장일 확률은

$$\frac{3}{50}+\frac{6}{25}=\frac{3}{10}$$

따라서 2번의 시행 후 주머니 속에 ★ 모양의 스티커가 3개 붙어 있는 카드가 들어 있을 확률은

$$\frac{1}{100}+\frac{3}{10}=\frac{31}{100}$$

즉, $p=100$, $q=31$이므로

$p+q=100+31=131$

3 정답 43

$2m\geq n$인 사건을 A, 꺼낸 흰 공의 개수가 2인 사건을 B라 하면 구하는 확률은 $\mathrm{P}(B|A)$이다.

$0\leq m\leq3$, $0\leq n\leq3$이고 $m+n=3$이므로

$2m\geq n$에서 $2m\geq3-m$

$\therefore m\geq1$

즉, $1\leq m\leq3$이므로

$m=1$, $n=2$ 또는 $m=2$, $n=1$ 또는 $m=3$, $n=0$

(i) $m=1$, $n=2$인 경우

7개의 공 중에서 흰 공 1개, 검은 공 2개를 꺼내는 경우이므로 이때의 확률은

$$\frac{{}_3C_1\times{}_4C_2}{{}_7C_3}=\frac{18}{35}$$

${}_7C_3$: 7개의 공 중에서 3개의 공을 동시에 꺼내는 경우의 수

(ii) $m=2$, $n=1$인 경우

7개의 공 중에서 흰 공 2개, 검은 공 1개를 꺼내는 경우이므로 이때의 확률은

$$\frac{{}_3C_2\times{}_4C_1}{{}_7C_3}=\frac{12}{35}$$

(iii) $m=3$, $n=0$인 경우

7개의 공 중에서 흰 공 3개를 꺼내는 경우이므로 이때의 확률은

$$\frac{{}_3C_3}{{}_7C_3}=\frac{1}{35}$$

(i), (ii), (iii)에 의하여 $2m\geq n$일 확률은

$$\mathrm{P}(A)=\frac{18}{35}+\frac{12}{35}+\frac{1}{35}=\frac{31}{35}$$

(i), (ii), (iii)은 서로 배반사건이므로 확률의 덧셈정리가 성립한다.

$2m\geq n$이고 $m=2$인 경우는 (ii)의 경우이므로 이때의 확률은 ($m=2$, $n=1$)

$$\mathrm{P}(A\cap B)=\frac{12}{35}$$

따라서 구하는 확률은

$$\mathrm{P}(B|A)=\frac{\mathrm{P}(A\cap B)}{\mathrm{P}(A)}=\frac{\frac{12}{35}}{\frac{31}{35}}=\frac{12}{31}$$

즉, $p=31$, $q=12$이므로

$p+q=31+12=43$

핵심 개념 확률의 덧셈정리

(1) 배반사건: 어떤 시행에서 두 사건 A, B가 동시에 일어나지 않을 때, 즉 $A\cap B=\varnothing$일 때, 두 사건 A, B는 서로 배반사건이다.

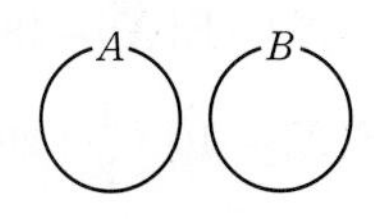

(2) 확률의 덧셈정리: 두 사건 A, B에 대하여 A, B가 서로 배반사건이면, 즉 $A\cap B=\varnothing$이면 $\mathrm{P}(A\cup B)=\mathrm{P}(A)+\mathrm{P}(B)$

4 정답 ④

A_k는 k번째 자리에 k 이하의 자연수 중 하나가 적힌 카드가 놓여 있고, k번째 자리를 제외한 7개의 자리에 나머지 7장의 카드가 놓여 있는 사건이므로

$P(A_k)=\frac{k\times 7!}{8!}=\boxed{\frac{k}{8}}$

이다.

$A_m\cap A_n$ $(m<n)$은 m번째 자리에 m 이하의 자연수 중 하나가 적힌 카드가 놓여 있고, n번째 자리에 n 이하의 자연수 중 m번째 자리에 놓인 카드에 적힌 수가 아닌 자연수가 적힌 카드가 놓여 있고, m번째와 n번째 자리를 제외한 6개의 자리에 나머지 6장의 카드가 놓여 있는 사건이므로

$P(A_m\cap A_n)=\frac{m\times(n-1)\times 6!}{8!}=\boxed{\frac{m(n-1)}{56}}$

이다.

한편, 두 사건 A_m과 A_n이 서로 독립이기 위해서는

$P(A_m\cap A_n)=P(A_m)P(A_n)$

을 만족시켜야 한다.

즉, $\frac{m(n-1)}{56}=\frac{m}{8}\times\frac{n}{8}$이므로

$8m(n-1)=7mn$

이때 $m\neq 0$이므로

$8n-8=7n$ $\quad\therefore n=8$

또, $m<n$이므로 $m=1, 2, 3, \cdots, 7$

따라서 두 사건 A_m과 A_n이 서로 독립이 되도록 하는 m, n의 모든 순서쌍 (m, n)은

$(1, 8), (2, 8), (3, 8), \cdots, (7, 8)$

이므로 그 개수는 $\boxed{7}$이다.

(가)에 알맞은 식은 $\frac{k}{8}$이므로

$p=\frac{4}{8}=\frac{1}{2}$

(나)에 알맞은 식은 $\frac{m(n-1)}{56}$이므로

$q=\frac{3\times(5-1)}{56}=\frac{3}{14}$

(다)에 알맞은 수는 7이므로

$r=7$

$\therefore p\times q\times r=\frac{1}{2}\times\frac{3}{14}\times 7=\frac{3}{4}$

5 정답 ④

$E(X)=E(\overline{X})=18$이므로

$E(X)=10\times\frac{1}{2}+20\times a+30\times\left(\frac{1}{2}-a\right)$

$=20-10a=18$

$\therefore a=\frac{1}{5}$

따라서 확률변수 X의 확률분포를 표로 나타내면 다음과 같다.

X	10	20	30	합계
$P(X=x)$	$\frac{1}{2}$	$\frac{1}{5}$	$\frac{3}{10}$	1

크기가 2인 표본을 복원추출할 때, $\overline{X}=20$인 경우는 10과 30, 20과 20, 30과 10을 추출하는 경우이므로

$P(\overline{X}=20)=P(X=10)\times P(X=30)+P(X=20)\times P(X=20)$
$+P(X=30)\times P(X=10)$

$=\frac{1}{2}\times\frac{3}{10}+\frac{1}{5}\times\frac{1}{5}+\frac{3}{10}\times\frac{1}{2}$

$=\frac{3}{20}+\frac{1}{25}+\frac{3}{20}=\frac{17}{50}$

6 정답 ②

이 고등학교 학생들의 1개월 자율학습실 이용 시간을 확률변수 X라 하면 X는 정규분포 $N(m, 5^2)$을 따른다.

학생 25명을 임의추출하여 얻은 표본평균이 $\overline{x_1}$일 때, 모평균 m에 대한 신뢰도 95 %의 신뢰구간은

$\overline{x_1}-1.96\times\frac{5}{\sqrt{25}}\le m\le\overline{x_1}+1.96\times\frac{5}{\sqrt{25}}$

$\therefore \overline{x_1}-1.96\le m\le\overline{x_1}+1.96$

이때 $80-a\le m\le 80+a$이므로

$\overline{x_1}-1.96=80-a$ $\quad\cdots\cdots$ ㉠

$\overline{x_1}+1.96=80+a$ $\quad\cdots\cdots$ ㉡

㉠+㉡을 하면

$2\overline{x_1}=160$

$\therefore \overline{x_1}=80$

㉡−㉠을 하면

$2a=2\times 1.96$

$\therefore a=1.96$

학생 n명을 임의추출하여 얻은 표본평균이 $\overline{x_2}$일 때, 모평균 m에 대한 신뢰도 95 %의 신뢰구간은

$\overline{x_2}-1.96\times\frac{5}{\sqrt{n}}\le m\le\overline{x_2}+1.96\times\frac{5}{\sqrt{n}}$

이때 $\frac{15}{16}\overline{x_1}-\frac{5}{7}a\le m\le\frac{15}{16}\overline{x_1}+\frac{5}{7}a$이므로

$\overline{x_2}-1.96\times\frac{5}{\sqrt{n}}=\frac{15}{16}\overline{x_1}-\frac{5}{7}a$ $\quad\cdots\cdots$ ㉢

$\overline{x_2}+1.96\times\frac{5}{\sqrt{n}}=\frac{15}{16}\overline{x_1}+\frac{5}{7}a$ $\quad\cdots\cdots$ ㉣

㉢+㉣을 하면

$2\overline{x_2}=2\times\frac{15}{16}\overline{x_1}$

$\therefore \overline{x_2}=\frac{15}{16}\overline{x_1}=\frac{15}{16}\times 80=75$

㉣−㉢을 하면

$2\times 1.96\times\frac{5}{\sqrt{n}}=2\times\frac{5}{7}a$

$1.96\times\frac{5}{\sqrt{n}}=\frac{5}{7}a$

$\sqrt{n}=\frac{1.96}{a}\times 7=\frac{1.96}{1.96}\times 7=7$

$\therefore n=7^2=49$

$\therefore n+\overline{x_2}=49+75=124$

4회 • 고난도 미니 모의고사

본문 69~71쪽

1 296	2 49	3 ②	4 ③	5 ②	6 ②

1 정답 296

다음 그림과 같이 연락을 받은 교차로의 가로 방향의 도로를 밑에서부터 차례로 l_0, l_1, l_2, l_3이라 하자.

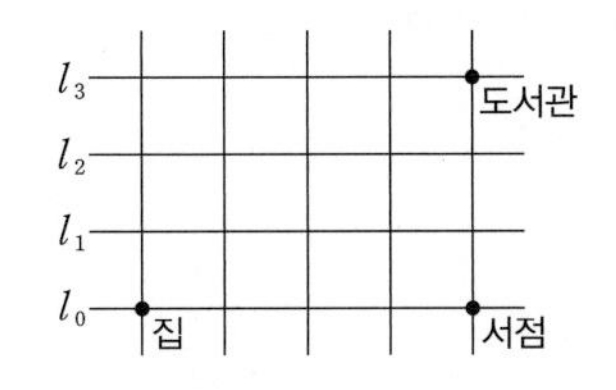

(i) 연락받은 교차로가 l_0에 있는 경우

그대로 서점까지 가면 되므로 최단 경로의 수는 1이다.

(ii) 연락받은 교차로가 l_1에 있는 경우

서점은 l_0 위에 있으므로 세로 방향의 도로를 위로 한 번 올라간 만큼 아래로 한 번 내려와야 한다.

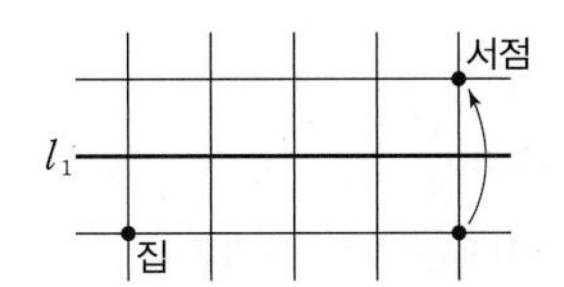

즉, 위의 그림과 같은 도로를 최단 거리로 이동하는 것과 같으므로 이 경우의 최단 경로의 수는

$\frac{6!}{4!2!}=15$

(iii) 연락받은 교차로가 l_2에 있는 경우

서점은 l_0 위에 있으므로 세로 방향의 도로를 위로 두 번 올라간 만큼 아래로 두 번 내려와야 한다.

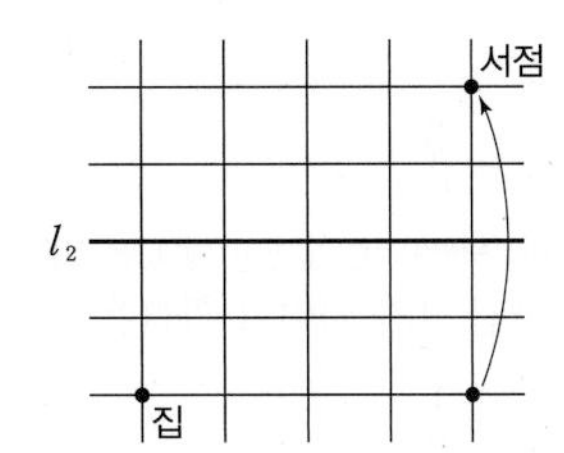

즉, 위의 그림과 같은 도로를 최단 거리로 이동하는 것과 같으므로 이 경우의 최단 경로의 수는

$\frac{8!}{4!4!}=70$

(iv) 연락받은 교차로가 l_3에 있는 경우

서점은 l_0 위에 있으므로 세로 방향의 도로를 위로 세 번 올라간 만큼 아래로 세 번 내려와야 한다.

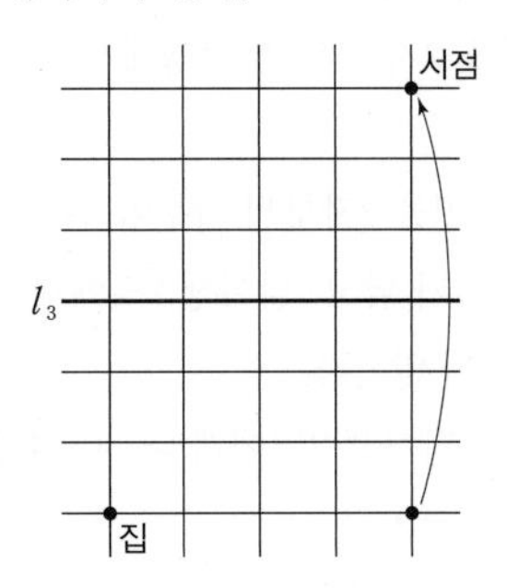

즉, 위의 그림과 같은 도로를 최단 거리로 이동하는 것과 같으므로 이 경우의 최단 경로의 수는

$\frac{10!}{4!6!}=210$

(i)~(iv)에 의하여 구하는 경로의 수는

$1+15+70+210=296$

2 정답 49

여학생이 각각 받는 연필의 개수는 서로 같고, 남학생이 각각 받는 볼펜의 개수도 서로 같아야 하므로 여학생이 각각 받을 수 있는 연필의 개수는 1자루 또는 2자루이고, 남학생이 각각 받을 수 있는 볼펜의 개수는 1자루 또는 2자루이다.

(i) 여학생에게 연필을 1자루씩, 남학생에게 볼펜을 1자루씩 나누어 주는 경우

여학생 3명에게 연필을 1자루씩 나누어 주면 연필은 $7-3\times1=4$(자루)가 남고, 남학생 2명에게 볼펜을 1자루씩 나누어 주면 볼펜은 $4-2\times1=2$(자루)가 남는다.

남은 연필 4자루를 남학생 2명에게 나누어 주고, 볼펜 2자루를 여학생 3명에게 나누어 주는 경우의 수는

${}_2H_4\times{}_3H_2={}_{2+4-1}C_4\times{}_{3+2-1}C_2={}_5C_4\times{}_4C_2$

$={}_5C_1\times{}_4C_2=5\times6=30$

(ii) 여학생에게 연필을 1자루씩, 남학생에게 볼펜을 2자루씩 나누어 주는 경우

여학생 3명에게 연필을 1자루씩 나누어 주면 연필은 $7-3\times1=4$(자루)가 남고, 남학생 2명에게 볼펜을 2자루씩 나누어 주면 볼펜은 남지 않는다.

남은 연필 4자루를 남학생 2명에게 나누어 주는 경우의 수는

${}_2H_4={}_{2+4-1}C_4={}_5C_4={}_5C_1=5$

(iii) 여학생에게 연필을 2자루씩, 남학생에게 볼펜을 1자루씩 나누어 주는 경우

여학생 3명에게 연필을 2자루씩 나누어 주면 연필은 $7-3\times2=1$(자루)가 남고, 남학생 2명에게 볼펜을 1자루씩 나누어 주면 볼펜은 $4-2\times1=2$(자루)가 남는다.

남은 연필 1자루를 남학생 2명에게 나누어 주고, 볼펜 2자루를 여학생 3명에게 나누어 주는 경우의 수는

${}_{2}H_{1}\times{}_{3}H_{2}={}_{2+1-1}C_{1}\times{}_{3+2-1}C_{2}={}_{2}C_{1}\times{}_{4}C_{2}=2\times6=12$

(iv) 여학생에게 연필을 2자루씩, 남학생에게 볼펜을 2자루씩 나누어 주는 경우

여학생 3명에게 연필을 2자루씩 나누어 주면 연필은 $7-3\times2=1$(자루)가 남고, 남학생 2명에게 볼펜을 2자루씩 나누어 주면 볼펜은 남지 않는다.

남은 연필 1자루를 남학생 2명에게 나누어 주는 경우의 수는

${}_{2}H_{1}={}_{2+1-1}C_{1}={}_{2}C_{1}=2$

(i)~(iv)에 의하여 구하는 경우의 수는

$30+5+12+2=49$

3 정답 ②

조건 (가)에서 자연수 a, b, c, d에 대하여 $a+b+c+d=12$이므로

$a=a'+1$, $b=b'+1$, $c=c'+1$, $d=d'+1$

(a', b', c', d'은 음이 아닌 정수)

로 놓으면

$(a'+1)+(b'+1)+(c'+1)+(d'+1)=12$

$\therefore a'+b'+c'+d'=8$ …… ㉠

$a+b+c+d=12$를 만족시키는 자연수 a, b, c, d의 순서쌍 (a, b, c, d)의 개수는 방정식 ㉠을 만족시키는 음이 아닌 정수 a', b', c', d'의 순서쌍 (a', b', c', d')의 개수와 같으므로

${}_{4}H_{8}={}_{4+8-1}C_{8}={}_{11}C_{8}={}_{11}C_{3}=165$

조건 (나)를 만족시키지 않는 경우는 다음과 같다.

(i) 두 점 (a, b), (c, d)가 같은 경우

$a=c$, $b=d$이므로 $a+b+c+d=12$에서

$a+b+a+b=2a+2b=12$

$\therefore a+b=6$

이 방정식을 만족시키는 자연수 a, b의 순서쌍 (a, b)의 개수는

${}_{2}H_{6-2}={}_{2}H_{4}={}_{2+4-1}C_{4}={}_{5}C_{4}={}_{5}C_{1}=5$

└ (1, 5, 1, 5), (2, 4, 2, 4), (3, 3, 3, 3), (4, 2, 4, 2), (5, 1, 5, 1)의 5개

(ii) 점 (a, b)가 직선 $y=2x$ 위에 있는 경우

$b=2a$이므로 $a+b+c+d=12$에서

$a+2a+c+d=12$

$\therefore 3a+c+d=12$

$a=1$일 때, $c+d=9$를 만족시키는 자연수 c, d의 순서쌍 (c, d)의 개수는

${}_{2}H_{9-2}={}_{2}H_{7}={}_{2+7-1}C_{7}={}_{8}C_{7}={}_{8}C_{1}=8$

$a=2$일 때, $c+d=6$을 만족시키는 자연수 c, d의 순서쌍 (c, d)의 개수는

${}_{2}H_{6-2}={}_{2}H_{4}={}_{2+4-1}C_{4}={}_{5}C_{4}={}_{5}C_{1}=5$

$a=3$일 때, $c+d=3$을 만족시키는 자연수 c, d의 순서쌍 (c, d)의 개수는

${}_{2}H_{3-2}={}_{2}H_{1}={}_{2+1-1}C_{1}={}_{2}C_{1}=2$

이때 (i)과 중복되는 순서쌍 (2, 4, 2, 4)를 제외해야 하므로 점 (a, b)가 직선 $y=2x$ 위에 있을 때의 순서쌍의 개수는

$8+5+2-1=14$

(iii) 점 (c, d)가 직선 $y=2x$ 위에 있는 경우

(ii)와 마찬가지로 순서쌍의 개수는 14이다.

(iv) 두 점 (a, b), (c, d)가 모두 직선 $y=2x$ 위에 있는 경우

$b=2a$, $d=2c$이므로 $a+b+c+d=12$에서

$a+2a+c+2c=3a+3c=12$

$\therefore a+c=4$

이 방정식을 만족시키는 자연수 a, c의 순서쌍 (a, c)의 개수는

${}_{2}H_{4-2}={}_{2}H_{2}={}_{2+2-1}C_{2}={}_{3}C_{2}={}_{3}C_{1}=3$

이때 (i)과 중복되는 순서쌍 (2, 4, 2, 4)를 제외해야 하므로 두 점 (a, b), (c, d)가 모두 직선 $y=2x$ 위에 있을 때의 순서쌍의 개수는

$3-1=2$

└ (1, 2, 3, 6), (3, 6, 1, 2)의 2개

(i)~(iv)에 의하여 구하는 순서쌍의 개수는

$165-(5+14+14-2)=134$

4 정답 ③

점 A의 y좌표가 처음으로 3이 되는 사건을 A, 점 A의 x좌표가 1인 사건을 B라 하면 구하는 확률은 $P(B|A)$이다.

먼저 사건 A가 일어나는 경우는 다음과 같다.

(i) 점 A가 점 (0, 2)에 있을 때 동전의 뒷면이 나오는 경우

동전의 뒷면이 2번 나온 다음 다시 동전의 뒷면이 나와야 하므로 그 확률은

${}_{2}C_{2}\left(\frac{1}{2}\right)^{2}\left(\frac{1}{2}\right)^{0}\times\frac{1}{2}=\frac{1}{8}$

└ 2번의 시행에서 뒷면이 2번 나올 확률

(ii) 점 A가 점 (1, 2)에 있을 때 동전의 뒷면이 나오는 경우

동전의 뒷면이 2번, 앞면이 1번 나온 다음 동전의 뒷면이 나와야 하므로 그 확률은

${}_{3}C_{2}\left(\frac{1}{2}\right)^{2}\left(\frac{1}{2}\right)^{1}\times\frac{1}{2}=\frac{3}{16}$

└ 3번의 시행에서 뒷면이 2번, 앞면이 1번 나올 확률

(iii) 점 A가 점 (2, 2)에 있을 때 동전의 뒷면이 나오는 경우

동전의 뒷면이 2번, 앞면이 2번 나온 다음 동전의 뒷면이 나와야 하므로 그 확률은

${}_{4}C_{2}\left(\frac{1}{2}\right)^{2}\left(\frac{1}{2}\right)^{2}\times\frac{1}{2}=\frac{3}{16}$

└ 4번의 시행에서 뒷면이 2번, 앞면이 2번 나올 확률

(i), (ii), (iii)에 의하여 사건 A가 일어날 확률은

$P(A)=\frac{1}{8}+\frac{3}{16}+\frac{3}{16}=\frac{1}{2}$

이때 사건 $A\cap B$는 점 A의 y좌표가 3이 될 때 x좌표가 1인 경우, 즉 (ii)의 경우이므로

$P(A\cap B)=\frac{3}{16}$

따라서 구하는 확률은

$$\mathrm{P}(B|A)=\frac{\mathrm{P}(A\cap B)}{\mathrm{P}(A)}=\frac{\frac{3}{16}}{\frac{1}{2}}=\frac{3}{8}$$

참고 동전을 한 번 던져서 앞면이 a번, 뒷면이 b번 나왔다고 하면 전체 시행 횟수는 $a+b$이고, 점 A의 좌표는 (a, b)이다.
점 A의 y좌표가 3이 되는 경우는 y좌표가 2인 상황에서 그다음 시행에 동전의 뒷면이 나오면 되므로 y좌표를 2로 놓고 생각한다. 이때 점 A는 원점에서 출발하므로 점 A의 x좌표가 0, 1, 2인 경우로 나누어 생각한다.

핵심 개념 조건부확률

사건 A가 일어났을 때, 사건 B의 조건부확률은

$\mathrm{P}(B|A)=\frac{\mathrm{P}(A\cap B)}{\mathrm{P}(A)}$ (단, $\mathrm{P}(A)>0$)

5 정답 ②

주어진 점프의 정의에 의하여 좌표평면 위의 점 (x, y)에서 두 점 $(x+1, y)$, $(x+1, y+1)$ 중 하나로 점프할 때마다 x좌표가 1씩 증가하고 두 점 $(x, y+1)$, $(x+1, y+1)$ 중 하나로 점프할 때마다 y좌표가 1씩 증가한다.
점프를 반복하여 점 $(0, 0)$에서 점 $(4, 3)$까지 이동하므로 x좌표는 총 4만큼, y좌표는 총 3만큼 증가해야 한다.
이때 점 $(x+1, y)$로의 점프를 p회, 점 $(x, y+1)$로의 점프를 q회, 점 $(x+1, y+1)$로의 점프를 r회 한다고 하면

$p+r=4$, $q+r=3$

이고 나오는 점프의 총 횟수 X는

$X=p+q+r$

점 $(x+1, y+1)$로의 점프는 x좌표, y좌표가 모두 1씩 증가하는 점프이므로 이 점프의 횟수 r를 기준으로 하여 p, q, r의 값 및 확률변수 X로 가능한 값을 구하면 다음과 같다.

$r=0$일 때, $p=4$, $q=3$이므로 $X=4+3+0=7$

$r=1$일 때, $p=3$, $q=2$이므로 $X=3+2+1=6$

$r=2$일 때, $p=2$, $q=1$이므로 $X=2+1+2=5$

$r=3$일 때, $p=1$, $q=0$이므로 $X=1+0+3=4$

$r>4$일 때, 조건을 만족시키는 p, q는 존재하지 않는다.
즉, 확률변수 X가 가질 수 있는 값은 4, 5, 6, 7이므로 이 중 가장 작은 값을 k라 하면 $k=\boxed{4}$이고 가장 큰 값은 $k+3=7$이다.
점프를 반복하여 점 $(0, 0)$에서 점 $(4, 3)$까지 이동하는 모든 경우의 수를 N이라 하자.
$X=4$인 경우의 수는 p, r, r, r를 일렬로 나열하는 경우의 수와 같으므로

$$\mathrm{P}(X=4)=\frac{\frac{4!}{3!}}{N}=\frac{1}{N}\times\frac{4!}{3!}=\frac{4}{N}$$

$X=5$인 경우의 수는 p, p, q, r, r를 일렬로 나열하는 경우의 수와 같으므로

$$\mathrm{P}(X=5)=\frac{1}{N}\times\frac{5!}{2!2!}=\frac{30}{N}$$

$X=6$인 경우의 수는 p, p, p, q, q, r를 일렬로 나열하는 경우의 수와 같으므로

$$\mathrm{P}(X=6)=\frac{1}{N}\times\frac{6!}{3!2!}=\frac{1}{N}\times\boxed{60}=\frac{60}{N}$$

$X=7$인 경우의 수는 p, p, p, p, q, q, q를 일렬로 나열하는 경우의 수와 같으므로

$$\mathrm{P}(X=7)=\frac{1}{N}\times\frac{7!}{4!3!}=\frac{35}{N}$$

이때 확률의 총합은 1이므로

$$\sum_{i=k}^{k+3}\mathrm{P}(X=i)=\sum_{i=4}^{7}\mathrm{P}(X=i)=1$$

즉, $\frac{4}{N}+\frac{30}{N}+\frac{60}{N}+\frac{35}{N}=\frac{129}{N}=1$이므로

$N=\boxed{129}$

따라서 $a=4$, $b=60$, $c=129$이므로

$a+b+c=4+60+129=193$

다른 풀이 점프를 반복하여 점 $(0, 0)$에서 점 $(4, 3)$까지 이동하는 모든 경우의 수를 N이라 하자.
점 $(0, 0)$에서 점 $(4, 3)$까지 이동하는 횟수가 최소인 경우는 $(x+1, y+1)$ 점프 3번, $(x+1, y)$ 점프 1번인 경우이므로 확률변수 X가 가질 수 있는 값 중 가장 작은 값을 k라 하면 $k=\boxed{4}$이고 가장 큰 값은 $k+3$이다.
$X=k$일 때, $(x+1, y+1)$ 점프 3번, $(x+1, y)$ 점프 1번인 경우이므로

$$\mathrm{P}(X=k)=\frac{1}{N}\times\frac{4!}{3!}=\frac{4}{N}$$

$X=k+1$일 때, $(x+1, y+1)$ 점프 2번, $(x+1, y)$ 점프 2번, $(x, y+1)$ 점프 1번인 경우이므로

$$\mathrm{P}(X=k+1)=\frac{1}{N}\times\frac{5!}{2!2!}=\frac{30}{N}$$

$X=k+2$일 때, $(x+1, y+1)$ 점프 1번, $(x+1, y)$ 점프 3번, $(x, y+1)$ 점프 2번인 경우이므로

$$\mathrm{P}(X=k+2)=\frac{1}{N}\times\frac{6!}{3!2!}=\frac{1}{N}\times\boxed{60}$$

$X=k+3$일 때, $(x+1, y)$ 점프 4번, $(x, y+1)$ 점프 3번인 경우이므로

$$\mathrm{P}(X=k+3)=\frac{1}{N}\times\frac{7!}{4!3!}=\frac{35}{N}$$

$\sum_{i=k}^{k+3}\mathrm{P}(X=i)=1$에서

$\frac{4}{N}+\frac{30}{N}+\frac{60}{N}+\frac{35}{N}=1$, 즉 $\frac{129}{N}=1$

이므로 $N=\boxed{129}$

따라서 확률변수 X의 평균 $\mathrm{E}(X)$는

$\mathrm{E}(X)=\sum_{i=k}^{k+3}\{i\times \mathrm{P}(X=i)\}=\frac{257}{43}$

즉, $a=4$, $b=60$, $c=129$이므로

$a+b+c=4+60+129=193$

6 정답 ②

두 확률변수 X, Y의 표준편차가 4로 같으므로 두 확률변수에 대한 정규분포 곡선, 즉 두 확률밀도함수 $y=f(x)$, $y=g(x)$의 그래프는 x축의 방향으로의 평행이동에 의하여 겹쳐진다.

이때 $\mathrm{P}(Y\geq 26)\geq 0.5=\mathrm{P}(Y\geq m)$이므로

$m\geq 26$

그런데 $f(12)=g(26)$이고 $X=12$는 X의 평균 10보다 크므로 두 함수 $y=f(x)$, $y=g(x)$의 그래프는 다음 그림과 같고

$\mathrm{P}(10\leq X\leq 12)=\mathrm{P}(26\leq Y\leq m)$이 성립한다.

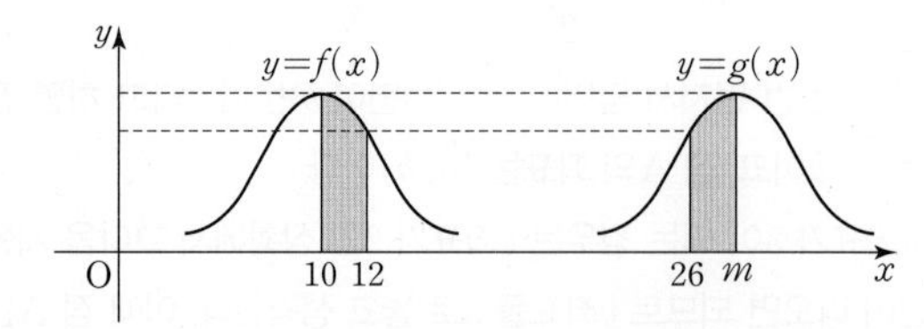

이때 두 함수 $y=f(x)$, $y=g(x)$의 그래프의 모양이 완전히 같으므로

$m=26+(12-10)=28$

따라서 확률변수 Y는 정규분포 $\mathrm{N}(28,\ 4^2)$을 따르므로 $Z=\frac{Y-28}{4}$로 놓으면 Z는 표준정규분포 $\mathrm{N}(0,\ 1^2)$을 따른다.

$\therefore\ \mathrm{P}(Y\leq 20)=\mathrm{P}\left(Z\leq\frac{20-28}{4}\right)=\mathrm{P}(Z\leq -2)$

$=\mathrm{P}(Z\geq 2)=0.5-\mathrm{P}(0\leq Z\leq 2)$

$=0.5-0.4772=0.0228$

Memo

Memo

Memo

수능 고난도 상위 5문항 정복

HiGH-END
수능 하이엔드